수학을 못한다는 착각

이미지 저작권

58쪽 사진: ⓒ University of St Andrews/Dr Mike Bossley
60쪽 사진: ⓒ Tony Duffy/Allsport
260쪽 사진: Pittsburgh Quarterly, ⓒ David Schrott Jr.
262쪽 사진: ⓒ Maryna Viazovska
5, 8, 9, 11, 12, 15, 19장과 389쪽 선 그림: ⓒ Éléonore Lamoglia
그 외 이미지는 퍼블릭 도메인이거나 저작권사와 협의한 것임을 밝힙니다.

Mathematica. Une aventure au cœur de nous-mêmes by David Bessis
ⓒ Éditions du Seuil, 2022
All rights reserved.
Korean translation copyright ⓒ DUSINAMU, 2025
Korean translation rights are arranged with ÉDITIONS DU SEUIL through AMO Agency, Korea.

Based on the English language edition originally published by Yale University Press and ⓒ 2024 by Kevin Frey

Quotations from Harvests and Sowings (Récoltes et Semailles) by Alexander Grothendieck, including the epigraph, appear in translation by permission of The MIT Press, with translations by Kevin Frey

이 책의 한국어판 저작권은 AMO 에이전시를 통해 저작권자와 독점 계약한 두시의나무에 있습니다. 저작권법에 의해 한국 내에서 보호를 받는 저작물이므로 무단 전재와 무단 복제를 금합니다.

수학을 못한다는 착각

우리 스스로 수학 지능을 구축하는 놀라운 생각의 기술

다비드 베시 지음 | 고유경 옮김

두시의나무

우리 내면의 몽상가에게 귀를 기울이는 것은
어떤 대가를 치르더라도
온갖 장애물에도 굴하지 않고
우리 자신과 진솔한 대화를 나누는 일이다.

알렉산더 그로텐디크 Alexander Grothendieck

차례

01 세 가지 비밀 —————————— 9
02 숟가락의 올바른 쪽 ———————— 25
03 생각의 힘 ——————————— 35
04 진짜 마법 ——————————— 44
05 보이지 않는 동작 ———————— 51
06 수학책은 읽는 게 아니야 ————— 66
07 어린아이처럼 ————————— 83
08 촉각 이론 —————————— 106
09 여기서 뭐가 일어나고 있다 ———— 123
10 보는 기술 —————————— 141

11	공과 방망이	162
12	요령은 없다	181
13	바보처럼 보이기	201
14	무술	216
15	경외감과 마법	244
16	극도의 명확성	264
17	우주를 통제한다는 것	280
18	방 안의 코끼리	296
19	추상적이고 모호한 세계	317
20	수학적 깨달음	339

에필로그	364
참고 자료 및 읽을거리	378
감사의 글	397

일러두기

- 원저는 프랑스어판이나 저자의 요청에 따라 영어판을 번역했습니다.
- 원문에서 이탤릭체로 강조한 부분은 고딕체로 처리했습니다.
- 본문에 언급된 수학자 빌 서스턴은 윌리엄 서스턴을 이르는데 여기서는 저자가 쓴 대로 빌이라는 표현을 살렸습니다.

01

세 가지 비밀

　　　　　　　이 책은 세상을 보는 방식을 바꾸기 위한 것이다. 그리고 내 개인적인 여정, 나를 물리적으로 탈바꿈시키고 내게 마법 같은 능력을 선사한 긴 모험에 바탕을 두고 있다.

　하지만 이 여정은 나 혼자만의 것이 아니다. 가장 오래되고 강력한 여정 중 하나인 공동의 여정이기도 하다. 태초에 몇몇 소수의 사람이 시작한 이 여정은 오늘날까지도 우리의 문명과 언어, 사상을 끊임없이 바꾸고 있다.

　수학이 우리 안에서 살아 숨 쉬며 성장하고 있다는 걸 느끼는 이가 얼마나 될까? 글쎄, 난 잘 모르겠다. 다만 극소수이고 우리 이야기가 아직 제대로 인정받지 못하고 있다는 것만 알 뿐이다.

　다들 수학은 다가가기 어렵다고 한다. 특출한 재능을 타고난 엘리트여야만 접근할 수 있다고 믿는다. 하지만 위대한 수학자들은 그렇지 않다고 말한다. 앞으로 살펴보겠지만, 그들은 자신의 업적이 평범한 인간적 수단, 즉 호기심과 상상력, 의심과 약점을 통해 이루어졌다고 강조한다.

아무도 그들의 말을 믿으려 하지 않았다. 어쩌면 수학자들은 자기 이야기를 아주 간결한 언어로 전달하는 방법을 몰랐을지도 모른다. 아니면 그들이 늘 의심한 신화의 힘을 과소평가했을 수도 있다. 인류의 마지막 위대한 신화, 바로 지성의 신화 말이다.

수학은 우리가 사는 세상을 실현한다. 수학은 힘과 지배의 도구다. 하지만 수학을 생활화하는 사람들에게 수학은 오롯이 내면의 경험이자 감각적이고 영적인 탐구다.

이 경험은 학교에서 배우는 것과 거리가 멀다. 어떤 면에서는 투시력이나 초자연적 사고와 비슷하다. 다른 면으로 보면 어린 시절 말하는 법을 익히게 한 신비한 현상의 재현이기도 하다.

수학을 이해하는 건 어릴 때의 정신적 가소성을 되돌리는 비밀의 길을 따라 여행하는 것이다. 그 가소성을 다시 활성화하고 길들이는 길을 발견하는 것이다. 그리고 다시 살려내는 길을 선택하는 것이다. 이 지적인 길은 놀랍게도 일상에서 만나는 길만큼 아주 친근하다. 하지만 그 길로 들어서는 입구는 우리의 습관, 두려움과 억제 뒤에 숨겨져 있다. 그래서 나는 여러분이 그 길을 찾도록 돕고 싶다.

다른 무언가가 있어야 한다

"내게 특별한 재능은 없다. 그저 호기심이 열정적으로 많을 뿐이다."

열다섯 살 때 나는 아인슈타인의 이 말이 참 싫었다. 정말 중요한 건 내면의 아름다움이라는 슈퍼모델의 말처럼 거짓되고 가식적으로 들렸다. 이런 말을 굳이 들어야 하나?

그럼에도 이 책이 전하는 주요 메시지는 아인슈타인의 말을 진지하게 받아들이자는 것이다.

생각해보면 놀랍게도 우리는 아인슈타인의 말을 진지하게 받아들이기가 무척 버겁다. 아인슈타인은 생 바보나 상습적인 거짓말쟁이라는 평판을 듣지 않는다. 거리에서 아무나 붙잡고 물어도 아인슈타인의 상대성 이론은 인류의 사고에 크게 이바지한 이론이라며 엄지척할 것이다. 따라서 아인슈타인의 말과 글은 눈여겨볼 만한 가치가 있다.

하지만 아인슈타인이 남들과 접근 방식만 살짝 다를 뿐 자신의 창의적 사고는 누구든 쉽게 이해하고 적용할 수 있다고 말한다면, 그 말은 듣기 거북하다. 이 불쌍한 노인은 자기가 무슨 말을 하는지 모를 것이다. 아니 좀 삐딱하게 보면, 그건 거짓 겸손이며 과시용 발언일 뿐이다.

문제는 아인슈타인의 발언을 곡해하는 순간, 계속 이어가야 할 대화가 단절된다는 것이다.

아인슈타인의 말은 객관적으로 흥미롭지만 실제로는 별 의미가 없다. 그 말이 맞다고 치자. 그렇다면 우리는 무엇을 해야 할까? 그의 말이 어떤 도움을 줄까? 구체적인 방법이나 실용적인 조언이 없다면 그 안에서 배울 수 있는 건 아무것도 없다.

하지만 이렇게 대응하는 사람이 하나도 없다는 게 좀 놀랍다.

"박사님, 방금 말씀하신 내용이 정말 흥미롭지만, 더 자세히 알고 싶군요. 좀 더 설명해주실 수 있을까요? 자세한 비법과 더불어 실제로 어떻게 하는지도 알고 싶습니다. 커피 한잔하실까요? 아니면 숲속을 좀 걸을까요? 궁금한 것투성이입니다. 어서 다 말씀해주세요!"

내가 가장 먼저 묻고 싶었던 질문은 꽤 터무니없다.

1. 박사님, 박사님의 호기심은 어디에서 오는 건가요?

이론 물리학 문제를 파고드느라 스스로 방에 갇힐 만큼 호기심 넘치는 사람이 많은지는 모르겠다. 하지만 내가 아는 몇몇은 이구동성으로 말한다. 방에 틀어박혀 이론 물리학 문제를 연구하는 이유는 물론 과학적 야망 때문이기도 하지만, 대부분은 그 과정에서 진정한 즐거움을 얻기 때문이라고 말이다.

그러면 다음과 같은 의문이 뒤따른다. 박사님, 물리학 연구가 어떤 즐거움을 주죠?

2. 좌절하지 않으려면 어떻게 해야 할까요?

호기심이 열정적으로 많다는 건 절대 포기하지 않는다는 치열함과 끈기로 줄기차게 몰입하는 능력이 있다는 뜻이다. 아인슈타인은 남들이 주저하는 분야에서 절대 포기하지 않는 자기만의 비결을 분명 찾아냈다. 그 비결은 무엇이었을까?

내가 순수수학을 연구하며 깨달은 한 가지 중요한 사실이 있다. 어려운 문제를 붙잡고 방에 갇혀 있을 때면 바라는 건 딱 하나, 되도록 빨리 그 방에서 도망치고 싶다는 것이다.

지능의 한계에 부딪히고, 헛된 노력을 계속하고, 몇 달 동안 고군분투하고, 멍청하다고 느낄 만큼 이해 불가라 어떻게 극복해야 할지조차 모르는 건 정말 끔찍한 일이다.

아인슈타인은 두려움을 극복하고, 도망치고 싶은 충동을 견뎌낼 방법을 찾았다. 어떻게 그랬을까?

3. 어려운 문제를 붙들고 방에 혼자 틀어박혀 있을 때, 무슨 일이 있었나요?

아니, 좀 더 명확하게 말하자면, 아인슈타인은 그 문제를 어떻게 해결했을까? 어떻게 해답을 손아귀에 넣었을까? 대체 그 문제와 어떻게 놀아났을까?

이런 경박한 표현을 쓰는 게 우매해 보일지도 모르겠다. 하지만 솔직해지자. 우리가 진짜 알고 싶은 건 흥미진진하고 세세한 사실들이다. 아인슈타인의 머릿속에서 무슨 일이 일어났는지 정말 알고 싶다. 아인슈타인이 실제로 어떻게 문제를 해결했는지도 알고 싶다. 아인슈타인의 비법, 매번 통했던 그 은밀한 마법이 무척이나 궁금하다.

알다시피 지적 창의성은 단순히 얼마나 많이 연구하느냐의 문제가 아니다. 뭔가 다른 것, 비밀스러운 요소, 학교에서 한 번도 배운 적 없는 신비로운 무언가가 있어야 한다.

아인슈타인이 살짝 짬을 내어 위대한 과학적 발견에 성공한 비결을 가르쳐주었다면 인류를 향한 그의 공헌은 물리학의 업적을 크게 뛰어넘었을 것이다. 속담에도 있듯이 물고기 한 마리를 주면 오늘 끼니는 때울 수 있지만, 물고기 잡는 법을 가르쳐주면 평생 끼니를 해결할 수 있다.

하지만 이런 논의는 없었다. 앞으로도 절대 없을 것이다. 알베르트 아인슈타인은 1955년 4월 18일 프린스턴 대학교 병원에서 세상을 떠났다. 부검 담당의는 아인슈타인의 천재성에 관한 비밀을 밝히고 싶은 열망에 가족의 동의 없이 아인슈타인의 뇌를 들어내 수천 조각으로 잘라냈다.

하지만 별 소용이 없었다.

방법

그러나 이 문제는 아인슈타인을 훨씬 뛰어넘어 수 세기 동안 계속되었다. 그리고 지능과 창의성에 대한 잘못된 믿음과 오해, 그 그릇된 통념은 우리의 사고를 제한할 만큼 영향을 미치고 있다.

아인슈타인의 연구를 이해할 때 가장 어려운 점이 수학적 형식주의다. 수학적 형식주의는 아인슈타인에게도 가장 큰 골칫거리였다. 아인슈타인은 조언을 구하는 고등학생에게 이렇게 말했다. "수학이 어렵다는 걱정은 하지 마. 장담컨대 수학은 내가 훨씬 더 어렵거든."

400년 전 당대 최고의 수학자가 자기 삶을 기록한 책이 훗날 유명해졌다. 그 수학자의 메시지는 처음부터 아주 명확하다. 요약하자면 이렇다. "내가 남들보다 더 똑똑한 게 아니다. 그저 남보다 더 나은 사람이 될 수 있는 마법 같은 방법을 발견할 기회가 있었을 뿐이다. 내가 어떻게 했는지 알려드리겠다."

아니나 다를까 우리가 진지하게 받아들이지 못한 아인슈타인의 뻔한 말처럼 이 수학자(르네 데카르트 René Descartes)의 고백은 우리의 이해를 얻지 못했고, 그의 자전적 저서(《방법서설》)는 자기계발 분야에 발을 들이지 못한다.

알다시피 밀크셰이크를 마시며 살을 빼거나 일주일에 두 시간 재택근무를 하며 부자가 되는 방법이 없듯이, 위대한 수학자가 되는 비법이 없다는 데는 이견이 없다.

따라서 데카르트가 정반대의 이야기를 했다는 사실은 별로 중요하지 않다.

세 가지 잘못된 믿음

《방법서설》에 관해서는 14장에서 더 자세히 다루겠지만, 아인슈타인과 데카르트의 요지를 이해하려면 우선 수학에 대한 세 가지 통념을 버려야 한다.

① 수학을 하려면 논리적 사고가 필요하다.
② 우리 중 일부는 선천적으로 숫자가 쉽고, 또 다른 일부는 기하학적 직관에 뛰어나다. 안타깝게도 대다수는 수학을 잘 이해하지 못하거나 이해하고 싶어도 어찌할 바를 모른다.
③ 위대한 수학자들은 우리와 완전히 다른 뇌를 장착하고 태어난다.

우선 첫 번째 통념부터 명확히 하는 게 좋겠다. 일단 아니다. 수학자들은 논리적으로 생각하지 않는다. 사실 논리적으로 생각한다는 것 자체가 아예 불가능하다. 논리는 사고에 전혀 도움이 되지 않는다. 논리라는 게 어떤 용도로 사용되는지는 나중에 살펴보겠다.

두 번째 오류는 정말 해롭다. 이 오류는 우리를 대책 없이 억누르는 힘이 있다. 실제로도 대다수 인류는 수학이 낯설고 위험한 영역이라는 데 설득당했다. 그래서 우리 모두에게, 심지어 가장 '재능 있는' 사람들에게조차도, 누구나 '자연스럽게' 부여받은 수학적 직관의 한계를 뛰어넘을 수 없도록 강요한다.

세 번째 오해는 같은 주제를 단순하게 변형한 것이다. 즉 아인슈타인이나 데카르트가 되려면 그렇게 태어나야 하며 노력으로는 될 수 없다는 뜻이다. 그래서 아인슈타인이나 데카르트가 그게 아니라고 말하면 우리를 비웃는 것에 불과하다고 여긴다.

수학에 능숙해질 수 없다는 건 잘못된 생각이지만, 그 생각은 본질적인 진실에서 비롯된다. 수학자들의 마법 같은 능력은 논리가 아니라 직관이라는 진실 말이다.

공식 수학 vs. 비공식 수학

아인슈타인은 자신의 발견을 두고 직관의 중요성을 즐겨 이야기했다. 그는 "나는 직관과 영감을 믿는다"라고 말했고, 그 말은 꽤 진지했다. 수학자들은 서로 다른 두 종류의 수학이 존재한다는 사실을 인정한다.

공식 수학official math 은 교과서에서 찾아볼 수 있다. 교과서에서는 알쏭달쏭한 기호로 나타내는 복잡한 언어, 논리적이고 구조화된 방식으로 수학을 설명한다.

하지만 수학적 직관이라고 일컫는 비공식 수학secret math 은 수학자들의 머릿속에서 찾을 수 있다. 수학자들은 정신적 표상이나 추상적 감각, 보통은 시각적 감각으로 이루어진 비공식 수학을 통해 매우 확실하고 커다란 즐거움을 만끽한다. 그러나 이런 감각을 세상 사람들과 공유할 때마다 그들은 종종 당혹스러움을 느낀다. 수학자들에게는 너무나 분명해 보였던 사실이 갑자기 덜 분명해 보이기 때문이다.

음악가가 작품을 기록하기 위해 복잡한 음악 표기법을 발명해야 했듯이, 수학자는 아이디어를 글로 옮기기 위해 난해한 언어와 이해할 수 없는 기호를 고안해야 했다. 하지만 음악가는 매우 실용적인 이점을 하나 갖고 있다. 그들의 곡은 연주되기만 하면 누구나 그 내용을 바로 이해할 수 있어 악보를 해독할 필요가 없다.

수학자에게는 이런 선택권이 없다 보니 이 문제가 큰 걸림돌이 된다. 그들의 머릿속 아이디어는 빛나고 단순하며 강력하다. 그러나 종이에 옮기면 쪼그라들고 우울해진다. 수학자들이 받은 저주는 오로지 자기 머릿속에서만 수학을 연주할 수 있다는 점이다.

만약 아이들에게 모차르트나 마이클 잭슨의 곡을 들려주지 않은 채 무작정 악보를 해석하라고 가르쳤다면, 음악도 수학만큼이나 싫어하는 과목이 됐을 것이다.

직관은 수학의 영혼이다. 직관이 없으면 수학은 그 의미를 잃는다. 하지만 수학을 전혀 이해하지 못한다고 해서 이를 바꿀 방법이 없다고 단정하면 안 된다.

수학적 직관이 딱 굳어진, 극복할 수 없는 한계라고 믿는 것은 잘못이다. 수학적 대상을 향한 직관은 타고나는 게 아니다. 고정된 것도 아니다. 올바른 방법을 따르기만 하면 날마다 새로운 직관을 쌓아 올리며 더 강력하게 만들 수 있다.

수학자들은 공식 수학만으로는 모든 이야기를 다 담아낼 수 없다는 사실을 잘 알고 있다. 그들의 진짜 목표는 책에 담긴 내용을 이해하고, 확인하고, 느끼는 것이다. 수학자들이 매일 하는 일은 직관을 더 풍부하게, 더 명확하게, 더 강력하게 키우는 것이다. 수학자의 직관은 출판물이나 공적 결과물보다 훨씬 더 중요한 걸작이자 평생의 업적이다.

보이지 않는 것을 볼 수 있고, 느낄 수 없는 것을 느끼고, 인류의 99.9999%가 전혀 이해하지 못할 만큼 터무니없이 추상적인 것을 아주 깊은 수준에서, 완전히 자명해질 만큼 깨닫는 이 놀라운 기술이야말로 수학자들의 위대한 예술이자 진정한 비결이다. 이 예술에 통달한 사람만이 그 예술이 얼마나 멀리 이끌어갈지 알 수 있다.

하지만 어떻게 그럴 수 있을까? 이것이 바로 이 책이 말하고 싶은 이야기다.

수학자들의 세 가지 비밀

첫 번째 비밀, 수학은 신체 활동이다. 아직 이해하지 못하는 것을 이해하려면 머릿속에서 구체적인 동작을 수행해야 한다. 비록 눈에 보이지 않는 동작이지만 꼭 필요하다. 이 동작은 직관을 확장해 더 새롭고 더 깊은 강력한 정신적 표상을 개발하는 게 목표다. 처음에는 이 동작에 지칠 수 있지만, 결국에는 믿을 수 없을 만큼 강인해진다. 수학을 배우는 것은 신체 활용법을 익히는 것과 같다. 걷고, 수영하고, 춤추고, 자전거 타는 법을 배우는 것처럼. 이렇게 눈에 보이지 않는 동작은 타고나는 게 아니지만, 누구나 그 동작을 배울 능력이 있다.

두 번째 비밀, 수학을 잘할 방법이 있다. 이 방법은 학교에서 배우는 게 절대 아니다. 어떤 학문적 방법과도 다르고 전통적인 교육 원칙에도 어긋난다. 이 방법을 이용하면 수학이 더 어려워지기는커녕 훨씬 쉬워진다. 수학은 명상이나 요가, 암벽 등반, 무술을 익히는 법과 비슷하다. 이 방법을 알면 두려움을 이겨내고, 미지의 세상에서 도피 반사를 극복하고, 모순 속에서 즐거움을 찾을 수 있다. 이 방법의 정확한 범위는 사실 수학보다 더 광범위하다. 직관을 재프로그래밍하는 보편적인 방법이며, 그런 의미에서 더 똑똑해지는 방법이기도 하다.

세 번째 비밀, 위대한 수학자들의 뇌는 우리 뇌와 같은 방식으로 작동한다. 물론 다른 신체 활동과 마찬가지로 수학에서 타고난 재능 또한 개인마다 골고루 할당되지 않았다는 건 의심할 바 없다. 하지만 이런 생물학적 차이는 대다수 사람의 생각보다 그 몫이 훨씬 작다.

후자는 당연히 논란의 여지가 있다. 수학의 놀라운 측면은 어릴 때부터 또래보다 아주 뛰어난 능력을 발휘하는, 믿기 어려울 정도로 재능 있는 사람들이 꾸준히 등장한다는 점에 있다. 반면에 수많은 이가 고등학교 수학, 심지어 초등학교 수학도 힘겨워한다. 더 나은 설명이 없는 상황에서 이런 극단적 불평등을 '타고난' 재능 탓으로 돌리는 건 지극히 당연한 일이다.

하지만 설명이 필요한 능력의 격차는 사실 유전학으로 해석하기에도 너무 극단적이다. 인간은 선천적으로 생물학적 차이를 보이지만, 전반적으로는 상당히 동질적인 종이다. 사람마다 키와 근력, 심장박출량, 폐 용량이 서로 다르며 몇몇 다양성은 유전적 요인에서 찾을 수 있다. 그렇다고 몇 배씩 차이가 나는 건 절대 아니다.

다음 장에서 다룰 비유를 빌리자면, 수학의 불평등은 마치 어떤 이는 100미터 달리기를 1초 이내에 완주하지만, 대다수는 일주일이 지나도 그렇게 완주하지 못하는 것과 같다. 일부 사람들은 유전적으로 더 효율적이고 강력한 신경 대사를 타고나 수학을 두 배 혹은 열 배 더 잘한다고 가정할 수는 있지만, 유전자만으로 이런 터무니없는 불평등을 설명하기는 어렵다.

이보다 훨씬 간단하고 믿을 만한 설명이 있다. 정신적 습관이 바람직하고 심리적 태도가 올바르면 수학을 10억 배 더 잘할 수 있다. 하지만 학교에서는 수학을 잘하는 방법을 한 번도 배운 적이 없다. 그 방법은 오로지 우연히 얻을 수 있다. 자기 스스로, 우연히 그 방법의 단편을 찾아내야 한다. 그러나 사람들 대부분은 수학을 잘하는 방법의 특정 핵심 사항이 놀랍고 직관적이지 않아 아무것도 찾아내지 못한다. 그래서 그 방법을 간과하기 쉽다.

위대한 수학자들의 뇌는 우리 뇌와 같은 방식으로 작동한다. 하지만 그들의 개인적 역사, 즉 주변 세상을 향해 자기만의 경험을 발전시킨 방식 덕분에 그들은 어릴 때부터 수학을 잘하는 법에 익숙해졌다. 수학자들은 정해진 길을 따르지도 않고, 무엇을 하고 있는지도 모른 채 순전하게 우연히 자기만의 길을 찾았다.

구전 수학

수학은 흔히 숫자, 도형 및 기타 추상적 구조에 대한 학문으로 정의된다. 또는 기호와 공식, 공리와 정리, 체계적인 논리적 추론으로 정의되기도 한다. 하지만 몇몇 정의는 신중하게 다음과 같은 흥미로운 경고를 덧붙인다. 수학을 정의하는 방법을 제대로 아는 사람은 실제로 아무도 없다.

예를 들어 내가 이 책을 쓰는 지금, 위키피디아 '수학' 면에는 "수학자들 사이에서 수학이라는 학문 분야를 일컫는 공통 정의에 대한 일반적인 합의는 없다"라고 적혀 있다.

그러나 이 책의 핵심 메시지는 수학을 한다는 게 무엇인지, 어떤 느낌인지에 대해 수학자들 사이에 잠재된 합의가 있다는 것이다. 어찌 보면 이 책 전체는 이 잠재된 합의를 기록해 일반 대중에게 '누설'하려는 시도로 읽힐지도 모르겠다.

만약 이 합의가 수학의 정의가 된다면, 수학은 무엇을 연구하는 학문이 아니라 특정한 본성을 지닌 인간 활동으로 규정될 것이다. 그동안 수학은 그 의미에 대한 제대로 된 합의 없이 어디에서나 배우는 유일한 학문 분야로 있어왔고, 이는 실로 기이한 결과로 이어졌다.

예를 들어 수많은 수학자가 수학을 독학으로 깨우친 소회를 고백한다. 학교 커리큘럼에서 수학이 차지하는 중요한 역할에 비추어 볼 때, 이는 놀라운 역설이다. 물론 학교에서 배운 내용도 많으므로 실제로 독학한 것은 아니다. 하지만 가장 중요한 것들은 학교에서 배우지 않았다는 점에서 독학한 게 맞다.

나는 이런 역설적 독학자 중 한 명이다. 나는 학교에서 공식 수학의 기초를 배웠다. 동시에 누가 가르쳐주지 않아도 비공식 수학의 기초를 알아냈다.

오랫동안 나는 내 머릿속에서 수행 중인 보이지 않는 동작과 수학을 잘하는 것 사이의 관계를 잘 알지 못했다. 그 동작은 그저 내가 익혀온 습관, 즉 상상력을 사용하는 특별한 방법일 뿐이었다.

어릴 때 시작한 상상력 훈련에 대해서는 나중에 이야기하겠다. 처음에는 천진난만한 놀이에 불과했다. 예를 들어 눈을 감고 방 안을 돌아다니며 가구의 배치를 기억하는 일에 재미를 느끼곤 했다.

이게 학교에서 배운 수학과 무슨 관련이 있었을까?

나는 수학을 딱히 잘하지도 않았다. 한계에 부딪히는 경우가 흔했다. 그래서인지 남들과 같은 출발선에서 시작한 내가 이 놀이와 더불어 나날이 어려워지는 다른 놀이를 통해 유난히 강력한 기하학적 직관을 개발하리라고는 꿈에도 몰랐다.

이 기하학적 직관은 내 수학 경력의 비밀 무기였다. 나는 아무도 보지 못한 것을 보고, 아무도 풀지 못한 문제를 풀기 시작했다.

한참 후에야 다른 수학자들과 이야기를 나누고 유명한 수학자들의 이야기를 읽으면서 내 경험이 전혀 특별하지 않다는 것을 알게 되었다.

공식적인 지식은 교과서에 기록되어 있지만, 수학자들의 은밀한 비공식 기술은 대대로 전해 내려오는 구전 전통으로 남아 있다. 그도 그럴 것이 그 기술은 진지해 보이지도 않고, 과학도 아니고, 자기계발과 너무 비슷하다는 이유로 감히 책에 기록되지 못했다.

이 비밀 이야기는 간단하고 이해하기 쉬운 언어로 전해질 가치가 있다. 수학을 잘하든 못하든, 젊든 늙었든, 예술적이든 과학적이든 우리 모두에게 해당하는 이야기이기 때문이다. 게다가 우리의 약점보다는 강점과 숨겨진 재능, 우리가 성취할 수 있는 것을 다룬다.

수학은 비밀스럽고 조용한 내면의 모험이다. 하지만 수학은 인간의 지성과 의식, 언어의 깊이를 탐구하는 보편적 모험이다.

수학자들은 동료와 사적인 대화를 나누다가 자기 말을 엿듣는 사람이 주변에 없을 때라야 비로소 사물을 보는 자기만의 방식을 고백한다.

그렇다. 수학은 두렵다. 이해할 수 없을 것만 같고, 결코 알 수 없을 것처럼 보인다. 그럼에도 수학에 도달할 방법은 분명 존재한다.

숟가락의 올바른 쪽

한 살배기 아들 애럼이 요즘 숟가락질을 배우고 있다. 그런데 완전 난장판이다. 애럼은 단 2분 만에 여기저기 음식을 뿌려댄다. 벽에, 머리카락에, 온 사방에.

나는 애럼을 돕기 위해 숟가락을 반쯤 채워 애럼에게 건네준다. 하지만 애럼은 잘못된 쪽, 음식이 담긴 쪽을 움켜잡는다. 그래서 나는 그 반대쪽, 즉 손잡이 부분을 잡아야 한다고 말하고 어떻게 하는지 보여준다. 하지만 애럼은 고집스럽게도 항상 음식이 있는 쪽을 잡는다. 틀린 건 아니다. 어차피 애럼이 원하는 건 음식이니까. 단지 올바른 방법이 아닐 뿐이다.

물론 나는 별로 걱정하지 않는다. 애럼은 결국 숟가락의 어느 쪽을 잡아야 하는지 자연히 알게 될 것이다. 그래서 그럴까, 나는 여태

껏 이런 말을 들어본 적이 없다. "숟가락은 진짜 내 취향이 아니야. 도저히 왜 필요한지 모르겠어. 정말 짜증 나서 난 숟가락 안 써."

사람은 숟가락을 쓰는 데 아무런 문제가 없다. 누구도 숟가락을 싫어하지 않으며, 숟가락도 누굴 미워하지 않는다. 숟가락은 태어나 처음 접하는 도구 중 하나다. 우리는 매일, 평생 숟가락을 사용한다. 물론 처음에는 숟가락이 신비롭고 낯설지만, 점점 익숙해진다. 그리고 어느새 저절로 숟가락을 사용하게 된다. 마치 우리 손처럼. 어찌 보면 숟가락은 우리 손과 별반 다르지 않다. 우리 뇌는 이미 숟가락의 용도와 가능성을 체득했고, 숟가락은 우리 몸의 연장선이 되었다.

숟가락으로 먹는 법을 알게 되면, 이제는 식은 죽 먹기처럼 쉬워진다. 모르면 엄청 어려운데 말이다. 우리는 숟가락 사용법을 너무 잘 배운 나머지 그 방법을 배워야 했다는 사실을 까마득히 잊었다. 처음에는 전혀 쉽지 않았다는 것도.

이 동작이 복잡하다는 건 아기의 숟가락질을 보고 나서야 명백해진다. 숟가락을 사용하려면 손과 눈의 조화가 뛰어나야 한다. 단순히 숟가락을 제대로 잡고 쥐는 것만으로도 약간의 노력이 필요하다. 게다가 숟가락을 잡는 올바른 방법은 무엇을 먹느냐에 따라 달라진다.

인류가 달에 착륙한 지 이미 50년이 지났지만, 숟가락으로 이유식을 먹을 수 있는 로봇을 프로그래밍하는 법은 이제야 배우는 중이다. 참, 키위봇은 논외로 하자. 키위봇은 완전히 다른 이야기다.

진짜 중요한 일

숟가락은 시작에 불과하다. 그다음은 진짜 중요한 일들이 시작된다. 우리는 신발을 신고 벗는 법을 배우고, 양치질과 손톱 깎는 법을 익힌다. 자전거 타는 법과 롤러스케이트 타는 법을 배우고, 양파를 까고 커피 내리는 법을 배운다. 비디오 게임 하는 법, 단추 꿰매는 법, 운전하는 법, 커피머신 청소하는 법도 배운다. 처음에는 조금 힘들기도 하지만 곧 요령을 터득한다.

숟가락이나 자전거처럼 우리의 도구는 결국 우리 자신의 연장이 된다. 우리는 아무 생각 없이 도구를 사용하고, 도구는 우리의 삶을 탈바꿈하고 확장한다. 그리고 지금의 우리를 만든다. 도구가 없다면 우리는 정말 별것 아닌 존재가 된다.

언어는 가장 배우기 어렵다. 언어 배우기는 믿을 수 없을 만큼 길고, 놀랄 만큼 어려운 과정이다. 생후 18개월 아기의 옹알이는 거의 알아들을 수 없다. 그런데도 아기는 하루 종일 계속 옹알옹알 말하기를 시도한다.

언어를 배우는 게 때론 기운 빠질 수 있지만, 우리는 절대 포기하지 않는다. 아무도 이렇게 말하지 않는다. "언어는 진짜 내 길이 아니야. 배워서 어디에 써먹어. 솔직히 고통 그 자체야."

어느 부모도 이렇게 말하지 않는다. "공갈 젖꼭지를 너무 귀엽게 문 제인을 보니 힘든 일을 시키면 가슴이 찢어질 것 같아. 그래서 우리는 제인에게 말을 걸지 않기로 했어."

언어는 선택 사항이 아니다. 상류층이나 부자, 천재를 위한 것도 아니다. 언어는 모두를 위한 것이다.

처음 인간이 된 날을 기념하고 싶다면 우리 조상들이 모두에게 언어를 주기로 결심한 날을 선택하면 되지 않을까? 조직화된 종교나 성문화된 법률이 나오기 훨씬 전부터 우리는 이런 암묵적인 규칙을 따르기로 했다. "자녀에게 말을 가르쳐라."

획기적 성공

최근 200여 년 동안 우리는 모두에게 읽고 쓰는 법을 가르치는 새롭고 근본적인 결정을 내렸다. 과거 소수의 인구만이 글을 읽었던 세상을 상상하기 어려울 만큼 매우 중요한 결정이었다.

고대 이집트에서 상형문자를 사용한 글쓰기 기술은 마법과 비슷했다. 필경사는 대대로 글쓰기 비법을 전수하는 세습 계급이었고, 중세 유럽에서도 글쓰기는 하나의 직업이었다. 젊은 남성들은 수도사가 되어 세상과 단절된 채로 원고 필사에 평생을 바쳤다.

농민들은 이 상황을 어떻게 생각했을까? 글을 읽고 쓰려면 특별한 재능, 자신에게 없는 특정한 지능이 필요하다고 믿었을까? 문자에서 배제된 것을 부당하고 답답하게 여겼을까? 아니면 그저 돈도, 시간도, 흥미도 없고, 어차피 읽을 만한 게 아무것도 없다고 생각했을까?

오늘날에는 글을 읽고 쓰는 데 특별한 재능이 있어야 한다고 생각하지 않는다. 그 재능이 아무 쓸모 없다고 여기는 사람도 없다.

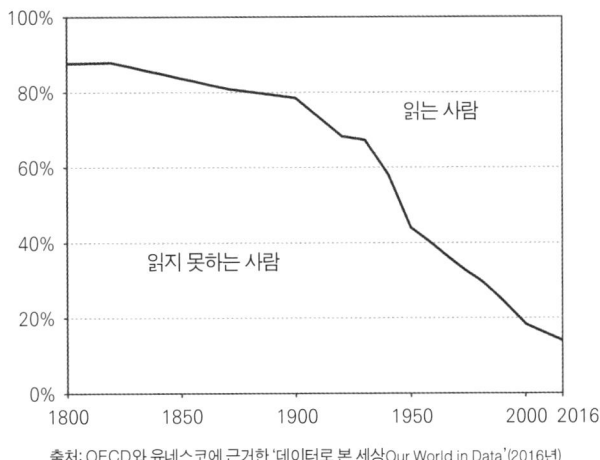

출처: OECD와 유네스코에 근거한 '데이터로 본 세상Our World in Data'(2016년)

드문 예외를 제외하면, 종교적이든 이념적이든 모든 형태의 정부는 초등 교육을 절대적인 우선 과제로 삼는다.

세계적 문맹 퇴치global literacy라는 획기적인 프로젝트가 엄청난 성공을 거두었다. 물론 문맹이 완전히 사라진 건 아니지만, 훨씬 더 드문 현상이 되었다. 몇 세대 만에 인류는 역사상 유례없는 전 세계적인 인지 변화 프로그램을 완수했다.

총체적 난국

세계적 문맹 퇴치라는 대대적인 캠페인이 진행되는 사이, 또 다른 급진적 결정이 내려졌다. 모든 사람에게 수학의 기초를 가르치는 것이었다. 오늘날 전 세계 초등학교와 중고등학교에서는 10억 명 이상의 아이들이 수학을 공부하고 있다.

하지만 완전히 실패했다.

수억 명의 아이들이 침묵 속에서 고통받고 있다. 아이들은 아무것도 이해하지 못하겠다며 아예 관심을 끊거나(수학의 쓸모를 전혀 깨닫지 못해) 머리가 너무 나쁜 것 같다는 굴욕감 사이를 오가고 있다.

미국 10대들에게 가장 어려운 과목이 무엇이냐고 물어보면, 수학이 37%로 가장 높은 순위를 차지한다. 수학은 또한 단연코 가장 싫어하는 과목이기도 하다. 하지만 가장 좋아하는 과목이 무엇이냐고 물어보면, 수학은 23%로 다시 한번 1위를 차지한다. 일부 학생들에게 수학은 가장 쉬운 과목이기도 하다.

우리는 모두 이 기이한 현상을 알고 있다. 이 현상은 일상 속 일부로 자리 잡았고, 다들 당연하다고 끄덕인다. 수학을 좋아하고 매우 쉽게 여기는 사람들이 있는가 하면, 수학을 싫어하고 이해하지 못하겠다는 사람들도 있다. 사실상 그 중간에 있는 사람은 거의 없다.

이 상황이 너무 자연스럽다 보니 수학을 대하는 태도가 문화적 고정관념의 일부가 되었다. 예를 들면 거친 피부에 안경 쓴 괴짜는 수학을 좋아하고, 멋진 패션 감각을 가진 여학생은 수학을 싫어하고, 반항적인 고등학교 중퇴자는 수포자로 생각한다.

이 고정관념은 어리석고 모욕적이다. 뛰어난 수학자가 된 자퇴생도 많다. 예쁘고 인기가 많은 여고생도 수학을 사랑할 줄 안다. 물론 훌륭한 수학자가 될 권리도 있다.

우리는 이 같은 현실에 익숙해졌지만, 상황은 전혀 정상적이지 않다. 정말 이상하다. 이런 일은 일어나지 말았어야 한다.

수학을 다른 기본 학습과 비교해보자. 10대들이 글을 읽지 못하면 멋지다고 여기는 게 정상일까? 글자 하나하나 소리 내지 않고도 글을 잘 읽는 사람이 꼭 괴짜일까?

고등학교 졸업반 학생 절반이 숟가락질을 모르거나 신발 끈을 스스로 묶을 줄 모르면 괜찮은 걸까?

고등학교 수학 문제를 푸는 건 신발 끈 묶는 것만큼 쉬워야 한다. 그렇지 않다면 수학을 가르치는 방식에 문제가 있는 것이다.

두 가지 가설

수학을 잘하거나 못하는 사람이 있는 이유를 설명하기 위해 보통 두 가지 가설이 제기된다.

첫 번째 가설은 단순히 동기의 문제라고 꼬집는다. 사람들은 수학을 좋아하지 않아서 수학에 서툴고, 수학이 일상생활에 얼마나 쓸모 있는지 몰라서 수학을 좋아하지 않는다. 하지만 예를 들어, 사람들이 역사는 일상생활에 쓸모 있다고 여길까? 그렇다고 해서 역사를 덜 이해하게 되는 것도 아니고, 역사 수업이 사람들을 공황 상태에 몰아넣지도 않는다. 전쟁이나 혁명이 뭔지 몰라 울먹거리는 학생을 본 적도 없을 것이다.

사실 수학을 잘하지 못하는 학생들도 수학이 내신 등급을 올리거나 좋은 대학에 들어가는 데 도움 된다는 건 잘 알고 있다. 그들은 바보가 아니다. 수학을 못하면 일부 가장 명망 있고 높은 보수를 받는 직업에 진출할 수 없다는 사실도 잘 안다. 수학이 왜 그리 중요한지는 몰라도, 수학이 중요하다는 건 안다. 수학을 못해서 소외당하는 느낌은 수학을 싫어하는 충분한 이유가 된다.

두 번째 가설은 정말 냉혹하다. 수학 지능이라는 불가사의한 지능이 전체 인구에 불균등하게 분포되어 있다는 생각이다. 생물학에 기반을 둔 이 가설은 일종의 수학적 유전자가 존재한다고 가정한다. 수학을 잘하는 사람은 그저 그렇게 태어났을 뿐이고, 그렇지 못한 이들은 운이 나쁘다는 것이다.

이 가설이 널리 퍼져 있다는 것 자체가 다소 놀랍다. 우리는 이런 생각이 팽배하지 않도록 경계하는 법을 진작 배웠어야 한다. 한때 특정 인종은 밭일을 하도록 태어나고, 다른 인종은 농장을 소유하도록 태어났다고 믿던 시절이 있었다. 최근에는 여성이 전투기를 조종할 수 없다고 여겼던 적도 있었다. 하지만 오늘날에는 이 생각들이 신빙성을 잃었다.

여전히 회의적이라면, 다음 장에서 수학을 잘하는 데 필요한 모든 지적 능력은 누구나 갖추고 있다는 사실을 알게 될 것이다.

개인 간의 생물학적 불평등이 존재하는 건 사실이지만, 방금 말한 예들과는 전혀 다르다. 오히려 이런 예와 비슷하다. 고등학교 졸업반 학생이 100미터 달리기를 한다고 상상해보자. 대다수 학생은 완주할 수 있을 것이다. 어떤 학생은 11초, 어떤 학생은 13초 혹은 18초가 걸릴 것이다. 또 몇몇 학생은 그 거리를 달리는 데 30초가 걸릴 수도 있다.

이런 격차를 설명하는 유전자는 동기와 영양 상태, 생활 방식, 달리기 선수의 훈련 정도와 더불어 하나의 요인일 뿐이다. 육상 경기를 할 때, 모든 사람이 유전적으로 비슷한 건 아니다. 하지만 100미터 경주에서 이런 유전적 요인은 기껏해야 몇 초 차이에 불과하다.

이제는 이렇게 가정해보자. 졸업반 학생들이 100미터 경주를 하는데 몇몇은 1초 만에 결승선을 통과하지만, 절반 이상의 학생은 일주일이 지나도 완주하지 못한다고 말이다. 고등학교를 졸업할 때 나타나는 수학 실력의 격차는 이와 비슷하다.

아직 완주하지 못한 학생을 찾으러 가보자. 일부 학생은 출발선에 앉아 있다. 그들은 100미터 달리기가 세상에서 가장 최악이라고 말한다. 사는 데 왜 필요한지 도통 모르겠고, 체육 선생님을 가학적인 인간이라고 생각한다.

이게 정말 유전적 요인 때문이라고 결론 내릴 수 있을까?

나는 이 모든 게 엄청난 오해에서 비롯된 것일 뿐이라고 주장하고 싶다. 사람들이 수학을 잘하지 못하는 이유는 시간을 들여 명확한 지침을 내린 사람이 없었기 때문이다. 아무도 수학이 신체 활동이라고 말해주지 않았고, 수학에서 배울 것이 있는 게 아니라 해야 할 것이 있다고 알려주지 않아서다.

숟가락의 올바른 쪽이 있다는 걸 아무도 말해주지 않았기 때문에 잘못된 쪽을 잡고 허우적대는 것이다.

수학 시간에 배우는 내용은 꼭 기억해야 할 게 아니다. 그저 우리 각자가 머릿속에서 은밀히 수행해야 할 보이지 않는 동작을 위한 지침과 지표일 뿐이다.

  역사나 생물학을 공부하는 것과 같은 방식으로 수학을 공부하는 건 무용지물이다. 요가 수업 내용을 잊지 않기 위해 꼼꼼히 필기하는 것과 뭐가 다를까. 정작 중요한 호흡 훈련을 하지 않는다면, 아무 쓸모도 없다.

생각의 힘

 흠 하나 없이 완벽하게 둥근 원을 상상해보자. 어떤 원이라도 괜찮다. 어떤가?

 현실에서는 완벽한 원이 존재하지 않는다. 종이에 원을 그리면 늘 사소한 흠이 생긴다. 자전거 바퀴도, 태양도, 물 위의 잔물결도 완벽한 둥근 원은 아니다.

 하지만 그렇다고 해서 내 말을 이해하는 데 방해가 되지는 않는다. 완벽한 원은 충분히 상상할 수 있다.

 단순히 상상하는 것뿐만 아니라 머릿속으로 그려볼 수 있다. 우리는 원을 움직이고, 그 크기를 키우거나 줄이고, 원하는 대로 변형할 수 있다.

 현실에 존재하지 않는 것들을 생생하게 떠올리고, 눈앞에 있다고 느끼고, 마치 손으로 만지듯 머릿속에서 자유롭게 움직일 수 있는 능력, 이것이 바로 마법의 힘이다.

이 능력이야말로 수학을 제대로 이해하는 길의 출발점이다.

놀라운 추상화 능력

완벽한 원은 수학적 추상이다. 원이 익숙하게 느껴지는 이유는 우리 인간이 본래 수학적 추상을 할 수 있는 타고난 능력이 있기 때문이다.

하지만 우리의 추상화 능력은 수학에만 국한되지 않는다.

원하든 원하지 않든, 우리는 세상을 추상적으로 바라보는 데 많은 시간을 보낸다. 이는 우리 몸의 생리적 특성이다. 폐가 공기에서 산소를 추출해 혈액으로 전달하듯, 우리 뇌는 감각 입력에서 추상을 만들어낸 뒤 이를 정신적으로 조작하는 기계다.

어떻게 그럴 수 있을까? 그 답은 19장에서 다룰 예정이다. 19장에서는 뇌 구조가 어떻게 자연스럽게 추상을 창조하고 조작할 수 있는지 살펴볼 것이다.

그때까지는 그런 기적이 어떻게 가능한지 완전히 이해하지 못하더라도, 머릿속에서 원을 그려볼 수 있다는 사실을 인정해야 한다.

굉장한 추론 능력

한 직선이 원과 세 점에서 만날 수 있을까?

천천히 생각해보자. 함정이 아니다. 그저 스스로 판단해보라. 직선이 원과 만나는 모든 방법을 떠올려보고 세 점에서 만날 수 있을지 알아보라.

맞다. 한 직선은 원과 세 점에서 만날 수 없다.

이 답이 뻔해 보이는가? 그건 인간에게 굉장한 추론 능력이 있기 때문이다. 우리는 직선이나 원 같은 추상적 대상을 상상할 수 있을 뿐만 아니라, 이 대상에 대한 추상적 질문을 던지며 그 답을 찾을 때까지 머릿속으로 조작할 수 있다.

정답은 뻔하지만, 만약 누군가가 잘 모르겠다며 고개를 갸우뚱하면 어떻게 할까?

그러면 아마 "보면 알 수 있어요…"라고 대답하겠지만, 그것만으로는 충분하지 않다. 그 답을 이해하지 못하는 사람은 원과 직선을 명확하게 볼 수 없기 때문이다. 수학을 설명하는 일은 상대가 한 번도 본 적이 없는 것을 볼 수 있게 해주는 과정이다.

답을 찾기 위해 사용한 추론은 직관적이고 시각적이다. 머릿속에서는 원과 직선이 일종의 만화 주인공처럼 보일 것이다. 이런 유형의 추론은 매우 효과적이지만 말로 표현하기는 어렵다. 단어만으로는 머릿속에서 보는 모든 미묘한 차이를 완전히 전달할 수 없다.

수학을 공부하면 시각적 직관을 엄격한 증명으로 변환하는 법을 배울 수 있다. 물론 완벽한 변환은 아니다. 단순한 직관을 표현하는 데는 많은 단어가 필요하다. 머릿속에서는 모든 게 매우 명확해 보여도 막상 글로 적기 시작하면 기술적이고 복잡해 보인다.

대단한 직관

머릿속에 있는 것을 볼 수 사람은 오직 자신뿐이다. 어렵고 힘들더라도 자기 생각을 단어와 기호로 정확하게 표현하는 노력을 기울여야만 남과 공유할 수 있다. 이것은 또한 직관이 올바른지 확인하는 유일한 방법이기도 하다.

때로는 직관이 틀릴 수 있기 때문이다.

물론 이 사실을 떠올리고 싶지 않겠지만, 그게 맞는 말이라는 건 안다. 누군가의 외모를 놀리는 게 그 사람을 불쾌하게 하는 가장 빠른 방법이지만, 직관이 틀렸다고 지적하는 것도 그에 못지않게 강한 반응을 불러일으킬 수 있다. 사람들은 보통 두 가지 방어 기제로 반응한다. 스스로 패배자라고 여기며 열등감을 느끼고 생각을 멈추거나, 아니면 자기 말이 옳다고 주장하며 다른 이들을 모두 바보라고 한다(그러고는 일절 생각하지 않는다).

하지만 세 번째 방법이 있다. 아인슈타인이나 데카르트는 자신의 직관이 틀렸다고 지적받아도 화내거나 스스로를 어리석다고 생각하지 않았다. 상대방을 바보라며 흉보지도 않았다. 대신 다르게 반응했다. 어떻게? 이 질문은 이 책 전반에 걸쳐 반복적으로 탐구할 핵심 주제 중 하나다.

학교에서 직관을 경계하라고 가르칠 때, 지적 성장을 방해하는 두 가지 큰 실수가 뒤따른다.

첫 번째 실수는 상황을 과장하는 것이다. 별것도 아닌 일에 괜히 화나게 한다. 물론 가끔은 직관이 틀리기도 하지만 항상 그렇지는 않다. 오히려 종종 맞을 때도 있다. 그리고 직관이 더 자주 맞도록 할 수도 있다. 꾸준히 훈련하면 더 분명하고 뚜렷한 직관을 갖출 수 있다. 수학자들은 우리와 같은 지점에서 출발해 강력하고 믿을 수 있는 직관을 구축한다. 그들은 이 책에서 가르치는 것과 같은 간단한 방법을 사용해 직관에 도달한다.

학교가 저지르는 두 번째 실수는 직관의 한계를 강조하는 데만 집중하고, 그 강점은 제대로 언급하지 않는 것이다. 결국 직관은 불완전하다는 메시지만 전달한다. 물론 이것도 중요한 메시지다. 하지만 학교는 훨씬 더 중요한 메시지, 즉 '직관이 가장 강력한 지적 자원'이라는 사실을 놓친다. 어떤 면에서 직관은 유일한 지적 자원이다.

이건 단순한 말장난이 아니다. 여러분에게 잘 보이려고 아첨하는 것도 아니다.

이 모든 것 이면에는 앞으로 더 깊이 탐구할 심오한 생물학적 진실이 숨겨져 있다. 이것은 또한 우리가 이미 수없이 경험한 매우 현실적인 진실이기도 하다. 그저 암기로 익히거나 이미 정형화된 방법을 적용하거나 논리를 줄줄 따르는 건 진짜 이해가 아니다. 그래서 논리적 주장에 완전히 확신을 갖지 못하고 직관적 이해를 훨씬 더 편안하게 느끼는 것이다.

상상력의 선물

직관이 강력하다는 건 오래전부터 알려진 바다. 감히 겉으로 드러내지 않을 뿐, 사실은 누구나 자기 직관에 남몰래 의존하고 있다.

잘 모르고 있는 사실은 위대한 과학 혁명과 가장 난해한 수학 이론 뒤에는 항상 직관이 존재한다는 것이고, 그 직관은 우리의 직관만큼 단순하다는 것이다.

아인슈타인이 상대성 이론을 생각해낼 수 있었던 것은 한 직선이 원과 세 점에서 만날 수 없다는 깨달음과 크게 다르지 않은 정신적 만화 덕분이었다.

아인슈타인이 직관을 믿는다고 말했을 때, 우리와는 근본적으로 다른 뭔가 특별하고 천부적인 직관을 말하는 게 아니었다. 아인슈타인이 정말로 그렇게 생각했다면, "난 특별한 재능이 없다"라고 말하지 않았을 것이다.

조금 당혹스럽겠지만 사실을 받아들여야 한다. 아인슈타인은 우리 모두에게 있는 일상적인 직관, 흔히 유치하다고 여겨지고, 학교에서는 믿지 말라고 가르치는 그 직관을 말하고 있었다. 그는 사물을 상상하는 우리의 능력에 대해 말한 것이다. 상상력은 우리 모두에게 주어진 소중한 선물이다. 별것 아니라고 치부할 수도 있지만, 실로 대단한 능력이고, 그 이상의 더 큰 능력을 얻는 사람은 아무도 없다.

여러분이 아인슈타인처럼 단순하고 유치한 상상력으로 당대 최고의 물리학자가 되었다면, 그가 말했듯이 위대한 과학적 발견은 단지 호기심의 문제라고 강조했을 것이다(그리고 사람들은 그 말을 진지하게 받아들이지 않을 것이다).

상대성 이론을 발명하지 않았더라도 누구나 이미 놀라운 일을 해낸다. 머릿속에 원을 그리고 그 원을 움직일 수 있다. 한 직선이 원과 세 점에서 만날 수 없다는 것도 시각적으로 증명할 수 있다.

그리고 이 모든 것을 단지 눈을 감고 가만히 있는 것만으로 해낸다. 말 그대로 생각의 힘으로 말이다.

알려진 바에 따르면 이 생물학적 능력은 인간만이 가진 것으로 보인다. 하마도 이 능력을 가졌다면 그저 잘 숨기고 있는 것이다.

생각의 힘을 잘 이용할 수 있다면 안심해도 된다. 수학을 아주 잘할 수 있는 유전적 잠재력과 지적 능력이 있다는 뜻이니까. 생물학적 관점에서 볼 때 필요한 건 이뿐이다. 나머지 요소들은 유전적인 것이 아닌 그저 마음가짐에 달려 있다. 성실과 인내, 열망, 용기의 문제일 뿐이다.

선명하고 강렬한 이미지 만들기

큰 아이디어는 늘 직관적이고 단순하다. 심지어 터무니없을 정도로 단순하다. 우리는 오직 명백한 것만 제대로 이해할 수 있다. 명백하지 않다면 아직 완전히 이해하지 못한 것이다.

이것은 인간의 인지가 지닌 보편적 법칙이다. 이 법칙에 따르면 과학은 인간이 발명했으며, 인간은 가장 근본적인 수준에서 모두 같은 물질로 이루어졌다.

위대한 발견은 단지 이해하려고 노력하는 사람들의 결과물이다. 그들은 단지 스스로 명확히 알고 싶어 할 뿐이다. 이해하지 못해도 이해하는 척하지 않는다. 분명히 알게 될 때까지 올바른 길, 올바른 정신적 이미지, 올바른 시각화 방법을 계속 찾는다.

좋은 소식은 이 방법을 통해 발견되는 것들이 명확하다는 것이다. 그들에게 명확한 것은 언젠가 누구에게나 명확한 것이 될 수 있다. 그러니 위축되거나 겁낼 필요가 없다.

이는 모든 지적 문제에 적용되지만, 수학에서는 더욱 그렇다. 수학 지식은 실험적 데이터에 의지하지 않는다. 백과사전 같은 지식을 쌓을 필요도 없다. 오히려 수학은 완전히 명백한 증명을 따르므로 모든 결과가 잇따른 명백한 추론으로 분해된다.

역설적이지만 무언가가 명확하게 보이려면 그게 가능한 정신적 표상을 먼저 구축해야 한다. 일단 정신적 표상이 구축되면 별다른 노력 없이도 곧바로 이해할 수 있다. 하지만 그 표상을 구축하는 데는 많은 시간과 노력이 필요하다.

미처 깨닫지도 못하는 사이, 우리는 이미 '원'이 무엇인지에 대한 충분한 정신적 표상을 구축했다. 수학을 이해하려면 원으로 만든 이미지를 다른 개념에 재현하고, 새로운 정신적 표상을 구성한 다음, 그 정신적 표상들을 결합해 또 다른 표상을 만들기만 하면 된다.

이런 표상을 이미 구축한 채로 태어나는 사람은 없다. 표상을 즉시 만들 수 있는 사람도 없다. 표상을 구축하는 과정은 생각보다 오랜 시간이 걸린다. 누구나 그 과정에서 불확실성과 시행착오, 잘못된 유도, 처음부터 다시 시작해야 하는 문제에 부딪힌다. 그리고 그 문제는 평생 지속된다.

수학을 하든 하지 않든, 세상을 바라보는 시각과 정신적 표상은 끊임없이 진화한다.

수학자들의 구전 전통은 여기서 시작한다. 초인이 되는 기적적인 비법이 아니라, 더 나은 정신적 표상을 구축하는 데 도움이 되는 단순한 원칙이 중요하다.

중요한 건 세계관을 구축하는 방식의 통제권을 되찾는 능력이다.

알다시피 건강을 유지하려면 운동을 하고, 과일과 채소를 많이 먹고, 약물을 멀리하고, 충분히 자야 한다. 하지만 강력하고 명확한 정신적 표상을 구축하려면 어떤 원칙을 따라야 하는지 꼽을 수 있는 사람이 있을까?

이 주제는 진지하게 다뤄진 적이 없다. 모두가 논리적으로 생각해야 한다고 강조하면서도 직관을 개발하는 방법을 제시한 사람은 없었다.

우리는 아무런 방법도 없었을뿐더러 직관이 때로는 옳고 때로는 틀리더라도 이를 개선할 수 없다는 잘못된 믿음으로 살아왔다.

이런 맥락에서 지금 무언가를 배우게 된 것은 기적이다.

다음 장에서 살펴보겠지만, 그럼에도 우리는 꽤 잘해왔다. 그리고 이미 견고한 수학적 직관을 쌓아왔다. 물론 수학에 영 젬병이라고 생각할지 모르지만, 인류 역사의 99% 동안 천재들의 전유물로 여겨졌던 수학적 발상을 완벽하게 흡수했다고 할 수 있다.

진짜 마법

10억을 예로 들어보자. 그리고 거기서 1을 빼보자. 얼마일까?

굳이 생각할 필요는 없다. 머릿속에서 바로 답이 떠오를 것이다. 999,999,999이다. 사실 이 숫자는 직접 말하는 것보다 머릿속으로 그리는 게 더 쉽다.

당연한 것 같지만, 항상 그런 건 아니었다. 예를 들어 고대 로마인에게는 그 답이 전혀 당연하지 않았을 것이다.

고전 라틴어에는 10억이라는 단어가 존재하지 않았다(물론 100만이라는 단어도 없었다). 10억이라는 개념을 전달하는 가장 쉬운 방법은 '천 곱하기 천 곱하기 천'이라는 표현을 쓰는 것이었다. 율리우스 카이사르 시대의 로마인이라면 다소 골치가 아팠을지라도 이 개념을 알아들었을 것이다. 하지만 이 숫자에서 1을 빼고 머릿속으로 답을 바로 떠올릴 수 있다고 말한다면, 그들은 도저히 무슨 말인지 이해할 수 없을 것이다.

로마인은 우리를 무슨 수학 천재라고 여길 것이다.

로마 숫자로 999,999,999를 표현하는 건 쉽지 않다. 로마 숫자가 유일한 숫자 체계라면 999,999,999는 일상에서 접하지 않는 큰 수 그 이상이다. 어쩌면 '볼 수도 없는' 숫자다. 머리가 핑핑 돌 만큼 너무나 압도적인 수다. 누군가가 아무렇지도 않게 그 숫자를 바로 '이해할 수 있다'는 생각은 말도 안 되는 얘기처럼 들릴 것이다.

하지만 고대 로마인은 극단적이지 않았다. 숫자에 대한 이해가 정말 대단했다.

호주 원주민들의 전통적인 숫자 세기 방식은 신체 일부를 기준으로 한다. 손가락에서 1부터 5까지 세면 그다음은 팔로 이동한다. 6은 손목, 7은 팔뚝, 8은 팔꿈치, 9는 이두박근이다. 10(어깨)까지 세면 몸 위로 계속 올라가서 12가 귓불이다. 하지만 각 숫자에 해당하는 신체 부위가 필요하다면 10억은 과연 어떻게 표현할 수 있을까?

아마존 지역에서 쓰이는 야노마미 어의 숫자 체계는 훨씬 더 제한적이다. 1을 뜻하는 단어와 2를 뜻하는 단어는 있지만, 3을 나타내는 단어는 없다. 대신 '많음'을 표시하는 포괄적인 단어가 있을 뿐이다.

세상을 이렇게 바라보는 사람에게는 25와 26 사이에 단번에 감지할 수 있는 뚜렷한 차이가 있다는 사실이 신선한 깨달음처럼 다가올 수 있다. 이는 마치 수학을 배우는 학생들이 무한에도 다양한 크기가 존재하고 그 차이를 정확하게 설명할 수 있다는 사실을 처음 접했을 때의 충격과 비슷하다.

완벽한 속임수?

고대 로마 사람이라면 XXV와 XXVI의 차이를 바로 이해할 것이다. 하지만 그들이 큰 수를 민첩하게 다루는 우리의 능력을 보면 수학 천재라며 혀를 내두를지도 모른다. 그러면 우리는 절로 미소 지을 게 뻔하다. 스스로 수학 천재가 아니라는 사실을 아니까.

그런데 정말 그럴까?

수학 천재는 초자연적인 능력이 있는 돌연변이라든지, 머릿속에 컴퓨터가 있어서 같은 방식이라도 아주 빠르게 계산할 수 있다고 여긴다면, 그건 잘못된 생각이다.

결국 수학 천재는 산타클로스와 비슷하다. 실제로 존재하지 않는다. 산타클로스를 봤다고 생각했어도 사실 진짜 산타가 아니라 산타 복장을 한 누군가였을 뿐이다. 마법사를 봤다고 생각할 때도 실제로는 진짜 마법사가 아니라 초자연적 능력이 있는 것처럼 속임수를 쓰는 마술사일 뿐이다.

그래서 우리가 수학 천재라고 생각한 사람은 진짜 수학 천재가 아니라 숫자를 보는 특별한 방식으로 복잡하고 무시무시한 계산을 쉽게, 심지어 명확하게 바꾸는 사람일 뿐이다.

사실 우리는 대부분 머릿속 계산에 서툴다. 하지만 계산 과정을 직관적으로 단순화해 결과가 눈에 딱 들어올 때는 의외로 능숙하다.

힌두-아라비아 숫자에 바탕을 둔 십진법은 특정 결과를 분명하게 볼 수 있게 해주는 '수법trick'이다. 수학 천재와 우리의 가장 큰 차이점은 수학 천재의 수법 가방이 우리보다 더 크고, 그가 그 수법을 갖고 노는 데 더 익숙하다는 것이다.

진정한 이해

십진법 표기 방식은 너무 당연한 나머지 배운 기억조차 나지 않을 정도다. 숟가락을 쓰는 것과 같다. 우리는 몸의 연장선인 마냥 아무 생각 없이 숟가락을 사용한다. 999,999,999를 볼 때도 직접 보고 있다고 생각하지만, 사실은 도구의 도움으로 보고 있는 것이다.

십진법은 순전히 인간의 발명품이다. 단순한 숫자 표기 체계를 넘어, 자연수가 아무리 크더라도 구체적이고 정확한 대상으로 바라볼 수 있는 인식의 문을 열어준다. 동시에 자연수의 무한함도 당연해진다.

이전에는 상상할 수 없었던 일이 갑자기 당연해지는 것, 이게 바로 수학이 우리 뇌에서 만들어내는 효과다. 그것은 경이로운 감각이자 엄청난 기쁨이다.

어렸을 때는 10, 그리고 20, 그다음 100까지 셀 수 있다는 게 무척 뿌듯했다. 쉬는 시간에 뽐내기도 좋았다. 더 많이 자랑하고 싶어 가장 큰 숫자도 알고 싶어 했다.

사실 우리의 숫자 인식은 2 또는 5까지 셀 수 있고 그다음 숫자인 **많음**이 가장 큰 숫자라고 확신하는 사람들과 별반 다르지 않았을 것이다.

그러던 어느 날 가장 큰 숫자가 없다는 사실을 깨달았다. 다른 방법으로도 이 결론에 도달했을 수 있었겠지만, 십진법이 지름길을 안내했다. 모든 숫자 뒤에는 다른 숫자가 뒤따르고 숫자의 연속성을 회전 카운터처럼 여기며 이 카운터가 무한히 계속될 수 있다는 걸 알게 된다. 한계도 없을뿐더러 카운터 작동을 멈추는 특별한 숫자도 없다.

하지만 인류 역사의 99% 동안 머릿속에서 숫자 카운터가 돌아가는 모습을 상상한 이는 아무도 없었다.

머릿속의 숫자 카운터는 선사시대부터 중세에 이르기까지 오늘날 공유되는 숫자의 표상을 만들어낸 위대한 수학자들의 공동 작업이다.

이 표상은 자연스러운 게 아니다. 인간이 태어날 때부터 몸에 새겨진 것도 아니다. 한편으로는 임의적이기도 하다. 우리가 다른 표기 체계를 선택했다면, 숫자는 완전 딴판으로 보였을 수도 있다.

4,000여 년 전 바빌로니아인들은 십진법이 아닌 60진법을 발명해 숫자를 표기했다. 당시 바빌로니아 수학자들은 가장 진보한 사람들이었다. 시간과 분, 초에 대한 우리의 정신적 표상은 그들의 숫자 개념에 깊은 영향을 받았다.

하지만 자연스러운 것은 추상적 수학을 흡수하고 진정으로 이해하는 능력, 이 수학이 사고방식의 일부로 자리 잡게 하는 능력이다.

우리는 999,999,999라는 숫자를 볼 수 있다고 믿는다. 그러나 실제로는 복잡하고 추상적인 수학적 표기법을 해독하는 것이다. 자기도 모르게, 순간적으로, 유창하게 해독한다. 정수가 모국어가 아닐지라도, 수학적 사고에서만큼은 이중 언어를 사용하는 셈이다.

성공한 수학 개념은 너무나 직관적이라 더는 수학처럼 보이지 않는다. 999,999,999라는 예가 어리석어 보인다면, 그 개념을 깊이 이해하고 있다는 증거다.

진짜 마법은 존재하지 않는다

젊은 수학자들은 종종 스스로를 사기꾼처럼 느끼며 경력을 시작한다.

나 역시 그 감정을 잘 아는 데다 특히 내 경우에는 꽤 정당한 것처럼 보였다. 내 박사학위 논문에 담긴 결론은 너무 뻔해 거의 속임수 같았다. 내 정리는 항상 단순했고, 난해한 증명도 전혀 없었다.

내 주변 사람들 모두가 나보다 수학을 더 잘하는 것 같았다. 그들은 내가 감히 명함도 내밀기 힘든 심오한 연구를 하고 있었고, 복잡하고 기술적인 증명과 함께 읽기조차 어려운 논문을 쓰고 있었다. 내가 가끔 몇몇 논문을 이해했다면, 그건 그저 평소보다 더 쉬웠기 때문이었다.

나는 진짜 수학, 어려운 수학을 하는 방법을 알고 싶었다. 하지만 내가 배울 수 있었던 것은 쉬운 수학, 초보자를 위한 수학뿐이었다.

내 말이 참 미련하게 들리겠지만, 이게 단지 착시 현상이라는 사실을 깨닫는 데는 정말 오랜 시간이 걸렸다. 수학의 지평선은 나와 함께 변하고 있었다. 그리고 항상 내 눈높이에 머물러 있었다.

진짜 마법은 존재하지 않는다. 마법은 알고 나면 더는 마법이 아니다. 다소 아쉬운 일이지만, 익숙해지는 게 좋은 법이다.

만약 수학이 너무 쉽다면, 그건 수학이 진짜 쉬워서가 아니라 수학을 이해하고 있기 때문이다.

보이지 않는 동작

위대한 수학자란 숫자 5까지 셀 줄 아는 문화에서 태어나 어느 날 그 이상으로 셀 수 있다는 사실을 깨달은 사람이다.

무한대의 숫자는 갑자기 발명된 게 아니다. 어떤 수학적 개념이든 처음에는 변하기 쉽고 불확실하다. 6이나 7로 나아갈 수 있는 느낌이 들지만, 6이나 7을 나타낼 단어가 없으니 명확하게 설명할 수 없다. 훨씬 더 멀리 셀 수 있을 것 같아도 그 느낌은 순식간에 사라진다. 하지만 그럴 리 없다고 의심하며 어딘가 잘못되었다고 생각한다.

이것이 바로 언어의 한계에 부딪힐 때 겪는 일이다.

마음속 느낌을 표현하려면 새로운 단어를 만들거나 기존 단어에 새로운 의미를 부여해야 한다. 찰나의 느낌은 말로 표현할 수 있는 방법을 찾아야만 비로소 지속적인 개념이 된다. 이 과정에는 시간이 필요하다. 단어는 쉽게 떠오르지도, 곧바로 떠오르는지도 않는다.

　단어를 발견하는 초기 단계는 영적인 경험과도 같다. 언어를 넘어 사고하는 사이, 세상이 환히 빛나며 깨달음의 순간이 다가온다. 그리고 지금까지 숨겨져 있던 미지의 것들을 발견한다. 아직 이름조차 없는 완전히 새로운 것들을.

　지금쯤이면 여러분은 내 말뜻을 알지 않을까? 우리는 이미 이 놀라운 경험을 해본 적이 있다. 처음 위대한 수학적 발견을 했던 날, 바로 그날을 떠올려보라.

　아직 말을 배우기 전인 어린 시절, 아마 모양 맞추기 장난감을 갖고 놀았던 적이 있을 것이다.

　부모님이 그 놀이를 어떻게 하는지 가르쳐줬을 것이다. 두 분은 블록을 집어 모양이 맞는 구멍에 넣었다. 우리도 따라 그렇게 하고

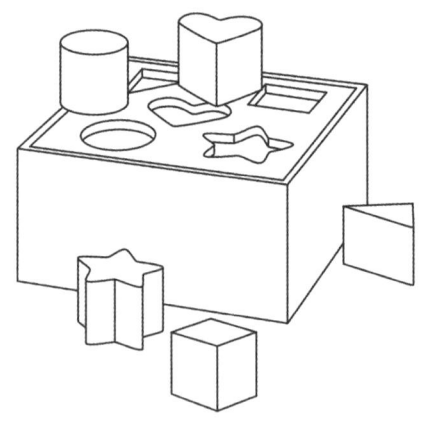

싶었다. 그래서 블록을 집어 구멍에 넣으려고 했다. 하지만 블록은 들어가지 않았다. 온 힘을 다해 밀어 넣어도 블록은 꼼짝도 하지 않았다.

그래서 짜증이 났다. 부모님은 억지로 끼우면 안 된다고, 둥근 블록은 둥근 구멍에, 네모난 블록은 네모난 구멍에, 모양을 잘 보고 맞춰야 한다고 말했다. 봐봐, 쉽지?

하지만 부모님 말씀이 무슨 뜻인지 도무지 이해하지 못했다. 그 말뜻을 이해할 기회가 전혀 없었다. 둥글다, 네모나다라는 단어는 우리에게 아무런 의미가 없었다. 부족한 건 어휘만이 아니었다. 모양 자체를 이해하지 못하는 게 더 큰 문제였다. 모양을 보는 방법을 몰랐다. 둥근 블록, 네모난 블록을 볼 줄 몰랐다.

우리가 알 수 있었던 건 부모님은 블록을 구멍에 넣을 수 있지만 우리는 그러지 못한다는 것뿐이었다. 그런데도 우리는 부모님이 하는 대로 정확히 따라 하고 있었다. 부모님은 우리더러 잘하고 있다며 뿌듯해했겠지만, 우리는 아니었다.

이 장면은 수십 번 반복되었다. 몇 달이 지났다. 어린 시절 가장 큰 좌절이었다. 부모님이 마법사였지, 우리는 아니었다. 불공평하고 속상하고 화가 났다.

하지만 포기하지 않았다. 매우 굴욕적인 이 수수께끼를 풀고 싶어 수백 번 반복했다. 굴욕감은 잊고 이해하고 싶었다. 비밀을 알고 싶었다.

그러던 어느 화창한 날, 우리는 깨달았다. 블록을 손에 들고 보니 그 블록에 특별한 무언가가 있고, 구멍 중 하나는 그 블록과 같은 특별한 공통점을 공유하고 있었다. 그리고 손에 든 블록을 넣어야 하는 구멍을 제대로 찾아냈다.

이 깨달음은 어떤 노력도 필요하지 않았다. 그저 평소처럼, 어제까지만 해도 잘 안 되던 동작을 반복하고 있었다. 그러다 갑자기 답이 분명해 보였다. 마치 눈이 번쩍 뜨이는 것처럼.

이때가 바로 우리가 '모양'이라는 개념을 발명한 시기였다. 단지 그 블록과 그 구멍 때문만은 아니었다. 모든 블록과 모든 구멍에 해당하는 개념이었다. 각각의 블록에는 그것에 맞는 구멍이 있었고, 그 구멍들은 이름 없는 무형의 특성을 공유했다. 그리고 그 특성은 매번 들어맞았다. 그것이 마법의 비밀이었다.

모양이라는 개념은 우리 스스로 발견하고 만들어낸 것이었다. 이것은 언어를 통해 외부에서 주어진 지식이 아니라, 오롯이 우리 안에서 생겨난 인식이었다. 아무도 모양이 무엇인지 미리 설명해줄 수 없었기 때문에 우리 스스로 모양 보는 법을 익힌 것이다. 나중에야 비로소 모양의 이름을 배웠지만, 이미 모양을 알고 난 이후의 일이었다.

그 순간 이후 우리는 쉴 새 없이 모양을 찾아냈다. 모양 찾기 놀이는 말도 안 되게 쉬워졌다. 동그라미와 네모, 세모와 별, 하트 등 이제 모양 찾기는 식은 죽 먹기가 되었다. 모양이 안 보였던 때가 있었나 싶을 만큼.

사랑 이야기

이제 사실을 바로잡아보자.

블록을 올바른 구멍에 넣는 비법을 알아냈을 때 우리는 무척 기뻤다. 그 순간이 엄청 자랑스러워 함박웃음을 지었다.

부모님도 그 모습을 대견해하며 행복해했다. 어쨌든 두 분은 우리를 기쁘게 하려고 장난감을 선물해주었으니까.

부모님은 몰랐을 수도 있으나 그들은 수학을 정말 사랑했다. 그들은 이 장난감을 선물해주면서 수학에 대한 사랑을 전하고 싶었고 마침내 성공했다. 누구든 자녀가 있다면 이 장난감을 사주고 싶을 것이다.

학창 시절을 겪기 전, 성적에 대한 억압과 평가에 대한 두려움이 생기기 전, 우리는 모두 수학에서 큰 기쁨을 경험했다. 인간과 수학 사이에는 길고 깊은 사랑 이야기가 있다.

수학을 향한 첫 발걸음은 희망적이었다. 모양에 대한 발견은 정말 위대한 수학적 발견이었다. 정말이다. 단순한 은유가 아니다.

물론 과학적 관점에서 보면 아무 의미 없는 위대한 발견이었다. 우리는 남들이 이미 알고 있는 사실을 재발견했을 뿐이다. 하지만 개인적 지식의 관점에서 보면 정말 놀라운 발견이다.

그날 우리가 느낀 감정은 수학자들이 무언가를 발견했을 때 느끼는 것과 정확히 똑같다. 수학적 발견 역시 단순하고 심오하며 명확하다.

데카르트가 등장하기 전에는 기하학적 형상을 방정식으로 나타낼 수 있다는 사실을 아무도 몰랐다. 그는 1637년 《방법서설》의 부록 〈기하학〉에서 이전에는 완전히 별개의 분야로 여겨졌던 대수학과 기하학 사이에 다리를 놓았다. 데카르트의 발견은 **직교 좌표**라는 현대적 개념의 기원이 되었고, 이후 모든 학생에게 당연한 개념으로 자리 잡았다. 이제 우리는 x 좌표와 y 좌표만 알면 평면 위에 있는 점을 식별할 수 있다. 데카르트 이전에는 아무도 직교 좌표를 '본' 적 없었다는 게 상상하기 어려울 정도다. 마치 원이나 네모를 본 사람이 없다고 상상하는 것만큼이나 터무니없다.

수학적 개념을 이해하는 것은 이전에 볼 수 없었던 것을 보게 되는 것이다. 명확성을 발견하는 법을 배우는 것이고, 의식의 수준을 높이는 것이다.

세상을 볼 때 우리는 자연스럽게 모양이나 크기, 질감, 색을 인식한다. 하지만 우리가 볼 수 있는 건 그뿐만이 아니다. 세상에는 다른 구조, 다른 유형의 모양, 사물들 사이의 또 다른 관계가 존재한다. 지금은 보이지 않더라도 언젠가는 그런 모양과 구조가 결국 명확해질 것이다.

멀리 있지 않다.

보기 어렵지도 않다.

말 그대로 바로 눈앞에 있다.

빌리와 친구들

올바른 블록을 올바른 구멍에 넣기는 숟가락으로 밥 먹기보다 어렵지 않다. 그러나 올바른 블록을 올바른 구멍에 넣는 법을 배우는 건 숟가락으로 밥 먹는 법을 배우는 것보다 훨씬 어렵다.

숟가락의 경우에는 모방을 통해 배울 수 있었다. 모양 맞추기는 모방으로 배워도 별 효과가 없었다. 중요한 단계를 놓쳤기 때문이다. 부모님은 머릿속으로 블록의 모양을 인식하고 올바른 구멍을 찾아냈지만, 우리 눈에는 그 동작이 눈에 보이지 않으니 그대로 따라 할 수 없었다.

우리가 모방을 통해 대다수 것을 배운다는 사실을 명심해야 한다. 모방에 대한 본능은 보편적이다. 인간뿐만 아니라 다른 모든 포유류와도 모방 본능을 공유한다.

모방을 통한 학습 사례 중 내가 가장 좋아하는 것은 빌리와 그 친구들의 이야기다. 빌리는 호주 애들레이드 포트 강에 사는 암컷 돌고래다. 어렸을 때 길을 잃은 빌리는 무리에서 고립되었고, 수문에 갇혀 녹초가 된 후 구조되어 건강을 회복할 때까지 돌고래 수족관에 머물렀다.

돌고래 수족관에는 인간의 훈련하에 곡예 묘기를 선보이는 포획 돌고래들이 있었다. 빌리는 그 모습을 보며 자연스럽게 따라 하기 시작했다.

빌리가 가장 좋아한 묘기는 꼬리 걷기였다. 꼬리 걷기는 돌고래가 물속에서 등을 대고 빠르게 헤엄치다가 갑자기 물 밖으로 곧장

뛰어오르는 동작이다. 돌고래가 도약하는 순간, 꼬리로 뒷걸음질하는 것처럼 보여 꼬리 걷기라는 이름이 붙었다. 이 동작은 매우 어렵고 육체적으로 강도가 높아서 사람을 기쁘게 하거나 다른 돌고래들 앞에서 과시하는 것 외에 다른 기능은 없다.

3주 후 빌리는 서식지로 돌아갔지만, 여전히 꼬리 걷기를 계속했다. 이 묘기는 야생 돌고래에서 한 번도 관찰된 적이 없었다. 하지만 꽤 흥미로운 일이 그다음에 벌어졌다. 빌리의 무리에 속한 다른 암컷들도 꼬리 걷기를 따라 하기 시작했다. 꼬리 걷기는 애들레이드 돌고래들 사이에서 큰 인기를 끌었다.

이처럼 우리도 돌고래와 매우 닮았다. 다른 이들을 관찰하며 배울 수 있을 뿐만 아니라, 그들을 모방하고 싶은 충동을 느낀다. 우리의 본능은 서로를 모방하도록 몰아붙인다.

우리는 모방을 통해 신발 묶는 법, 토스터 사용하는 법, 자전거 타는 법을 배운다. 처음에는 제대로 해내지 못할 수도 있지만, 남들이 하는 모습을 관찰하면 대략 감을 잡을 수 있다. 우리는 신발 끈이나 토스터, 자전거의 용도를 어느 정도 알고 있으며, 그것을 어떻게 사용하는지도 잘 알고 있다.

하지만 수학은 보이지 않는 동작에 의존하기 때문에 모방을 통해 배울 수 없다.

포스버리 플롭

수학적 발견을 하려면 먼저 스스로 새로운 머릿속 동작을 발명해야 한다. 그 동작을 어떻게 해야 하는지, 그 동작이 성공할지를 미리 알지 못해도 머릿속에서 새로운 이미지를 만들기 시작해야 한다.

새로운 동작을 발명하는 건 삶에서 매우 드문 일이라 잘 기록된 역사적 사례를 찾기가 어렵다. 심지어 문워크도 마이클 잭슨이 발명한 게 아니다. 그는 모방을 통해 배웠다. 문워크의 기원은 적어도 1930년대로 거슬러 올라가며, 오늘날까지도 이 춤의 발명가는 익명의 천재로 남아 있다.

딕 포스버리 Dick Fosbury는 새로운 높이뛰기 동작을 발명한 사람 중 하나다. 포스버리가 고안한 높이뛰기 기술은 그의 이름을 따 '포스버리 플롭 Fosbury Flop'(배면뛰기)이라 불린다.

포스버리 이전에 높이뛰기에서 주로 쓰이던 두 가지 기술은 가위뛰기(등을 대고 다리가 먼저 넘는 기술)와 엎드려뛰기(배를 대고 어깨가 먼저 넘는 기술)였다.

포스버리 플롭은 등을 젖힌 뒤 어깨를 먼저 넘기는 방식이라 직관적으로 이해하기 어려울 수 있다. 거두절미하고, 완충 장치가 없는 점프는 자살 행위처럼 보인다. 우리 몸은 본능적으로 이런 움직임을 거부한다. 머리부터 뒤로 뛰어내리려면 시도조차 할 수 없을 만큼 너무 위험한 동작이라는 직감을 극복해야 한다.

포스버리는 이 동작을 다른 이에게서 배우지 않았다. 1963년 열여섯 살의 나이에 처음 이 동작을 구상했고, 수년간 다듬으며 완벽하게 만들었다.

물론 포스버리도 다른 사람을 기꺼이 따라 했을 것이다. 그는 허영심이 없었고, 독창성이나 창의성을 추구하지도 않았다. 모방이 가장 좋은 학습 방법임을 알고 있었고, 당연히 처음에는 기존의 방식대로 점프했다.

포스버리 플롭의 출발점은 고등학교 때였다. 포스버리는 팀에서 가장 뒤떨어지는 선수였다. 기존의 기술로는 타 선수들을 따라가지 못해 더 지능적이고 효율적인 점프 방식을 찾아 실험을 하기 시작했다. "나는 이기려는 게 아니라, 지지 않으려 했을 뿐이다."

포스버리 플롭의 강점은 몸의 무게 중심이 바 아래에 있는 동안 몸을 회전하며 바를 넘을 수 있다는 것이었다. 몸의 각 부분이 차례로 바를 넘지만, 몸 대부분은 바 아래에 머물렀다. 그러면 같은 추진력으로도 훨씬 높은 바를 넘어설 수 있다.

대학에서 토목공학을 전공한 포스버리는 이 동작의 과학적 원리를 알아냈다. 하지만 계산이 아닌 자기 성찰을 통해 자기만의 방법을 발견했다. 몸이 보내는 신호에 세심한 주의를 기울이며 바를 더 쉽게 넘을 수 있는 움직임에 집중했다. 포스버리의 접근 방식은 신중하면서도 사색적이었다.

그러던 어느 날, 포스버리는 달리는 방식과 몸의 위치를 수정해 종전의 개인 기록을 15센티미터나 경신했다. 이것은 학교 대회에서 거둔 첫 번째 진정한 성공이었다. 그때 포스버리는 자신이 뭔가 해냈다는 사실을 깨달았다. 하지만 코치들은 그를 믿지 않았다. 수년 동안 코치들은 '올바른' 방식으로 점프하도록 포스버리를 계속 설득했다. 포스버리 역시 코치들에게 달리 반박할 말이 없었다. 그는 단지 자신의 기술이 옳지 않을 수도 있지만 자신에게는 맞는 방식이라고 말했을 뿐이다.

포스버리는 그의 기술 덕분에 1968년 멕시코 올림픽에서 금메달을 땄다. 당시 그의 나이는 스물한 살이었다. 포스버리의 첫 인터뷰를 보면, 그조차도 자신의 업적이 얼마나 대단한지 잘 모르는 듯하다. "이제 꽤 많은 아이들이 제 방식에 도전할 것 같군요. 하지만 결과를 보장하지도 않을뿐더러 제 스타일을 감히 추천하지도 않아요."

하지만 모두가 그를 따라 했다. 다음 올림픽인 1972년 이후 포스버리의 기술은 표준이 되었다. 40여 년 동안 높이뛰기에서 신기록이 세워질 때마다 그 배경에는 포스버리 플롭이 있었다.

맹목적 모방

포스버리의 접근 방식에서 가장 눈에 띄는 요소는 수학자들이 실제로 어떻게 작업하는지를 설명하면서 이 책 곳곳에서 다시 언급할 것이다.

발견은 늘 이해하고자 하는 단순하고 순수한 욕구에서 시작된다. 새로운 동작을 발명하는 이유는 새롭고 독창적인 무언가를 하고 싶어서가 아니라 기존의 기술로는 원하는 곳에 도달할 수 없기 때문이다. 어떤 기준점이나 길을 안내해줄 사람이 없어도 몸이 하는 말에 귀를 기울여야 한다. 자기 몸을 새로운 방식으로 느끼는 데 익숙해져야 한다. 해결책을 찾는다는 건 상상조차 할 수 없었던 것을 사고한다는 뜻이다. 이는 인간의 인지 능력을 증강하는 것과 같다.

수학의 특별한 점은 발견을 이해하는 일이 발견 자체만큼이나 어렵다는 것이다. 보이지 않는 동작을 재현하려면 자기 성찰을 피할 수 없다. 자기 말에 귀 기울이며 자신의 내면과 자기 자신을 위한 동작을 재창조해야 한다.

관중이나 카메라 없이, 텅 빈 방에서, 보이지 않는 높이뛰기를 한다고 상상해보자. 이때 점프 방식은 전혀 기록되지 않고, 오직 전자 장비로만 바를 넘었는지 판정한다.

포스버리는 자신의 이야기를 어떻게 전할 수 있었을까?

모두가 포스버리는 유난히 더 높이 뛰어오르도록 유전적으로 타고났다고 확신했을 것이다. 그가 "난 특별한 재능이 없다. 그저 열정적인 호기심이 있을 뿐이다"라고 말했다면 아무도 그 말을 믿지 않았을 것이다.

어쩌면 포스버리는 자신의 점프 기술과 그 기분을 묘사한 책을 썼을 것이다. 하지만 그에 걸맞은 단어를 어떻게 찾을 수 있었을까?

포스버리 플롭이 처음 촬영되었을 때, 포스버리 자신도 놀랐다고 했다. 화면에서 본 장면이 물리적으로 진짜 가능한 일인지, 그리고 자신이 실제로 그렇게 뛴 게 맞는지 믿기지 않았다고 한다. 포스버리 플롭을 한 번도 본 적 없는 사람이 이 점프를 배우는 건 그 기술을 직접 발명하는 것만큼이나 어렵다. 상세한 설명서가 있더라도 쉽지 않다. "등을 대고 머리부터 공중으로 뛰어오른다." 정말 그러라고? 게다가 도약의 궤적과 바에 가까워질 때 몸의 축을 비트는 움직임에 대한 페이지는 왜 그리 많을까? 왜 이리 많은 기술적 설명이 있을까? 진짜 필요한 걸까?

 진지하게 어떤 동작을 배우려면 말 이상의 것을 이해해야 한다. 자기 몸으로 직접 느끼고, 자연스럽게 직관적으로 받아들여야 한다.

보이지 않는 동작

 수학은 신비롭고 어렵다. 우리는 남들이 수학을 어떻게 하는지 볼 수 없기 때문이다. 칠판이나 종이에 쓰는 풀이는 볼 수 있지만, 그 풀이를 생각하고 쓸 수 있게 한 머릿속 사전 작업은 눈에 보이지 않는다.

 수학 자체는 단순하지만, 수학을 이해하게 하는 머릿속 동작은 미묘하고 직관에 반하는 경우가 많다. 이 과정들은 눈에 보이지 않는다. 그래서 우리는 다른 사람의 머릿속 동작을 단순히 따라 할 수가 없다. 그 동작을 설명할 적절한 단어가 부족하고, 단어가 있더라도 가장 중요한 핵심, 즉 내면에서 진정으로 느끼는 사실을 놓칠 게 뻔하다.

 모든 학생은 그 사고 과정을 무턱대고 재창조해야 한다.

 수학 선생님을 비웃는 일은 너무 쉽다. 하지만 그들의 입장이 되어보라. 만약 신발을 한 번도 본 적 없는 사람이 있고, 오직 전화로만 소통해야 하는 상황이라면, 그에게 신발 끈 묶는 법을 어떻게 설명할 수 있을까? 몇 초라도 좋으니 한번 상상해보라. 얼마나 어려운지 바로 알게 될 것이다. 생각만 해도 머리가 아득해질 만큼 어렵다.

이것이 수학 교육의 현실이고, 우리는 모두 같은 처지에 있다. 전문 수학자와 수학에 서툰 사람의 공통점은 둘 다 바다에서 표류하는 듯한 느낌을 안다는 것이다.

이 혼란은 그들의 일상과도 같다. 연구 학회에 참석한 수학자들은 강연 5분 만에 그동안 쌓아온 모든 게 무너질 수 있다는 사실을 잘 알고 있다. 강연을 계속 들어봐야 별 소득도 없을뿐더러 더 듣는 것은 그저 슬프고 굴욕적인 일이 될 뿐이다. 그곳에서 울려 퍼지는 낯선 단어가 아무 의미도 없기 때문이다.

하지만 수학자들은 그 표류가 정상적인 이해 과정이라는 사실을 안다. 그래서 속상해하지 않을 것이다. 이해하지 못하는 걸 이해하는 척하지도 않을 것이다. 심지어 메모조차 하지 않을 것이다. 그냥 귀를 꾹 닫을 것이다.

진정으로 이해하고 싶다면 다른 방법을 찾아낼 테니까.

수학책은
읽는 게 아니야

나는 수집가가 아니다. 물건 수집이 전혀 즐겁지 않다. 책도 마찬가지다. 서재에 있는 책 대부분을 버리거나 기부하거나 팔아버린 적이 여러 번이다. 특별히 애착을 갖는 책들만 남겨두었다.

내 서재에 수학책은 얼마 없는 편이다. 100권이 채 되지 않는다. 수학책을 100권이나 가진 사람이 많지는 않지만, 어떤 수학자들은 훨씬 더 많은 수학책을 갖고 있다. 나는 학업과 연구 경력을 쌓는 동안 이 책들을 모아왔다. 그중 일부는 저자를 알고 있어서 받은 책이다. 오랜 시간이 흐르고 보니 100권 미만의 책이 그리 많아 보이지 않는다.

꼭 필요한 책 대부분은 빌려서 읽거나 전자책으로 읽는다. 정말 마음에 들거나 꼭 소장하고 싶거나 특별히 아름답다고 생각하는 책만 구매한다.

내가 좋아하는 책, 절대 놓치고 싶지 않은 몇 안 되는 책 중 하나는 손더스 맥 레인Saunders Mac Lane의《현직 수학자를 위한 카테고리Categories for the Working Mathematician》다.

이 책을 볼 때면 미소가 절로 나온다. 1971년에 처음 출판된 이 책은 1940년대에 맥 레인과 사무엘 에일렌베르크Samuel Eilenberg가 창안한 수학적 구조로 확인하고 사고하는 혁신적인 방법, 범주론의 대표 문헌이다.

나는 이 책을 20년 전, 박사학위를 마친 직후 예일 대학교 조교수로 첫 월급을 받았을 때 샀다. 내게 그토록 깊은 감동을 준 책은 거의 없다. 이 책은 훌륭하고, 빛나고, 영감을 주고, 놀랍도록 잘 쓰였다.

하지만 난 이 책을 한 번도 읽어본 적이 없다.

라파엘

박사과정을 시작했을 때, 나는 수학을 아주 잘하는 사람으로 정평이 나 있었고, 새로운 수학을 창조하는 게 내 일이었지만, 늘 기존 지식에 압도당하는 것 같았다.

연구 논문을 시작할 때마다 첫 몇 줄에서 막혀버리기 일쑤였다. 기초가 부족했다. 첫 논문에 인용한 참고문헌에서 기초를 찾으려 했지만, 그 문헌들도 쉽게 읽을 수 있는 것이 아니었다. 그래서 참고

문헌에 있는 참고문헌을 검색했다.

참고문헌, 그 참고문헌의 참고문헌, 그 참고문헌의 참고문헌의 참고문헌 등등 끝이 없었다. 1950년대 수학까지 거슬러 가도 이미 내게는 난해했다.

수십 년이 지난 지금까지 수천 권의 책과 수만 편의 논문 속에 파묻혔는데, 그중 어느 것도 제대로 이해하지 못했다. 이 상황에서 어떻게 독창적인 것을 창조할 수 있겠는가.

그러던 어느 날, 내 연구에 유용하지만 핵심 주제는 아닌 분야의 어느 신간 이야기를 들었다. 다들 그 책이 아주 명쾌하게 잘 쓰였다고 말했다. 그래서 꼭 읽어보고 싶었다.

하지만 일주일이 지나도록 나는 세 쪽도 읽지 못했다. 사기가 떨어진 나는 연구실을 함께 사용하는 젊은 수학 천재인 친구 라파엘 루키에게 도움을 청했다.

라파엘의 반응은 지금도 내 기억에 생생하다. "이봐, 다비드! 수학책은 읽으면 안 된다고 말해주는 사람이 없었어? 수학책은 읽을 수 없다는 거 몰라?"

읽지 않을 용기

그렇다. 그 누구도 그렇게 명확하게 말해주는 배짱이 없었다.

물론 라파엘의 말은 과장이었다. 수학책은 읽을 수 있다. 다만 술술 읽히지 않을뿐더러 수학을 아주 잘한다고 해도 엄청난 노력이 필요하다. 수학책(지금 여러분이 손에 들고 있는 수학에 관한 책뿐만 아니라)을 읽는 것은 수학책을 쓰는 것만큼이나 어렵다.

그럴 만한 이유가 있다. 수학책을 펼치는 순간, 여전히 아리송한 의미를 품은 가장 중요한 단어들을 접하게 된다. 이 단어의 의미가 바로 그 책에서는 특별할 수 있다. 책을 감히 읽으려면 먼저 단어의 뜻을 이해할 방법을 찾아야 한다. 그러려면 각 단어와 단어 집단에 맞는 올바른 정신적 표상을 스스로 구축하는 과정이 필요하고, 여기에는 엄청난 대가가 따른다. 책을 저술한 저자만큼 치열한 노력을 기울여야 깊이 있는 이해로 이어진다.

수학책을 정말 읽고 싶고, 그 책을 읽을 시간이 충분하고, 올바른 책을 선택했다면, 기꺼이 노력할 만하다. 앞으로 몇 달간은 각오를 단단히 하라. 이 입문 의식이 자신을 완전히 바꿔놓는다. 나는 평생 겨우 서너 권의 수학책을 읽는 데 성공했지만, 그 시간과 노력이 전혀 아깝지 않았다. 마법의 물약을 마신 것처럼 그 과정은 내게 예상치 못한 힘을 주었다. 그 힘은 지금도 내게 남아 있다. 하지만 그 물약은 삼기키 힘들있다.

라파엘이 다소 과장했을지 몰라도 그의 말은 근본적으로 옳았다. 수학책은 읽도록 만들어진 게 아니다.

내가 만난 사람 중 수학을 두려워하지 않는 이는 라파엘이 처음이었다. 그는 아예 생소한 분야에 관한 500쪽짜리 책을 중간부터 펼치는 데도 아무런 망설임이 없었다.

심지어 라파엘은 책을 잡는 방식도 나와 달랐다. 그는 두 손을 같은 곳에 두지 않았다. 팔뚝 위에 책을 올려놓은 뒤 한 손으로는 윗부분을 잡고, 다른 한 손으로는 아주 빠르게 책장을 넘겼다. 그의 기법은 아주 간단했다. 책의 첫 부분부터 읽는 것이 아니라 직감대로 책을 펼쳤다. 책을 읽는 기법이라기보다는 책을 읽지 않는 기법에 가까웠다.

수학책을 펼칠 때는 늘 목적이 있기 마련이다. 어딘가에서 우연히 접한 개념을 더 깊이 이해하고 싶거나, 특정 진술이 참인지 확인하고 싶거나, 그 증명 방법을 알고 싶을 수 있다. 진짜 궁금한 것은 138쪽의 정의 7.4 또는 227쪽의 정리 11.5일 수도 있고, 그 증명의 특정 구절일 수도 있다.

라파엘이 내게 가르쳐준 건 아무런 망설임 없이 138쪽이나 227쪽으로 곧장 가서 그 순간 가장 혹하는 네다섯 줄을 찾아 읽는 것이었다. 그는 그 몇 줄이 의존하는 산더미 같은 기초 자료를 건너뛴 것에 조금의 죄책감도 느끼지 않았다.

그게 참 난감했다. 수학책은 논리적으로 구성되어야 하고, 138쪽이나 227쪽을 이해하려면 이론적으로 앞의 모든 내용을 이해해야 한다. 따라서 순차적으로 읽는 것이 유일한 읽기 방법이다. 하지만 실제로는 거의 불가능하다.

관심 가는 네다섯 줄 문장만 읽다 보면 이해하지 못하는 단어가 몇 개 있을 수 있다. 이 때문에 나머지 내용을 파악하지 못한다면 정의를 다시 살펴보면 된다. 그래도 괜찮다. 아니면 어쨌든 대충 쓱 넘어가면 된다. 그것도 괜찮다.

사실 원하는 대로 읽으면 된다. 10초를 훑든, 한 시간을 읽든, 아니면 3개월을 탐독하든 상관없다. 기본 원칙은 책의 순서를 억지로 따르지 말고 자신의 욕구와 호기심을 따르는 것이다.

　책이 우리의 도구가 되어야지, 우리가 책의 도구가 되어서는 안 된다. 수학책을 '평범한' 책처럼 읽으려 하거나, 책이 우리의 속도를 정하게 하거나, 책이 우리를 이끌고 이야기를 들려주기를 기다린다면, 결코 효과가 없을 것이다. 우리는 그저 듣기만 하는 수동적인 존재가 아니다. 인내심도 부족하고, 솔직히 말해서 관심도 없다.

　우리는 구체적인 질문을 갖고 있고, 아직 이해하지 못한 특정 내용을 알고 싶어서 수학책을 쥐고 있다. 어떤 경우에도 책이 우리의 학습 방향을 좌우해서는 안 된다. 질문을 던지는 건 바로 우리 자신이다.

　냉정하게 현실을 바라보자. 우리가 관심을 두는 네다섯 줄의 문장을 이해하기는 쉽지 않을 것이다. 특히 그 문장이 책의 한가운데에 있다면 더욱 그렇다. 몇 시간이 걸릴 수도 있다. 하지만 수학책의 모든 페이지는 똑같이 어렵다. 소위 '쉬운'(하지만 지루한) 초반 몇 쪽 역시 이해하기 어렵다.

　결국, 가장 관심 가는 페이지가 오히려 **우리**에게 가장 쉬운 페이지가 될 수도 있다. 우선 그 내용에 흥미를 느끼기 때문이다. 흥미가 있으면 이해하기가 훨씬 더 쉽다. 또 그 내용이 우리가 이미 알고 있는 무언가와 반드시 연결되어 있기 때문이다. 그렇지 않으면 애초에 관심도 없었을 것이다.

　호기심을 따르는 것이야말로 책을 제대로 활용하는 유일한 방법이다. 처음부터 차근차근 읽는다면 2쪽을 펼치자마자 좌절할지도 모른다.

빌 서스턴

수학책만 그런 건 아니다. 아무도 읽지 않는 책들도 있다. 토스터 사용 설명서를 꼼꼼히 읽어본 적이 있는가?

아마 없을 것이다. 아마 토스터 포장을 풀 때 흘낏 봤을지 몰라도 제대로 펼쳐본 적은 없을 것이다. 물론 토스터에 문제가 생겼다면 얘기가 다르다. 그때는 시작 부분을 건너뛰고 필요한 페이지로 직행했을 것이다.

수학책을 토스터 설명서에 비유하는 게 우습게 들리겠지만, 사실 이는 매우 심오한 개념이다. 그리고 우리는 이 개념을 빌 서스턴Bill Thurston에게 빚지고 있다.

1946년에 태어나 2012년에 사망한 빌 서스턴은 현대 수학에서 가장 매력적인 수학자 중 한 명이다. 독창적이고 탁월한 깊이가 있는 그의 기하학 연구는 2003년 그리고리 페렐만Grigori Perelman이 증명한 세계적 난제 '푸앵카레 추측Poincaré conjecture'을 해결하는 데 중요한 발걸음을 내디뎠다. 이 연구로 서스턴은 1982년 필즈상Fields Medal을 받았다. 필즈상은 아벨상Abel Prize과 함께 수학 분야에서 가장 권위 있는 상이다.

서스턴은 20세기 최고의 기하학자 중 한 명이지만, 그게 전부는 아니다. 서스턴의 사유 방식, 독특한 재능, 무한한 호기심을 몇 마디로 요약하기란 쉽지 않다. 내가 아는 한, 세계적인 수학자 중 일본 패션 디자이너 이세이 미야케와 협업해 오트쿠튀르 컬렉션을 제작한 이는 서스턴이 유일하다.

1994년 서스턴은 「미국수학회보Bulletin of the American Mathematical Society」에 20쪽짜리 글을 발표했다. 이 글에서 그는 수학자로서의 동기와 연구 중에 작용하는 사고 과정을 설명했다. 서스턴은 잘 아는 분야의 연구 논문을 제대로 읽지 않는다고 했다. 오히려 '행간의 생각'에 집중한다고 했다. 서스턴

은 일단 아이디어가 명확하면 형식주의나 모든 기술적인 세부 사항이 갑자기 쓸모없고 불필요해 보인다고 했다. "생각이 명확하면 형식적 구성은 대개 불필요하고 중복적인 경우가 많다. 저자들이 실제로 어떤 글을 썼는지 알아내는 것보다 내가 직접 쓰는 편이 더 쉬울 때가 많다."

서스턴은 토스터 사용 설명서에 빗대며 다음과 같이 말했다. "새 토스터를 사면 16쪽짜리 설명서가 딸려 온다. 토스터를 이미 잘 알고 있고, 이전에 쓴 토스터와 비슷하다면 설명서 전체를 꼼꼼히 읽기보다는 그냥 콘센트에 꽂고 잘 작동하는지 확인하면 된다."

이 비유는 조금 더 확장할 필요가 있다. 서스턴은 토스터가 무엇인지 이미 알고 있다면 설명서는 쓸모없다고 말했다. 하지만 토스터를 처음 본다면 어떨까? 그때는 설명서가 정말 도움이 될까?

물론 토스터 안에 손가락을 넣어서는 안 되고 물기가 닿으면 안 된다는 사실을 알게 되면 분명 기쁠 것이다. 하지만 토스터를 '사용

하기 전 설명서를 주의 깊게 읽어야 한다'는 경고 문구가 토스터의 거대한 미스터리, 토스터의 용도를 푸는 데는 도움이 되지 않는다.

나는 토스터 사용 설명서를 찾을 수 없어서 진공청소기 사용 설명서를 찾아냈다. 64쪽에 달하는 이 설명서에는 진공청소기 용도에 관한 설명이 전혀 없다. 다시 말해, 공식 설명서를 엄격하게 고수한다면 진공청소기는 영원한 미스터리로 남게 된다. '청소기의 선물'을 받은 소수(즉 우연히 적절한 사용법을 생각해낸 사람들)를 제외하고는 진공청소기를 어떻게 써야 하는지 모를 것이다.

베일에 싸인 진공청소기의 용도는 설명서에서 찾을 수 없다. 진공청소기의 숨은 용도는 입으로 전해지는 비밀이다.

진공청소기에 해당하는 원리가 수학 이론에도 그대로 적용된다. 하지만 이 기본적인 학습 법칙은 여전히 무시되고 거의 알려지지 않았다.

인간의 언어가 아닌 언어

수학책은 인간의 언어로 쓰이지 않는다. 그래서 읽기가 매우 어렵다.

수학의 공식 언어는 우리가 매일 사용하는 언어와 다르게 작동하며, 어떤 인간도 두 언어에 완벽하게 능통할 수 없다. 이 인공적인 언어는 우리가 사용하는 언어의 약점을 보완하기 위해 고안된 순수한 인간의 발명품이자 인류의 오랜 역사에서 가장 위대한 발명품

중 하나인 게 분명하다.

  수학적 언어의 주요 특징은 단어를 정의하는 일반적인 방식을 완전히 다른 접근법으로 대체한다는 것이다.

  일상생활에서는 단어를 정확하게 정의하지 않는다. 우리는 예시를 통해 단어들을 배운다. 바나나가 무엇인지 설명하는 가장 좋은 방법은 바나나를 직접 보여주는 것이다. 이 방법은 충분히 효과가 있지만, 때로는 다음과 같은 구체적인 문제에 부딪히기도 한다. 머릿속에만 존재하는 개념은 손가락으로 어떻게 가리킬까?

  심오한 수준에서 볼 때, 수학은 손가락으로 가리킬 수 없는 것을 정확하게 말하기 위해 인류가 유일하게 시도하고 성공한 방법이다. 이것은 이 책의 중심 주제 중 하나이며, 여러 번 다시 다룰 예정이다.

  수학책에서 가장 중요한 구절은 정리나 증명이 아니라 정의다. 수학 언어는 실제로 정의된 단어로 이루어진 건축 블록처럼 작동한다. 다시 말해, 이전에 정의된 단어들이 서로 조합되는 방식이다. 손가락으로 가리킬 수 없는 개념을 다룰 때는 이 방식이 유용하다.

  이 방식에서는 단어의 의미가 오로지 정의된 내용으로만 결정된다. 즉 단어는 추상적 껍데기일 뿐, 정의된 의미 외에는 아무 뜻도 갖지 않는다. 만약 긴 코가 있다는 게 코끼리에 대한 정의의 일부라면, 코가 잘린 코끼리는 그 즉시 코끼리가 아닌 존재가 되어버린다.

  이런 접근 방식을 **논리적 형식주의**logical formalism라고 한다. 논리적 형식주의는 지나치게 정확성을 추구해서 때로는 기괴할 정도다. 우리는 그런 식으로 사고하고 싶지도 않을뿐더러 사실상 그렇게 사고할 능력도 없다. 그런 방식은 로봇과 컴퓨터만이 감당할 수 있다.

그러나 보이지 않는 개념을 올바르게 표현하려면 대가를 치러야 한다. 논리적 형식주의가 근본적으로 낯설더라도, 로봇이나 컴퓨터와 소통하는 법을 익혔듯이 논리적 형식주의와도 상호작용하는 방법을 배울 수 있다. 처음엔 짜증 나거나 우스꽝스럽게 여겨질 수 있지만, 시간이 지나면 그 방식에 익숙해지고, 결국은 우리에게 도움이 된다는 사실에 만족하게 된다.

보는 법 배우기

수학을 배운다는 것은 논리적 형식주의로 정의된 '빈 껍데기' 단어를 마치 평범한 단어처럼 사용하는 방법을 배우는 것이다. 그런 단어들에 직관적이고 구체적인 의미를 부여하는 방법을 배우는 것이며, 단어가 가리키는 대상을 마치 눈앞에 있는 것처럼 **보는 법**을 배우는 것이다. 이를 위해서는 다음 장에서 다룰 구체적인 기법이 필요하다.

보다 see 라는 단어가 항상 적절한 건 아니다. 세상에는 볼 수 없는 물질적인 것들이 많이 있기 때문이다. 설탕 맛, 비단의 감촉, 리듬, 노래, 익숙한 향기, 시간의 흐름 등은 눈으로 보지 않고도 느낄 수 있는 것들이다.

상상 속 물리적 감각을 추상적 개념과 연결 짓는 능력을 공감각이라고 한다. 어떤 이들은 글자를 색으로 본다. 또 어떤 이들은 한 주의 하루를 공간 속 특정 위치에 있는 것처럼 보기도 한다.

공감각은 희귀하고 특정 정신 상태와 관련 있다는 믿음이 널리 퍼져 있다. 하지만 사실 공감각은 보편적인 현상이며 인간 인지의 핵심 구성요소다. 공감각이 있는지 알아보는 간단한 테스트가 있다. 초콜릿이라는 단어를 보면 어떤 소리나 색깔, 맛이 느껴지는가? 아니면 '999,999,999'라는 숫자에서 거대한 무언가가 떠오르는가?

희귀한 건 공감각 자체가 아니라 우리가 이 능력을 인식하고 체계적으로 개발하지 않는다는 사실이다. 비공식 수학은 우리의 공감각 능력을 다시 통제하고 활용하기 위한 정신적 요가다.

이 이야기는 새삼스러운 게 아니라 놀랄 필요도 없다. 종이 위에 쓰지 않고 999,999,999라는 숫자를 '보는' 법을 안다면, 이는 정신적 요가를 익힌 덕분이다.

어린 시절 가능했던 일은 오늘날에도 여전히 가능해야 한다.

빌 서스턴은 보는 기술의 대가였다. 10장에서 서스턴의 보는 기술에 관한 놀라운 사실들을 다룰 예정이다. 믿기 어려울 정도로 특별한 이야기가 있다.

우리는 서스턴에게 배울 게 무척 많다.

사람에 의한, 사람을 위한

이제 토스터 사용 설명서에 관한 그의 말이 진심으로 이해될 것이다. 수학책을 읽는 비결은 로봇처럼 처음부터 끝까지 읽는 게 아니다. 핵심은 '행간의 생각'을 포착하는 것이다. 즉 사용된 단어와 묘사된 상황에 직관적인 감각을 부여하는 것이다.

수학책은 로봇이 로봇을 위해 쓴 게 아니다. 사람이 사람을 위해 쓴 것이다. 수학책에 의미를 부여하는 능력이 없다면, '행간의 생각'이 없다면 수학책은 존재하지 않을 것이다. 음악이 없다면 악보가 존재하지 않는 것과 같다.

인간적인 이해를 공유하는 가장 좋은 방법은 사람 간의 직접적인 의사소통이다. 수학에 관한 의사소통 역시 사람의 언어로 이루어진다. 서스턴이 말했듯이, 수학적 소통은 단둘이 있을 때 가장 효율적이다. "일대일로 대화할 때, 사람들은 수학의 공식 언어를 훨씬 뛰어넘는 광범위한 의사소통 채널을 사용한다. 동작을 사용하고, 그림과 도표를 그리고, 소리를 내고, 몸짓 언어를 활용한다."

서스턴은 중요한 새 정리가 증명될 때 해당 분야의 두 전문가가 사적인 대화를 나누는 몇 분 동안에는 그 해법을 설명할 수 있지만, 여러 전문가 앞에서 같은 결과를 설명하려면 최소한 한 시간이 걸린다고 지적한다. 게다가 이 결과를 문서로 전달하려면 15~20쪽짜리 논문을 작성해야 하므로 아무리 전문가라도 결과를 이해하는 데 몇 시간, 어쩌면 며칠이 걸릴 수 있다.

몇 분과 며칠은 그 차이가 엄청나다. 그리고 엎친 데 덮친 격으로 의욕마저 잃을 수 있다.

마법의 손길

수학적 이해는 손길로 전해지는 어떤 마법의 힘은 아니지만 그렇게 보일 수는 있다. 수학적 개념을 이해하고 싶을 때 가장 빠른 방법은 그 개념을 정말 잘 아는 사람과 열린 토론을 하는 것이다.

전문 수학자들은 이 사실을 잘 알고 있다. 그들이 가장 걱정하는 건 수학을 이해하는 데 어려움을 겪는 자신이다. 그들은 모두 같은 문제로 난감해하지만, 해결책을 알고 있다.

박사과정 시절, 나는 아무리 책을 읽어도 수학적 이해도를 높일 수 없었다. 내가 수학자로 이룬 것들은 대부분 라파엘과 나눈 대화 덕분이었다. 수학을 잘하고 시간을 아낌없이 내주는 라파엘과 사무실을 공유할 수 있었던 건 내겐 놀라운 행운이었다.

라파엘의 설명은 절대 엄격하지 않았다. 때로는 그의 설명이 완전히 틀릴 때도 있었다. 하지만 라파엘의 설명은 늘 간결하고 인간적이었다. 그는 의미를 부여했고, 내 호기심을 더욱 자극했다. 라파엘은 정리의 진정한 의미를 설명했다. 어떤 아이디어가 어떻게 생겨났는지, 그리고 그것을 어떻게 '도덕적으로' 이해해야 하는지 알려주었다.

'도덕적으로' 무언가를 이해한다는 건 직관적으로 설명할 수 있고, 그것이 참인 이유, 즉 이야기의 교훈을 제시할 수 있다는 뜻이다. 수학이 단순한 논리의 문제라면 그런 개념은 존재하지 않을 것이다. 논리적 추론에서 끌어낼 수 있는 교훈은 없다.

손짓을 섞으며 '도덕적'으로 설명하면 반드시 회색지대가 남기 마련이다. 그 애매한 회색지대는 토스터의 용도와 토스터에 빵을 넣는 방법을 설명하지만, 그 내부의 배선도를 자세히 설명하지는 않는다. 혹시 정말 궁금하다면 138쪽 정의 7.4를 참고하면 된다.

수학 연구 공동체의 생활 방식과 사회 조직은 직접적인 대화의 필요성을 보여준다. 천문학자에게는 망원경, 핵물리학자에게는 입자 가속기가 있다면, 수학자에게는 위대한 과학 도구가 있다. 바로 여행이다.

수학자들은 여행을 통해 다른 방법으로는 불가능했던 효율성으로 새로운 아이디어를 확산한다. 우리는 보통 장기 체류를 좋아한다. 대화를 나누고, 커피를 마시고, 칠판에 낙서하고, 다음 날 아침 떠오른 질문이 있으면 다시 토론을 이어갈 시간이 필요하기 때문이다. 일본 수학자 교지 사이토는 내 논문에 담긴 '행간의 생각'을 이해하고 싶어서 나를 교토로 자주 초대했다. 덕분에 나 역시 사이토가 쓴 논문에 담긴 '행간의 생각'을 더 잘 이해할 수 있었다. 이런 종류의 여행은 수학자의 삶에서 중요한 부분을 차지한다.

명확하고도 위협적인

수학 시간에 누군가는 입을 꾹 다물며 괴로워하는 한편, 어떤 학생은 간단한 언어로 설명하는 경우가 있을 것이다. 그런데 이런 소통이 실제로는 왜 이렇게 드문 걸까?

'수학을 못하는' 사람들은 태어날 때부터 열등하다는 자기 확신이 팽배해 있다. 그들은 너무 위축되어 있어서 올바른 질문, 정말 단순하고 어리석어 보이지만 사실은 근본적인 질문을 하는 것조차 주저한다.

선생님들도 그 책임에서 벗어날 수 없다. 그들은 때때로 형식적 공식을 알아야만 수학을 잘할 수 있다는 환상을 조장한다. 수학을 '잘하는' 사람과 '못하는' 사람 사이에 엄청난 격차가 있듯이, '좋은' 수학 선생님과 '나쁜' 수학 선생님의 격차도 그에 못지않다.

한번 설명해보겠다. 수학의 세계에서는 토스터가 분해된 채로 도착한다. 우리는 모두 각자의 머릿속에서 토스터를 조립해야 한다. '나쁜' 선생님은 토스터를 조립하는 198가지 단계를 읊조리며 그게 이야기의 끝인 것처럼 생각한다. '좋은' 선생님은 토스터가 무엇인지 설명하려고 최선을 다한다. 그리고 끊임없이 학생들의 눈을 바라본다. 학생들의 눈빛을 보면 토스터를 이해했는지 아닌지 알 수 있기 때문이다.

빵이 뭔지도 모르는 사람에게 토스터를 조립하는 198가지 단계를 강요하는 건 그야말로 가혹한 짓이다. 마치 이야기 한 번 들려주지 않고 아이를 키우는 것과 같다. 로봇을 가르치듯 사람을 가르칠 수는 없다.

나는 '나쁜' 수학 선생님들이 일부러 가혹하게 군다고 생각하지 않는다. 어쩌면 그들은 수학에서 인간의 이해를 최우선으로 생각하지 않을 수도 있다. 그들이 올바른 방식으로 교육을 받지 못했기 때문이다. 어쩌면 그들 자신도 토스터를 머릿속에 제대로 떠올리지 못할지도 모른다. 아니면 그 반대일 수도 있다. 토스터가 머릿속에 선명하게 보이다 보니 모두가 똑같은 방식으로 토스터를 보는 게 아니라는 사실을 망각할 때가 있다.

서스턴에 따르면, "한 사람의 명확한 정신적 표상은 다른 사람에게 위협이 될 수 있다."

정신적 표상은 지극히 순간적이고 매우 주관적이라 공유하기가 어렵다. 우리의 공통 언어는 정신적 표상을 정확하게 기록할 수 없다. 논리적 형식주의도 우리의 직관이 매우 비밀스럽고 불안정한 탓에 발명되었다.

창의적인 수학자 대부분이 그랬듯이, 서스턴에게 수학은 언어라는 강 상류에 자리한 감각적이고 육체적인 경험이었다. 이 경험을 가능하게 하는 핵심 장치가 바로 논리적 형식주의다. 수학책은 읽기 어려울 수 있지만, 그럼에도 꼭 필요하다. 수학책은 진정한 수학, 즉 머릿속에 존재하는 비밀스러운 수학을 탐구할 때 의지하는 장치이기 때문이다.

여기서 자연스레 질문이 생긴다. 사람들이 읽기를 꺼릴뿐더러 독자들도 전혀 관심 두지 않는, 토스터 사용 설명서처럼 무미건조한 책을 쓰는 용기와 열망은 어디서 나올까? 그들의 동기는 무엇일까? 수학적 창의성은 어떤 마음 상태에서 탄생할까?

이 질문이 다음 장에서 다룰 주제다.

어린아이처럼

"내 친구 세르, 그동안 보내준 여러 논문과 편지 고마워. 별다른 소식은 없어. 호몰로지 대수학에 관한 우스꽝스러운 논문을 막 끝냈을 뿐이야."

1956년 11월 13일, 알렉산더 그로텐디크가 장 피에르 세르Jean-Pierre Serre에게 보낸 편지는 이렇게 시작한다. 세르와 그로텐디크가 누구인지, 편지의 내용이 무엇인지 알면 이 덤덤한 말투가 다소 의외일 것이다.

장 피에르 세르는 20세기 최고의 수학자 중 한 명이다. 경력을 수상 이력으로만 평가할 수 없지만, 주요 상을 모두 휩쓸었다면 그건 상당한 업적이다. 1954년 스물일곱의 나이로 필즈상을 받은 세르는 지금까지도 최연소 수상자로 남아 있다. 필즈상은 마흔 살 이하의 수학자에게만 수여되는데, 오랫동안 수학 분야에는 평생 공로상에 해당하는 상은 없었다. 2003년 아벨상이 만들어진 것도 이 때문이다. 이 상이 제정된 첫해, 심사위원회는 막중한 책임을 안고 있었다. 생존하는 모든 수학자 중에서 누가 첫 번째 상을 받을지 선택해야 했기 때문이다. 그들은 첫 수상자로 세르를 선택했다.

알렉산더 그로텐디크는 위대한 수학자 그 이상이다. 2014년 사망하기 훨씬 전에 그는 이미 수학계의 전설이었다.

그로텐디크는 심오한 결과나 눈부신 이론에 국한되지 않는 역사상 극히 드문 수학자 중 한 명이다. 그는 수학의 본질 자체를 바꿔놓은 듯한 매우 풍부하고 완전히 새로운 접근 방식을 고안했다.

이것이 바로 그로텐디크가 20세기의 '가장' 위대한 수학자로 여겨지는 이유를 말해준다.

'호몰로지 대수학에 관한 우스꽝스러운 논문'은 1957년 일본 학술지 「토호쿠 수학 저널Tohoku Mathematical Journal」에 실린 〈호몰로지 대수학의 몇 가지 주제〉라는 논문이었다.

이 논문은 그로텐디크가 유명해지게 된 연구 분야에 발을 들이는 계기가 되었다. 세르의 영향을 받은 그로텐디크는 이제 막 대수기하학을 연구하기 시작했고, 두 젊은이는 역사상 가장 생산적인 수학적 우정을 쌓아 나갔다. 훗날 그로텐디크는 대수기하학을 처음 접했을 때 "갑자기 풍요로움이 넘치는 '약속된 땅'에 들어선 듯한 느낌을 받았다"라고 말했다.

그로텐디크는 이 '약속된 땅'을 탐험하는 데 15년을 바쳤다. 그로텐디크의 수학적 방법의 핵심은 글쓰기였다. 심지어 그는 "수학을 하는 것은 무엇보다 글쓰기를 하는 것"이라고 말할 정도였다.

글쓰기에 대한 그로텐디크의 열정을 고려하면 세르에게 보낸 그의 편지가 더욱 불가사의하다. '우스꽝스러운 논문'은 그로텐디크가 약속의 땅에서 겪은 모험의 첫 번째 이야기일 뿐이다. 그로텐디크는 이 글이 너무 터무니없어 무려 1년을 소모한 논문을 끝내는 일을 아무 일도 아닌 것처럼 여겼다. "별다른 소식은 없다"라는 말은 그로텐디크가 역사적인 논문을 막 완성했다고 알리는 데 가장 정확한 표현이었다.

농담이었을까? 아마 아닐 것이다. 세르는 2018년 인터뷰에서 그로텐디크의 특이점 중 하나가 유머 감각이 전혀 없는 것이라고 회상했다. "알렉산더가 웃는 소리를 들은 기억이 없어요. 농담을 전혀 하지 않거든요. 수학은 말할 것도 없죠."

이 명백한 역설 이면에는 수학적 작업의 본질에 대한 심오한 진실이 숨어 있다. 그로텐디크의 덤덤함과 무심함은 이해할 수 없을 것 같지만, 그의 독창적인 접근 방식을 자세히 알고 나면 완벽한 일관성이 있다는 사실을 알게 될 것이다.

허튼 농담

아인슈타인을 모르는 사람은 없지만, 그로텐디크를 아는 사람은 거의 없다.

두 사람을 비교하는 건 터무니없는 일이 아니다. 아인슈타인은 우주에 대한 물리학자들의 생각에 혁명을 일으켰다. 그로텐디크는 우주에 대한 수학자들의 생각에 혁명을 일으켰다. 심지어 그는 점의 개념을 새롭게 정의하고, 참의 개념을 기하학적 관점에서 접근하기까지 했다.

일부 수학자들은 아인슈타인과 그로텐디크의 비교가 불공평하다고 생각한다. 그들은 아인슈타인의 업적을 아름답고 우아하고 훌륭하며 존경할 만하다고 평가한다. 그래서 천재의 작품이라며 치켜세운다. 반면 그로텐디크의 연구는 비범하고 놀랍고 숭고하며 두렵기까지 하다고 말한다. 도저히 인간의 작품이라고 믿기 어려울 정도라고 한다. 그로텐디크의 아이디어는 이해하기 쉽지 않지만, 일단 조금이라도 이해하게 되면 그런 생각을 해낸 사람이 있다는 것 자체가 믿기지 않을 것이다.

장 피에르 세르는 한때 그로텐디크의 연구에 대해 자신이라면 해낼 수 없을 것이라며 "그 연구는 엄청난 힘을 요구한다"라고 말한 적이 있다. 그는 그로텐디크가 가진 '두뇌의 힘'을 강조하며 초자연적인 힘이라고 묘사했다. "신체적으로나 지적으로나 그 힘은 똑같았다. 놀랄 만큼 비범했다. 그 정도로 강한 사람을 본 적이 없다. 지적 능력이 놀라운 사람들을 여럿 만나봤지만, 그로텐디크는 그 이상의 존재였다. 그는 야수였다."

그로텐디크 자신은 그렇게 생각하지 않았다. 그는 남들보다 재능이 더 뛰어나다고 여기지 않았다. 그로텐디크가 가진 비범한 창의성의 원천은 그런 게 아니었다. "이 힘은 결코 특별한 재능, 이를테면 비범한 두뇌의 힘 같은 게 아니다…. 그런 재능은 분명 귀하므로 태어날 때부터 그런 축복을 받지 못한 (나 같은) 이들이 '가늠할 수 없을 정도로' 부러움을 살 만한 것이다."

대신 그로텐디크는 다른 말을 덧붙였다. "연구자의 창의성과 상상력의 자질은 사물의 목소리에 귀 기울이는 주의력에서 비롯된다."

이 설명은 마치 1장에서 다룬 아인슈타인의 말과 거의 비슷하다. "내게 특별한 재능은 없다. 그저 호기심이 열정적으로 많을 뿐이다."

그로텐디크는 여기서 한 걸음 더 나아갔다. 하지만 아무도 그의 말을 믿지 않으리라는 걸 알았다. 이런 식의 선언은 결코 진지하게 받아들여지지 않기 때문이다. "감히 그런 말을 하면, 자기가 아둔하다고 믿는 가장 아둔한 사람부터 자기가 님보다 훨씬 뛰어나고 똑똑하다고 믿는 가장 똑똑한 사람까지, 다들 똑같은 미소를 짓는다. 한편으로는 당혹스럽고, 한편으로는 알 만하다는 표정으로, 마치 허튼 농담을 들은 것처럼 빙그레 웃는다."

아인슈타인은 농담을 잘하는 사람으로 유명했다. 하지만 그로텐디크에게 그런 걱정은 필요 없었다. 농담을 즐기지 않을 만큼 세상 진지했으니까.

아인슈타인과 즐거운 대화를 나눌 수 없다는 사실이 너무 안타까울 따름이다. 아마 아인슈타인은 창의성의 모든 비밀을 털어놓고, 우리의 질문에 기꺼이 응하며, 그 창의성을 어떻게 발휘했는지 자세히 설명해주었을 것이다.

그로텐디크는 창의성에 관해 무려 1,000쪽에 이르는 책을 썼다. 그는 수학을 할 때 머릿속에서 어떤 일이 벌어지는지 자세히 설명했다. 그리고 머릿속에서 올바른 그림을 그리지 못하면 가장 간단한 수학책도 읽을 수 없다고 인정했다. 또한 학회 발표가 너무 빨리 진행되면 그 내용을 따라갈 수 없다는 사실도 시인했다. 그는 아무것도 모르겠다는 느낌을 어떻게 헤쳐 나갔는지 설명했다. 그리고 무엇보다 그 모든 것에서 즐거움을 찾는 명확한 동기를 털어놨다.

이 놀라운 이야기는 《추수와 파종 Récoltes et Semailles》으로 불린다. 이 원고는 오랫동안 출판되지 않은 채 35년 넘게 비공식적으로 유포되다가 마침내 누군가가 용기를 내어 출판했다. 첫 공식판은 2022년 파리의 갈리마르 출판사가 출간했다. 영문판은 현재 MIT 출판사가 준비 중이다.

가장 숨 막히는 이야기

"내 연구를 이끌고 지배하는 것, 그 연구의 영혼과 존재 이유는 수학적 대상의 현실을 이해하는 과정에서 형성된 정신적 표상이다. 나는 평생 어떤 수학적 텍스트도, 그 텍스트가 아무리 사소하고 단순하더라도, 수학적 대상에 대한 내 경험에 '의미'를 주지 못하면 읽을 수 없었다. 즉 텍스트가 내 정신적 표상, 생명을 불어넣을 직관을 불러일으키지 않으면 결코 받아들일 수 없었다."

내게 가장 매혹적인 책 중 하나인 《추수와 파종》에서는 이런 깨달음을 주는 구절을 수없이 찾아볼 수 있다. 하지만 나는 이 책을 추천할 수 없다. 그래도 읽고 싶다면 심각하게 주의할 점이 있다. 그로텐디크의 독백은 장황하고 당혹스러운 호언장담에 가깝다. 때로는 눈부시고 때로는 혼란스럽다. 예언적 암시, 서로 맞물린 은유와 우화가 등장하고, 페이지 하단에는 이리저리 흩어진 메모와 논점을 벗어난 여담이 가득하며, 그것조차 또 다른 메모와 여담을 품고 있다. 개인적인 불만과 근거 없는 비판이 수백 쪽에 걸쳐 있다 보니 솔직히 말하면 거의 읽기 힘들다.

이 책은 수학에 깊이 몰입한 사람들을 위한 것이지만, 그런 사람들조차 끝까지 읽어내기가 쉽지 않다. 그럼에도 《추수와 파종》은 수학적 경험에 관한 가장 숨 막히는 기록이라는 의견이 많다.

많은 수학자 친구들처럼, 나 역시 이 책에서 참과 명확성에 관한 놀라운 구절을 발견하는 순간 돌연 읽기를 멈추고는 혼자 이렇게 말하곤 했다. "이 말이 맞아. 바로 이거야. 이게 바로 비밀이야. 우리 머릿속에서 실제로 일어나는 방식이 이렇지. 너무나도 당연해 보이지만 아무도 꿈꾸지 못한 이 단순한 머릿속 동작이 수학을 정말 잘할 수 있는 길이야. 이토록 중요한 책이 있었나? 그로텐디크의 메시지를 설명하고 세상에 알릴 방법을 찾아야 해."

하지만 알다시피 그로텐디크의 생각을 있는 그대로 접하면 난해하다. 결국 이 문제는 아인슈타인의 경우와 비슷하다. 그로텐디크와 솔직하고 직접적인 대화를 나눌 수 없고, 단순하고 순진한 질문조차 할 기회가 없다.

그로텐디크는 아인슈타인보다 훨씬 더 멀리 나아갔고 놀라운 비법을 상세히 남겼다. 하지만 시대를 앞서간 고립된 인물이었다. 그는 사람들이 아직 그의 메시지를 받아들일 준비가 되지 않았다는 것을 알고 있었다. 그로텐디크의 이야기를 이해하려면 우리의 공통된 경험과 연결 지어야 한다.

내가 이 책을 읽으면서 깨달은 점, 내 경험을 떠올리게 한 내용을 공유하기 전에, 그로텐디크의 삶과 그 특이한 성격에 대해 조금 더 이야기해야 할 것 같다.

야생의 아이

알렉산더 그로텐디크는 1928년 베를린에서 태어났다. 그의 부모는 나치 정권을 피해 도망쳐야 했던 과격한 무정부주의자였다. 그로텐디크가 다섯 살이던 1933년, 그의 어머니는 함부르크의 루터교 목사 빌헬름 헤이던의 가족에게 아들을 맡겼다.

그때까지 그로텐디크는 부모의 무정부주의 원칙에 따라 다소 특이한 교육을 받은 것 같다. 양어머니 다그마르 헤이던은 그로텐디크가 베를린에 도착했을 때, 그가 지저분하고 거칠게 자란 야생의 아이였다고 묘사했다. 한카 그로텐디크는 자신의 아들을 헤이던 부부에게 맡길 때 절대 학교에 보내지 말고 머리도 자르지 말라는 조건을 붙였다.

헤이던 부부는 양아들의 머리를 자르고 학교에 보냈다. 어쩌면 그때가 그로텐디크의 삶에서 가장 평화롭고 '정상적인' 시기였을 것이다. 그로텐디크는 양부모와 평생 돈독한 관계를 유지했다.

1939년 4월, 그로텐디크의 안전을 염려한(그로텐디크의 아버지는 유대인이었다) 헤이던 부부는 양아들을 파리행 기차에 태웠고, 그로텐디크는 망명한 부모님과 파리에서 재회했다. 하지만 그로텐디크의 아버지는 얼마 후 체포되어 1942년 아우슈비츠에서 사망했다. 1940년 초, 그로텐디크와 어머니는 프랑스 남부의 난민촌에서 살았다.

그들의 삶은 할리우드 영화에 나오는 상투적인 장면과 닮아갔다. 전후 프랑스에서 난민이 된 어머니와 아들은 생계를 위해 가사 노동을 하고 수확 작업을 하며 살아갔다. 아들은 누구의 주목도 받지 못하는 고립된 환경에서 놀라운 재능을 키워 나갔다.

1948년, 몽펠리에 대학교의 한 교수가 그로텐디크의 비범한 재능을 알아채고 영향력 있는 저명한 수학자 엘리 카르탕 Élie Cartan에게 보내는 추천서를 써주었다. 이 일을 계기로 스무 살의 그로텐디크는 파리로 향했고, 당대 가장 뛰어난 학자들과 함께하는 최첨단 수학 연구에 입문하게 되었다.

필즈상 수상을 앞두고 있던 로랑 슈바르츠Laurent Schwartz는 최근에 쓴 논문을 그로텐디크에게 읽게 했다. 이 논문의 끝에는 슈바르츠가 풀지 못한 14가지 문제 목록이 있었다. 야심 찬 박사과정 학생이라면 이 목록을 샅샅이 뒤져 하나를 고르고 3년 내내 고민한 다음, 지도교수의 도움을 받아 미완성 해법을 찾아내고 뿌듯한 박사학위를 받는 게 일반적이다. 하지만 그로텐디크는 자기 방으로 가 몇 달 후에 돌아왔다. 그는 하나가 아닌 14가지 문제를 모두 풀어냈다.

1970년까지 그로텐디크는 무명의 난민에서 세계 최고의 수학자로 도약했다. 그는 가장 위대하고, 가장 강력하고, 가장 뛰어난 수학자가 되었다. 그리고 누구보다 열심히 연구했다. 그 결과 그로텐디크의 연구를 중심으로 한 특별 연구소가 설립되기도 했다. 1966년 그로텐디크는 필즈상을 수상했지만, 그의 업적에 비하면 단지 일화에 불과했다. 그로텐디크와 제자들은 대수기하학을 기초부터 재구성하는 방대하고 통찰력 있는 작업에 착수했다. 그들의 연구는 현재 수학 연구의 상당 부분을 이루는 기초로 자리 잡았다.

그러나 1970년 마흔둘의 나이로 그로텐디크는 돌연 수학자로서의 경력을 접었다. 그는 연구소를 사임한 뒤 군국주의와 급진적 생태학에 전념하는 새로운 삶의 장을 열었다.

1980년대 중반, 공백기를 보낸 지 약 15년이 지난 후 그로텐디크는 《추수와 파종》을 집필했다. 그는 일반 대중을 위한 책을 쓰고자 했으며 대중에게 전달할 중요한 메시지가 있다고 믿었다. 2010년에 쓴 편지에서 그로텐디크는 자신의 목표를 완전히 이루지 못했다고 인정했다. "수학자로서 살아온 내 삶에 대한 이 '성찰과 증언'이 물론 읽기 어렵다는 걸 인정한다. 하지만 다른 이들은 몰라도 내게는 많은 의미가 있다!"

1991년부터 2014년 사망할 때까지 그로텐디크는 세상과 단절된 삶을 살았다. 피레네 산맥 기슭에 자리한 프랑스 남부의 작은 마을 라세르에서 은둔하며 명상에 심취했고, 극도로 고독하고 금욕적인 생활을 했다. 심지어 민들레 수프만 먹고 살기도 했다.

그래도 글쓰기는 멈추지 않았다. 그로텐디크는 방대한 양의 수학적, 철학적, 신비주의적 글을 남겼고, 그중에는 '악의 문제'에 관해 쓴 3만 쪽에 달하는 명상록도 포함되어 있었다.

수학적 경험과 광기의 연관성은 우리가 무시할 수 없는 주제다. 이 주제는 17장에서 다시 이야기할 것이다.

고독의 선물

"발견은 아이의 특권이다. 내가 말하는 아이는 여전히 실수를 저지르는 아이, 바보같이 보이고 진지하지 않고 남들과 똑같이 행동하지 않는 게 두렵지 않은 어린아이다. 이 아이는 또한 기대와 다르고 당연한 결과와 어긋나는 씁쓸함을 맛봐도 절대 겁먹지 않는다."

《추수와 파종》에서 인용한 이 구절은 살면서 수천 번은 들어본 이야기처럼 들리지만, 이는 분명 사실이 아니다. 설령 그렇다고 해도 우리에게 무슨 소용이 있을까? 다시는 어린아이가 될 수 없을 텐데.

이것은 분명 은유다. 그로텐디크는 '우리 안에' 있고 '우리가 연락을 끊은' 아이를 암시하고 있다. 그의 책은 사실 우리가 아니라 우리 안의 잃어버린 아이를 위한 것이다. 그래서 처음부터 확실하게 밝힌다. "혼자 있는 법을 아는 우리 안의 존재, 그 아이에게 말하고 싶다. 다른 누구도 아닌 바로 그 아이에게."

그로텐디크는 자신의 독특한 창의성이 내면의 아이와 맺는 친밀감에서 비롯된다고 설명한다. "내 안에는 아직 탐험할 꿈조차 꾸지 못한 어떤 순수함이 남아 있다."

그는 이를 '고독의 선물', 즉 '혼자서 사물에 귀 기울이며 아이들 놀이에 푹 빠지는' 능력이라고 설명한다.

"탐구하고 발견하는 것, 다시 말해서 질문하고 경청하는 것은 세상에서 가장 단순하고, 가장 자발적이며, 누구도 독점하지 못하는 권리다. 그것은 우리가 요람에서 받은 '선물'이다."

그로텐디크의 기이함, 괴짜 기질, 기이한 강박관념을 어떻게 생각하든 그의 말은 들어볼 가치가 있다. 올바른 단어를 사용하든 아니든 그로텐디크는 자신이 이야기하는 바를 깊이 이해하고 있다.

《추수와 파종》은 종종 요가 설명서처럼 읽히기도 하는데, 어떤 의미에서는 그런 면이 있기도 하다. 은유와 개인적 일화를 넘어 몸을 지탱하는 특정한 방식, 독특한 신체적 태도, 언어와 진실의 남다른 관계를 설명한다.

그로텐디크는 자신만의 명상법을 발명한 위대한 요가 지도자였다. 그로텐디크의 명상법은 급진적인 호기심과 편견에 대한 무관심, 이른바 아이의 마음에 초점을 둔다.

모든 수학자는 이런 종류의 기법들을 개발하지만, 그 기법을 제대로 인식하거나 설명하는 방법을 거의 모른다. 그로텐디크는 우리에게 그 사용 설명서를 건네준다.

이 마음 자세는 분명 그로텐디크가 작업하는 방식의 핵심이다. 그의 방식은 대략 다음과 같이 구성되어 있다.

"나는 내 주장을 어느 정도 믿는다"

전혀 모르는 분야의 수학책을 펼치는 건 민간 여객기 조종석이나 원자로 지휘 본부에 앉아 있는 것과 비슷하다. 수많은 버튼과 화면이 있지만 어떻게 작동하는지 전혀 모르면서 실수하지 않으려는 강한 열망만 있는 것이다. 어떻게 작동하면 되는지 아무리 알고 싶어도 전혀 알 수 없다. 보통은 그냥 가만히 앉아 아무것도 만지지 않는 게 최선이다. 어떤 행동을 취하기 전에는 일단 연구하고 생각해야 한다.

하지만 두 살짜리 아이를 조종석에 앉히면 행동이 확 달라진다. 아이는 빨갛거나 깜빡이는 버튼부터 시작해서 모든 버튼을 신나게 눌러댈 것이다.

그로텐디크는 두 살짜리 아이처럼 행동하라고 권고한다. 그는 무언가를 이해하고 싶을 때 아이처럼 망설이지 않고 바로 달려든다. 이해하는 시간 없이 곧장 시작하며, 깊이 고민하기 전에 먼저 행동하고, 약간은 무작위로 진행한다.

수학적인 것이든 아니든 무언가 궁금한 게 생기면 나는 **추궁한다**. 내 질문이 어리석거나 어리석어 보일지는 걱정하지 않는다. 물론 깊이 숙고한 추궁은 아니다. 그 질문은 주장의 형태를 띠는 경우가 더러 있다. 사실 이 주장은 탐색적 탐사에 가깝다. 나는 내 주장을 어느 정도 믿는다…. 연구 초기에는 내 주장도 거짓인 경우가 많다. 그럼에도 나 스스로를 설득하려면 그렇게 주장할 필요가 있다.

우리는 그가 말하는 '추궁', '질문', '탐사'가 의미하는 바를 명확히 알아야 한다. 그로텐디크는 책 전반에서 수학 연구를 구체적인 신체 활동의 연속으로 묘사한다. 하지만 **사물을 추궁하기**란 정확히 무슨 의미일까? 만약 내가 뭔가를 추궁하고 싶다면, 어떻게 해야 할까? 자세히 들여다보면 이건 전혀 명확하지 않다. 그로텐디크가 좋아하는 또 다른 구절, **사물의 목소리에 귀 기울이기**에 대해서도 마찬가지다. 그게 무슨 뜻일까?

수학적 사물이란 무엇일까? 그 사물을 어디서 찾을 수 있으며, 어떻게 접촉할 수 있을까?

그로텐디크는 정확하게 설명하려고 애쓰지 않는다. 그도 그럴 것이, 그는 그 사물과의 대화에 너무 익숙한 나머지 그 방법을 배워야 했다는 사실을 잊어버렸다.

수학적 사물은 수학자가 아닌 사람들이 수학적 **개념** 또는 수학적 **추상**이라고 부르는 것들이다. 수학적 사물은 수, 집합, 공간, 다양한 기하학적 형태, 또는 다른 유형의 추상적 구조물로 구성될 수 있다.

수학자들은 보통 그 사물들을 수학적 대상이라고 부른다. 이 사물들을 만질 수 있는 물질적 대상으로 상상하면 더 쉽게 이해할 수 있기 때문이다.

사물을 추궁하기, 사물의 목소리에 귀 기울이기란 그 사물을 상상한다는 뜻이다. 간밤의 꿈을 애써 떠올릴 때처럼, 우리 내면에 그려지는 정신적 표상을 살펴보고, 이 표상을 더욱 건고하고 명확하게 다듬고, 점점 더 많은 세부 사항을 드러내려고 노력하는 과정이다.

틀리는 일의 즐거움

이 접근 방식은 구체적인 용어로 전달되어야 한다. 《추수와 파종》의 언어는 너무 상상적이라 일부러 모호하게 표현한 것처럼 보일 수도 있다.

그러나 이는 사실이 아니다. 그로텐디크는 명확성을 추구했다. 그의 수수께끼 같은 어휘는 실질적인 문제를 해결하기 위한 것이었다. 그로텐디크는 머릿속 동작과 그것에 따른 정신적 표상을 설명하려 했지만, 우리 언어는 이를 적절하게 표현할 단어를 갖추지 못했다. 그 동작과 정신적 표상을 명확하게 이야기할 수 있는 특정 어휘가 없는 것이다. 게다가 그런 이야기를 할 수 있는 권리가 있다고 알려준 이도 없었다.

아이 같은 마음은 단순한 비유가 아니다. 아주 정확한 정신적 태도다.

기본 원리는 간단하지만 혁명적이다. 너무 간단하고 우리의 본능에 어긋나기 때문에 거의 아무도 생각하지 않는 개념이다. 이 개념은 수학을 배우는 모든 단계, 정확히 말하면 수학을 전혀 모르는 생초보에서 자칭 수포자까지 모든 수준의 수학 학습을 바꿀 수 있는 잠재력이 있다.

새로운 수학적 개념을 접하면 상상하기가 어렵다. 수학적 개념은 추상적 정의, 즉 종이 위에 나열된 용어나 선생님이 말하는 단어들을 통해 제시된다. 이 일련의 단어들은 직관적인 의미가 없어 아무리 들어도 와닿지 않는다.

학생들은 보통 아직 이해하지 못한 수학적 대상을 상상할 권리가 없다고 느낀다. 그들은 더 많은 것을 알아야 비로소 그 대상을 떠올릴 용기가 생긴다고 믿는다. 그러는 동안 학생들은 단어 하나하나, 기호 하나하나 해독하는 데 만족한다. 자신이 읽고 있는 내용을 잘 몰라 골치가 아플 수도 있지만, 계속 노력하다 보면 마침내 자신감이 생겨 그 단어 이면에 무엇이 있는지 상상할 수 있을 거라고 생각한다. 하지만 이런 접근 방식은 거의 효과가 없다.

그로텐디크는 달랐다. 그는 아직 볼 수 없는 대상에 대한 정보를 수집하는 건 무의미하다는 사실을 알았다. 그래서 기다리지 않고 바로 상상했다. 물론 그 방법이 효과가 없을 수도 있고 자신의 정신적 표상이 처참하게 틀릴 수도 있다는 걸 알면서도 기죽지 않았다.

그는 실패를 두려워하지 않았다. 오히려 틀릴 거라 확신했고, 바로 그 틀림을 원했다.

그로텐디크는 어린아이가 장난 거리를 찾듯 적극적으로 실수를 찾아냈다. 수학의 세계를 탐구하는 동안 기이하거나 흥미로운 것, 불분명하거나 불만족스러운 것, 일관성이 없거나 불쾌한 것을 발견할 때마다 바로 그 지점에서 집요하게 파고들기 시작했다.

세상을 바라보는 시야에서 무언가가 어긋나면, 그로텐디크는 불안함을 느꼈다. 그리고 이 불안을 해소할 수 있는 유일한 방법은 불안의 원인을 찾아 파고드는 것이었다. 실수를 발견하는 건 기쁨과 안도감을 선사했다. "실수를 발견하는 건 결정적인 순간이며 무엇보다 창조적인 순간이다. 수학이든 자기 내면을 탐구하는 과정이든, 모든 발견의 과정에서 실수를 찾아내는 순간 우리가 탐구하는 대상에 대한 지식이 문득 새로워진다."

그로텐디크가 실수에 대해 남긴 글은 과학을 넘어 보편적인 의미를 지닌다. 그의 글을 학교 건물 벽에 새기고 싶을 정도다.

> 실수를 향한 두려움과 진실을 향한 두려움은 같은 것이다. 틀리는 것을 두려워하는 사람은 새로운 것을 발견하는 데 무력하다. 실수를 두려워하면 우리 안의 오류는 움직이지 않는 바위처럼 우리 안에 꾹 눌러앉는다.

수학의 가장 큰 장애물이 심리에 있다는 사실을 아는 사람은 많지 않다. 이 장애물은 수학을 처음 시작할 때부터 최고 수준에 이를 때까지 지속된다. 어린 시절을 벗어나면 우리는 바보처럼 보이는 것을 두려워하게 된다. 실수를 부끄러워하는 법을 배우고, 아무것도 모른다는 사실을 스스로에게조차 숨기려 한다. 하지만 수학을 잘하려면 이 감추는 습관을 내려놓아야 한다. 이는 결코 쉬운 일이 아니다.

우리가 마음 내키는 대로 바보 같은 질문을 던지던 시절을 떠올려보자. 똑같은 질문을 수백 번 반복해서 물어도 수학을 싫어하지 않았다. 위대한 수학자들은 이 잃어버린 어린 시절의 순수함을 되찾으려고 특별한 기술을 고안하고 적용했다. 그들은 모두 그 기술이 필수적이라고 강조한다. 이 내용은 13장에서 다시 다루겠다.

학습의 원동력

그로텐디크가 말하는 '우리 안의 오류'는 논리와 아무 상관이 없다. 계산이나 추론의 오류도 아니다. 그것은 직관의 오류, 즉 시각의 오류다. 사물에 대한 우리의 표상이 옳지 않다는 것이다.

이 책 전반에 걸쳐 살펴보겠지만, 수학적 이해는 머릿속에서 표현하는 방식을 점진적으로 수정하고, 그 표상이 더 명확하고 더 정확하며 현실에 더 가까워질 때 달성된다.

가끔 사람들은 우리 뇌의 두 반구가 다르게 기능한다고 말한다. 좌뇌는 논리적 추론과 계산을 담당하고, 우뇌는 연상적 사고와 직관에 특화되었다고 말이다.

그러나 해부학에 대한 이런 말도 안 되는 해석은 1960년대에 등장한 낡은 이론으로 이미 오래전에 신빙성이 떨어졌다. 실제로 우리의 양쪽 뇌는 매우 닮았고, 깊이 들어가보면 둘 다 연상적 사고를 하고 직관적으로 작동한다. 세상을 논리적인 방식으로 볼 수 있게 해주는 뇌 기관은 존재하지 않는다. 수학을 잘하기 위해 뇌에 기대고 있다면 오래 기다려야 할 것이다.

학습과 발명을 향한 인간의 놀라운 능력은 우리가 무의식적으로 이미지를 떠올리고 감각을 결합하는 구조를 끊임없이 재구성하는 데서 비롯되었다. 이 구조는 말 그대로, 그리고 비유적으로 우리 사고를 형성하는 실질적인 토대다.

우리의 모든 위대한 학습 성과는 이런 정신적 가소성에 의존한다. 실수는 가소성의 원동력인 만큼 근본적인 역할을 한다. 보고, 걷고, 숟가락을 사용하고, 신발 끈을 묶고, 말하고, 읽고, 쓰는 법을 배우는 과정은 항상 뇌를 재구성하는 일이다. 그리고 이 일들은 단 한 번에 이뤄지지 않는다. 아이들은 여러 번 시도하고 실패하며 걷는 법을 배운다. 넘어지는 경험이 있어야 일어서는 법을 배운다. 실수가 쌓일수록 직관적인 균형 감각이 발달한다.

모든 운동 학습과 마찬가지로 새로운 수학적 개념을 이해하는 과정 또한 식과을 재구성하는 것이며, 이를 위해서는 '감각적으로 이 숙해지는' 단계가 필요하다. 이 과정을 걷기에 연결해보면 실수에 대한 그로텐디크의 통찰이 더욱 빛을 발한다.

넘어지는 두려움과 걷는 두려움은 같은 것이다. 넘어지는 걸 두려워하면 걷는 법을 배울 수 없다. 계속 주저앉기만 하면 처음의 서투름은 신체적 장애가 된다.

논리의 역할

정신적 표상의 세계에서는 물리 법칙이 적용되지 않는다. 어떤 것이든, 심지어 모순되는 것일지라도 넘어질 염려 없이 마음껏 상상할 수 있다. 하지만 우리 내면에 눌러앉은 오류는 미처 깨닫지도 못한 채 바위처럼 꼼짝하지 않을 수 있다.

바로 이 지점에서 수학적 접근 방식은 보통의 직관적 사고와 차이가 난다. 수학자들은 내면의 오류를 찾아낼 방법을 고안했다. 이 방법은 글쓰기인데, 더 정확하게는 논리적 형식주의를 바탕으로 공식적인 수학 언어로 글을 쓰는 것이다.

논리는 사고를 돕는 게 아니라 어디서 잘못된 생각을 하는지 밝혀내는 역할을 한다. 그로텐디크는 이해하고 싶은 대상을 심문하기 위해 '탐사선'을 보낼 때, 다음과 같은 글로 답을 얻었다.

> 글을 쓰기 전에는 막연함과 불안함이 있을 뿐 명확한 증거가 없었지만, 글로 적기만 하면 잘못된 점이 보인다. 이제는 부족한 지식 없이 다시 시작할 수 있으며, 이전보다 조금 덜 잘못된 질문이나 주장으로 접근할 수 있다.

실험을 마친 후에만 논문을 쓰는 생물학자와 달리 수학자는 연구 과정 중에 글을 쓴다. 글쓰기 자체가 연구의 일부이기 때문이다. 그로텐디크는 이렇게 말했다.

글쓰기의 역할은 연구 결과를 기록하는 게 아니라 연구 과정 그 자체다.

나는 늘 수학적 언어를 사용해 정신적 표상과 그 표상이 전달하는 의미를 최대한 꼼꼼하게 묘사하려고 노력했다. 말로 표현할 수 없는 것을 명확하게 나타내고, 아직 불분명한 것을 정의하려는 끊임없는 노력 속에서 수학적 작업(그리고 어쩌면 모든 창조적인 지적 작업)의 독특한 역동성이 드러나는지도 모른다.

수학적 글쓰기는 살아 있는(하지만 혼란스럽고, 불안정하고, 비언어적인) 직관을 정확하고 안정적인(하지만 화석처럼 죽은) 텍스트로 옮기는 작업이다.

물론 직관이 처음부터 정확하고 명확하다면 단순한 필사 작업일 것이다. 하지만 직관이 처음부터 정밀하고 올바른 경우는 거의 없다. 처음에는 모호하고 틀릴 수 있으며 항상 약간은 그렇다. 글쓰기를 하면 직관은 점점 덜 모호해지고, 점점 덜 틀리게 된다. 이 과정은 느리고 점진적이다.

수학적 창작은 상상력(읽은 것을 상상하는 기술)과 언어화(본 것을 말로 표현하는 기술) 사이를 끊임없이 오가는 과정이다. 이를 통해 직관과 언어가 동시에 변형된다. 우리는 보는 법을 배우는 동시에 말하는 법을 배운다. 새로운 대상을 상상하는 법을 배우는 동시에 그 대상에 이름을 붙일 언어를 발명한다. 그로텐디크에 따르면 이 모든 과정은 "허공에서 무형의 안개를 끌어모으는 것"에 해당한다.

이 작업의 결과는 두 가지 방식으로 나타난다. 첫 번째는 눈에 보이지 않는 형태로, 작업을 수행한 사람이 가진 세상에 대한 이해와 의식 상태의 변화다. 두 번째는 수학 텍스트다.

그로텐디크는 두 번째 방식, 즉 인쇄된 결과물이 그가 보여줄 수 있는 유일한 형태라는 사실을 알고 있었다. 하지만 그로텐디크를 움직이는 원동력은 아니었다. 그로텐디크에게 중요한 건 '이런 형태로는 수학적 이해의 본질이 드러나지 않는다'는 사실이었다.

그로텐디크는 글쓰기를 통해 자신의 직관을 발전시킬 수 있었다. 일단 명확한 생각이 떠오르면 마치 토스터 사용 설명서를 보듯 자신의 글을 냉정하게 바라볼 수 있었다.

디플로도쿠스

다음 장에서는 수학적 언어의 독특한 특성이 어떻게 정신적 명확성을 위한 놀라운 도구가 되는지 살펴볼 것이다.

하지만 이 장은 처음 시작했던 미스터리로 되돌아가 마무리하려 한다. 스물여덟 살의 젊은 그로텐디크는 1956년 11월 13일 세르에게 편지를 보내 지금 막 '우스꽝스러운 논문'을 끝냈다는 사실을 덤덤하게 알렸다.

그로부터 17개월 전인 1955년 6월, 그로텐디크는 자신의 논문 초고를 세르와 공유했다. 당시에는 발견 초기 단계여서인지 그로텐디크의 편지 어조가 꽤 열정적이었다. 그는 여러 개념을 탐색하며 엄청난 실수를 범하기도 했지만, 빠르게 발전해 나갔다. 그때도 그로텐디크는 초고의 일부 내용을 "부화하지 않은 알"로 표현하며 "엉망일 수도 있다"라고 적었다.

그 후 1년 동안 그로텐디크는 자신의 '알'을 곰곰이 생각했다. 그리고 알이 부화하는 모습을 지켜보며 그 기이한 생명체가 모습을 드러낼 때까지 꿋꿋하게 먹이를 주었다. 논문이 점점 발전하고 구조를 갖추면서 세르와 그로텐디크는 더욱 자유롭게 이 작업을 논의했고, 이 논문에 '디플로도쿠스diplodocus'(쥐라기 후기에 살았던 초식 공룡)라는 별명을 붙이기까지 했다.

큰 틀은 자리를 잡았다. 발견의 기쁨, 마침내 이해하는 기쁨은 이미 사그라들고 있었다. 깜짝 놀라는 순간은 더는 찾아오지 않았다. 이제 남은 작업은 그저 수학의 공식 언어의 관료적 요구에 따라 기술적인 세부 사항을 마무리하는 것뿐이었다.

편집의 마지막 몇 달은 고역이었다. 그로텐디크는 자신의 우스꽝스러운 논문을 과연 누가 출판하려 할까 걱정하기 시작했다. 그는 일본의 「토호쿠 수학 저널」을 선택했다. "거긴 정말 긴 논문을 별로 귀찮아하지 않는 것 같아서"라는 이유에서였다.

그로텐디크는 세르에게 보낸 편지에서 변명하기까지 한다. 그가 괴물을 만들어냈을지도 모르지만 선택의 여지가 없었다. "일이 어떻게 돌아가는지 깨닫는 나의 유일한 방법은 오로지 끈질기게 탐구하는 거야."

08

촉각 이론

　　　　　사람들이 잘 읽지 않는 책이라면 수학책과 토스터 사용 설명서 외에도 사전을 빼놓을 수 없다.

　어렸을 때 나는 사전의 매력에 푹 빠졌다. 사전은 모든 단어를 다른 말로 정의해준다고 약속한다. 하지만 이 약속을 정말 지킬까? 사전이 언어의 문을 여는 역할을 할 수 있을까? 단어를 처음부터 배우고 싶다면 과연 어느 쪽을 펼쳐야 할까?

　바나나가 뭔지 모른다면, 사전은 이렇게 설명해줄 것이다. "바나나 식물의 길쭉한 곡선형 열대 과일로, 여러 다발로 자라며 크림색의 과육과 매끄러운 껍질을 지닌다. 특히 캐번디시 바나나Cavendish banana 품종의 달콤하고 노란 과일이다." 그렇다면 바나나 식물은 뭘까? "바나나 송이가 다발로 자라는 열대 지역의 나무 같은 식물로, 무사Musa 속에 속하지만 때로는 엔세테Ensete 식물도 포함되며 크고 길쭉한 잎을 지닌다."

틀린 말은 아니지만 꽤 난해하다. 바나나의 정의가 지나치게 어렵고 복잡하며 무엇보다 말이 반복된다. 바나나는 바나나 식물의 열매고, 바나나 식물은 바나나 열매를 맺는다. 이럴 바에야 그냥 본론으로 들어가서 가장 중요한 메시지인 바나나는 바나나라고 말하는 게 낫지 않을까?

바나나가 뭔지 모르는 사람에게 바나나를 설명할 때 복잡한 문구로 설명하는 건 효과적이지 않다. 바나나에 대한 우리의 진짜 생각을 보여주는 가장 단순하고 정직한 정의는 늘 그렇듯 아이들에게 해주는 말이다. "먹어봐! 진짜 맛있어!"

사전은 순환적인 정의로 가득 차 있다.

열이란? "뜨거운 상태." 뜨겁다는 뜻은? "높은 온도를 가짐 또는 발산함." 온도란? "차갑거나 뜨거운 정도를 나타내는 척도, 보통 온도계로 측정할 수 있는 것." 온도계란? "온도를 측정하는 장치." 진실이란? "참된 것." 참이란? "진실에 맞는 것."

논리적으로 보면 사전은 거대한 다단계 금융사기와 같다. 사람들이 바나나에 대해 알아내기 위해 진정으로 사전에만 의존했다면 이 허술한 체계는 오래전에 비난받았을 것이다.

하지만 우리는 그렇게 하지 않는다. 우리의 접근 방식은 논리적이지 않다. 단어의 정의를 통해 단어를 배우는 게 아니라 점진적인 설명을 통해 언어를 습득한다. 우리 뇌는 어떤 대상에 이름을 붙이기 전에 그 대상을 먼저 인식하고, 단어의 의미를 완전히 알기 전에 그 단어를 미리 알아보고, 점진적으로 우리가 보는 것과 단어 사이의 연관성을 만들어간다.

우리는 말 그대로 0(제로)에서 시작한다. 사전에서 시작하지 않는다. 우리는 삶에서 시작하고 다른 이들과 공유하는 공통된 경험에서 시작한다.

0에서 시작하기

수학적 정의는 사전의 정의와 비슷하지만 한 가지 작은 차이점이 있다. 실제로 무언가를 정의한다는 점이다.

사전과 달리 수학책은 기존의 단어들을 연결하는 데 그치지 않는다. 그리고 우리가 경험하고 인식할 수 있는 것만 다루는 것도 아니다.

수학적 정의는 해설이나 설명이 아니라 새로운 정신적 표상의 조립 안내서이자 그 표상을 지칭하는 새 단어의 '출생증명서' 역할을 한다(실제로는 기존 단어가 재사용되어 일상적인 뜻과 전혀 다른 새로운 뜻이 되는 경우도 많다).

그런 의미에서 수학적 정의에는 창조의 힘이 있다. 무언가를 존재하게 한다. 좀 우스워 보일 만큼 거창하게 들리겠지만, 실제로 그런 일이 일어난다.

아무도 인식하지 못한 무언가를 발견했을 때 그 대상을 다른 이들과 공유하려면 그들 머릿속에서 스스로 재창조할 수 있도록 돕는 방법을 찾아야 한다. 이때 수학적 정의가 도움을 준다. 수학적 정의는 다른 사람들이 이미 볼 수 있는 것부터 시작해 새로운 것을 머릿속으로 구성할 수 있도록 상세한 지침을 제공한다.

거대한 확장 요인

이론적으로는 누구나 수학책을 읽을 수 있어야 한다. 수학책에는 사전과 달리 순환적 정의가 없다. 암묵적 지식도 필요하지 않고, 모르는 용어가 등장하면 참고문헌을 들추며 필요할 때마다 그 정의를 직접 찾아도 된다. 안내가 명확하고 모든 내용이 자세히 제공되므로 의미를 이해하는 데 방해가 되지 않는다.

그러나 실제로는 수학책 첫 몇 줄을 읽자마자 엄청난 난관과 마주친다. 정신적 표상을 말로 설명하기는 무척 어렵다.

서스턴은 "내 생각에서 부호화된 내용을 타인에게 전달할 수 있는 방식으로 변환하려면 때때로 거대한 확장 요인이 필요하다"라고 말했다.

그 결과는 마음에 들지 않는 경우가 많다. 서스턴이 말한 '거대한 확장 요인'은 두세 배 더 길어진다는 뜻이 아니다. 머릿속에서 간단하게 정리된 내용을 글로 옮길 때는 열 배, 백 배, 심지어 천 배 길어질 수 있다. 그리고 그마저도 적을 엄두가 나지 않는 내용은 많은 세부 사항을 생략할 수밖에 없다.

이런 현상은 수준 높은 연구에서만 나타나는 게 아니라 가장 단순한 정신적 표상을 정확하게 묘사하려 할 때도 즉시 드러난다. 백문이 불여일견이라고, 안타깝지만 머릿속에만 존재하는 표상에도 이 말이 적용된다.

이 개념을 더 잘 이해하기 위해 우리가 가장 즐기는 사례 하나를 살펴보겠다. 신발 끈 묶는 동작을 떠올리는 데 몇 초가 걸릴까? 2초? 3초? 이제 펜과 종이를 꺼내 왕초보도 순서대로 따라 할 수 있도록 각 동작을 정확하게 설명해보자. 이 연습에는 더 어려운 버전이 있다. 오직 글로만 묘사하는 것이다. 하지만 그림을 이용한 쉬워 보이는 버전도 이미 엄청나게 어렵다.

이 난이도를 실감하고 나면 아주 중요하고도 깊은 위안을 주는 사실 하나를 깨닫게 된다. 끔찍하게 복잡해 보이는 수학책이라도 그 안의 개념 자체는 매우 단순할 수 있다는 점이다.

그래서 수학책은 두려워할 필요가 없다. 서스턴이 말한 행간을 읽는 과정이 가능할 뿐만 아니라 오히려 본문 내용보다 훨씬 더 간단할 수 있다.

하지만 이 단순한 개념을 이해하기 위해서는 올바른 정신적 표상을 형성하기 전까지 수많은 시행착오를 겪어야 한다.

명확성의 기술

신발 끈 묶는 방법을 정확한 단어로 설명하지 못했다고 해서 놀랄 필요는 없다. 아마 시도조차 하지 않았을 가능성도 높다. 수학을 글로 옮기는 것, 즉 정신적 표상을 명확하고 정확하게 옮겨 남들이 이해하고 재현할 수 있도록 하는 건 하나의 기술이다.

이 과정이 그토록 어려운 이유는 정신적 표상이 생각보다 훨씬 덜 명확할 때가 많기 때문이다. 신발 끈 매듭이 풀리지 않게 하는 요인은 무엇일까? 그 원리를 잘 모른다면 신발 끈을 올바르게 묶는 방법을 완전히 이해했다고 볼 수 없다.

그로텐디크가 설명했듯이, 수학적 글쓰기라는 기술은 개념을 명확하게 정리하는 작업이자 언어를 다듬는 작업이다. 머릿속 개별 동작을 섬세하게 통합하는 과정이며 숙달하려면 수년간의 연습이 필요하다. 하지만 좋은 소식이 있다. 인내와 노력을 기울이면 누구나 이 능력을 더 끌어올릴 수 있다.

수학적 글쓰기를 배운다는 건 명확한 사고를 기른다는 뜻이다. 이 귀중한 능력을 스스로 포기한다면 정말 아쉽지 않을까?

수학을 직접 써보면 왜 수학이 로봇을 위한 언어처럼 기묘한 형식을 띠는지 알 수 있을 것이다. 다른 선택의 여지가 없기 때문이다.

이를 설명하기 위해 모양의 개념을 익게 된 어린 시절처럼 또 다른 흥미로운 예로 돌아가보자. 그리고 우리가 어떤 대체 우주에서 모양의 개념을 발견한 최초의 사람이라고 가정하자. 별과 사각형을 구별하고 올바른 구멍에 알맞은 블록을 넣는 방법을 말로 어떻게 설명할 수 있을까?

인내심 게임

 이 대체 우주에서는 시각 문화가 극도로 빈약해 모양 맞추기 놀이가 인내심 게임으로 불린다. 문제를 푸는 유일한 방법이 몇 시간 동안 시행착오를 겪는 것이기 때문이다.

 기하학적 언어는 존재하지 않는다. '동그라미', '네모', '세모'를 뜻하는 단어도 없다. 하트라는 단어는 가슴에서 뛰는 근육에만 사용된다. 이 단어를 사용해 인내심 게임의 퍼즐 조각 하나를 가리킨다면 아무도 이해하지 못할 것이다. 별이라는 단어 또한 마찬가지다. 별은 밤하늘에서 빛나지만 아무도 별과 인내심 게임의 연관성을 떠올리지 못할 것이다. 별의 꼭짓점이 5개인지, 6개인지, 아니면 7개인지도 중요하지 않다. 사람들은 아무런 관심도 없다. 애초에 별에 꼭짓점이 있어야 한다는 생각은 어디에서 왔을까? 그게 무슨 뜻일까?

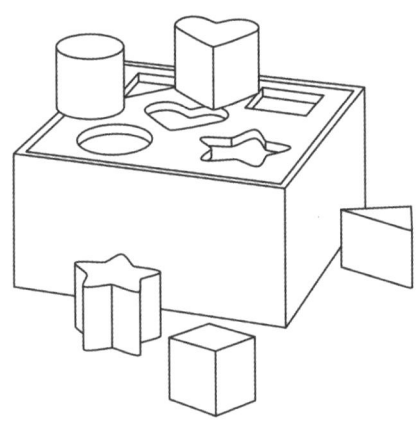

우리는 세상을 보는 방식으로, 내면의 언어로 별에 꼭짓점이 있어야 한다고 생각하며 5개의 꼭짓점이 있는 별을 인내심 게임의 블록 중 하나로 인식한다. 다만 이 개념은 지금까지 우리 머릿속에서만 존재했다.

그렇다고 다른 이들의 눈이 먼 건 아니다. 그들도 생물학적으로 우리와 같은 형태를 볼 수 있다. 하지만 아직 그 방법을 배우지 못했다. 그들의 뇌는 똑같은 시각 정보를 받지만, 그 정보를 같은 방식으로 구조화하지 않는다.

"봐, 이 블록은 별 모양이야. 여기도 별 모양 구멍이 있어. 이 블록을 별 모양 구멍에 맞게 넣으면 한 번 만에 쏙 들어갈 거야."

하지만 이런 식의 설명은 효과가 없다. 사람들은 눈앞에 있는 별을 보지 못한다. 그들도 우리와 같은 세상에 살고 있지만 정신적 경험이 다르다. 우리가 시행착오 없이 단번에 모양 맞추기를 성공하면 그들은 크게 웃을지도 모른다. 아마 우리가 마법사처럼 보일 것이다.

촉각 이론

이 대체 우주의 사람들은 기하학 대신 촉각이 매우 발달해 있다. 학생들은 모두 **촉각 이론**theory of touch 을 배우며 표면을 따라 손가락을 굴리고 질감을 인식하는 법을 익힌다. 부드러움, 단단함, 매끄러움, 거침, 구불구불함, 끈적거림, 빳빳함, 무르고 약함, 구멍이 숭

숭함 등 다양한 촉감을 알게 된다.

그래서 블록을 잡았을 때 툭 튀어나온 모서리(점이라고 부르는 부분)와 손가락이 걸리는 오목한 홈(오목이라고 부르는 부분)을 쉽게 식별한다.

별것 아니지만 이게 출발점이다. 수학의 힘은 정확하게 정의된 새로운 단어를 통해 언어를 확장할 수 있다는 데 있다. 사람들이 이미 알고 있는 개념을 바탕으로, 즉각적으로는 체감할 수 없지만 정의를 통해 다룰 수 있는 새로운 단어를 만들어간다.

이 새로운 단어들을 다루다가 언젠가는 이 단어의 뜻을 진정으로 이해하리라 기대한다.

삼각형이나 별, 정사각형 등을 시각적 언어 없이 설명하려면 촉각의 어휘를 활용해 이 개념들을 재구성해야 한다. 그저 손가락으로 가리키며 "봐, 이게 별이야"라고 말할 수는 없다. 공유된 경험에 의존할 수 없다면 글로 옮기기가 매우 곤란하며 결국 복잡하고 이해할 수 없는 텍스트만 남게 될 것이다. 하지만 불가능한 일은 아니다.

그 결과는 이렇게 보일 수 있다. 단, 주의할 점이 있다. 다음 몇 쪽은 공식적인 수학 문체와 매우 비슷해서 솔직히 읽기가 상당히 까다롭다.

초보자를 위한 인내심 게임의 촉각 이론

블록(또는 구멍)의 가장자리를 손가락으로 따라가다 보면 점과 오목을 발견할 수 있다. 이 점과 오목을 블록(또는 구멍)의 상징이라고 하자. 예를 들어 삼각형이라고 부르고 싶은 블록(아직 '삼각형'이라는 단어는 존재하지 않는다)의 상징은 다음과 같다.

점, 점, 점

그리고 블록(블록에 맞는 구멍)의 상징은 이렇다.

오목, 오목, 오목

수학적 정의가 그렇듯이 명칭은 늘 임의적이다. 여기서는 '상징'이라는 단어를 택했지만, 다른 단어를 써도 본질적인 의미는 변하지 않는다. 내가 이 단어에 부여한 의미는 정의에 완전히 포함되어 있고, 일상적인 의미와 직접적인 관계가 없기 때문이다. 하지만 읽는 사람이 수학적 정의를 쉽게 이해할 수 있게 하려면 직관적인 단어를 신택하는 편이 낫다. 상징이라는 단어는 각각의 블록과 구멍을 식별할 수 있게 하므로 괜찮은 것 같다. 물론 이 단어가 마음에 들지 않으면 다른 단어를 사용해도 좋다.

하지만 내가 제시한 정의에는 사소한 기술적 문제가 있다. 같은 객체라도 어디에서 시작하느냐에 따라 여러 개의 다른 상징이 있을 수 있다. 따라서 엄격한 정의를 내리려면 '특정한' 상징이 아니라 '일반적' 상징에 관해 이야기해야 한다. 예를 들어 다음과 같은 상징이 있는 블록(별이라고 부르고 싶은 블록)을 보자. 이 블록의 상징은 다음과 같다.

 점, 오목, 점, 오목, 점, 오목, 점, 오목, 점, 오목

하지만 손가락을 다른 곳에서 시작하면 다음과 같은 상징이 떠오를 수 있다.

 오목, 점, 오목, 점, 오목, 점, 오목, 점, 오목, 점

여기서 중요한 건 상징 자체가 아니라 **회전까지 고려한 상징**이다. 하지만 이 개념을 제대로 정의해야 한다. 그러려면 우선 중간 단계의 개념이 필요하다. 그래서 상징의 **기본 회전**을 정의하겠다. 기본 회전이란 상징의 첫 단어를 끝에 두는 것이다. 예를 들어,

 오목, 점, 점, 점

이 상징의 기본 회전은 다음과 같다.

 점, 점, 점, 오목

이 두 가지 상징은 일련의 기본 회전을 통해 자리가 바뀌어도 **동등한 상징**이 된다. 예를 들어 다음 네 가지의 상징은 회전을 고려하면 모두 같다.

오목, 점, 점, 점
점, 점, 점, 오목
점, 점, 오목, 점
점, 오목, 점, 점

각 줄은 이전 줄의 기본 회전으로 얻는다. 마지막 줄에 기본 회전을 적용하면 첫 번째 줄로 돌아간다.

정의: **도형**은 회전해서 서로 겹치는 상징을 묶은 **동치류**equivalence class다.

이 정의를 이해하려면 **동치류**가 무엇인지 알아야 한다. 동치류는 기본 수학 개념으로, 그 정의는 집합론 교재 어디서나 등장한다. 실제로 이 개념은 어떤 상징이 특정 도형을 정의하고 두 상징이 회전을 해도 서로 동등하면 같은 도형이라는 뜻을 말한다. 앞서 말한 네 가지 상징은 회전해도 서로 겹치는 동치류에 해당한다.

내가 원하면 단어는 계속 만들 수 있다. 각 상징에 따라 삼각형, 원, 정사각형을 정의할 수도 있다. 예를 들어 삼각형은 다음과 같은 상징을 지닌 도형이다.

점, 점, 점

같은 방식으로 n개의 점이 있는 별은 점과 오목이라는 상징이 n번 반복되는 모양이라고 말할 수 있다. 특히 뾰족한 점 5개짜리 별의 상징은 다음과 같다.

> 점, 오목, 점, 오목, 점, 오목, 점, 오목, 점, 오목

하트는 점 1개짜리 별로 정의된다.

상징과 모양을 설명하는 언어는 인내심 게임에서 인내의 필요성을 없애는 해결책을 설명하는 데 활용될 수 있다.

> **정의:** 상징의 **거울 이미지**는 **오목**을 **점**으로, **점**을 **오목**으로 바꾼 상징을 나타낸다.

따라서 점, 점, 점의 거울 이미지는 오목, 오목, 오목이고 그 반대도 마찬가지다. 두 가지 상징이 회전을 해도 동등하다면 그 두 상징의 거울 이미지도 동등하므로, 이 개념은 도형으로 확장된다. 인내심 게임 이론의 주요 결과는 다음과 같다.

> **정리:** 각 블록 B에는 단 하나의 구멍 H가 존재하고, H의 모양은 B의 거울 이미지이며, H는 B가 딱 맞게 들어갈 수 있는 유일한 구멍이다.

이 방법을 사용하면 어떤 블록이 어떤 구멍에 들어맞는지 쉽게 확인할 수 있다.

① 블록 주위로 손가락을 움직여 모양을 확인한다.

② 각 구멍 주위로 손가락을 움직여 블록의 거울 이미지에 해당하는 모양을 찾는다.

③ 거울 이미지를 발견하면 올바른 구멍을 찾은 것이므로 해당 블록을 그 구멍에 끼워 넣는다.

진정한 즐거움

모든 수학적 정의와 마찬가지로, 우리가 결정한 도형의 정의는 다소 자의적이고 까다로워 보일 수 있다.

다행히도 우리는 시각적 인식 없이도 촉각 경험이라는 단어를 통해 도형을 설명할 수 있었다. 다시 말해, 시력 장애가 있는 사람도 이해할 만한 단어로 별의 모양을 이야기할 수 있게 된 것이다. 이것은 매우 의미 있는 엄청난 성취다.

아쉬운 건 우리의 정의가 그리 매력적이지 않다는 점이다. 시각적 경험의 풍요로움과 아름나움을 온전히 담아내지 못힐 뿐만 아니라 도형이 지닌 모든 것, 즉 명확성, 보편성, 피할 수 없는 존재감, 도형을 사랑하는 모든 이유를 반영하지 못한다. 이 모든 것을 고려하면 우리가 제시한 정의는 도형의 본질을 표현하는 데 있어 매우 빈약한 대체물이다.

그러나 여기서 끝났다고 생각하는 건 어리석다. 우리는 이제 막 시작했을 뿐이다. 도형의 정의를 탐구하는 과정에서 찾은 우리의 정의는 무수히 많은 출발점 중 하나이며 완벽하다고 하기엔 아직 부족함이 많다. 하지만 더 깊이 탐구하면 별이 얼마나 뾰족한지, 얼마나 길쭉한지, 얼마나 왜곡되었는지 등의 의미를 점점 더 정교하게 포착할 단어를 얼마든지 만들 수 있다.

물론 단어를 확장하고 정확성과 세부 사항을 추가하는 것만으로는 문제가 해결되지 않는다. 우리의 문제는 더 심오한 차원에 존재한다. 보는 것은 단어의 문제가 아니다. 보는 것은 깊이 생각하지 않고도 경험하는 감각적이고 본능적인 과정이다.

도형은 회전해서 서로 겹치는 상징을 묶은 동치류이고, 별은 '점, 오목'이라는 상징을 n번 반복해 얻는 모양이라고 말하는 건 충분히 영리한 정의지만, 결코 완전히 만족스러울 수는 없다. 우리는 로봇이 아니다. 게다가 디스토피아적 관료가 발명한 듯한 인위적인 단어로 세상을 파악하고 싶지도 않다. 우리는 생각하지 않고 직관적으로 '보고' 싶을 뿐이다.

수학의 공식 언어로 쓰인 텍스트를 놓고 고민하는 것은 별을 볼 수 없는 상태에서 별의 공식적 정의를 써내야 하는 시각 장애인의 처지에 놓인 것과 매한가지다. 그 정의를 직관적으로 이해하지 못하고 '행간의 생각'을 읽어낼 수 없다면 적어도 처음에는 완전히 횡설수설하게 된다.

수학적 이해란 바로 이런 과정이다. 공식적 정의를 그저 암기하는 게 아니라 올바른 정신적 표상을 스스로 만들어내어 그 정의를 직관적인 것으로 바꾸고, 그 정의가 실제로 말하는 바를 직접 '체감하는' 것이다.

따라서 별을 '점, 오목'이라는 상징을 n번 반복해 얻는 모양으로 정의하는 수학적 텍스트를 이해하는 건 공식적인 정의를 생각하지 않고도 별이라는 단어가 주어지는 순간 그 모양을 바로 떠올리는 지점에 도달하는 것이다.

수학의 진정한 즐거움은 어느 날 아침 문득 이전에는 볼 수 없었던 별이 머릿속에 보인다는 사실을 깨닫는 것이다.

수학자의 은밀한 비법은 이런 직관적 이해를 촉진하고 가속화하는 것을 목표로 한다. 그들은 보는 법을 배우는 도구로 논리와 언어를 사용한다.

이 사실이 너무 그럴듯해서 믿기 어려울 수도 있고 나와는 거리가 먼 얘기처럼 느껴질 수도 있다. 하지만 그렇지 않다. 우리는 누구나 추상적인 정의에서 시작해 직관적으로 그 의미를 파악할 능력을 이미 갖추고 있다.

누구도 우리에게 추상적인 수학 개념의 복잡한 조합 말고는 10억에서 1을 뺀 수를 머릿속에 떠올릴 수 있도록 설명을 해준 적이 없다.

999,999,999로 적히는 이 숫자는 그저 종이 위에 물리적으로 존재하는 수처럼 보이지만, 실은 믿을 수 없을 정도로 복잡한 공식적 정의를 간략하게 표기한 것에 불과하다. 실제로 이 숫자는 덧셈과 곱셈의 연쇄적 결과이며, 그 복잡한 과정을 상상하는 것만으로도 머리가 지끈거릴 것이다.

$9+9\times10+9\times10\times10+9\times10\times10\times10+9\times10\times10\times10\times10+9\times10\times10\times10\times10\times10+9\times10\times10\times10\times10\times10\times10+9\times10\times10$

$$10\times10\times10\times10\times10+9\times10\times10\times10\times10\times10\times10\times10$$

종이 위에서 이 숫자는 추상적이고 논리적이며 냉정하다. 하지만 머릿속에서는 단순하고 구체적이고 명확하다.

여기서 뭔가
일어나고 있다

학창 시절 나는 펜을 올바르게 잡지 않아 글씨를 개발새발 쓴다는 말을 자주 들었다.

수학자의 길을 걷게 된 이유는 수학을 공부하면 머릿속에서 수학을 '삽는' 올바른 방법을 배울 수 있을 것 같아서였다. 나는 내 방식대로 수학을 공부했고, 그럭저럭 잘 되긴 했지만 내 방식이 옳은지는 전혀 확신할 수 없었다.

내 학업과 연구 경력을 쌓는 내내 가장 놀라웠던 점은 수학이 진지하거나 시간을 들일 만한 가치 있는 학문이 아니라는 듯 이 분야에 대한 정식 교육을 받은 적이 없다는 사실이었다.

내가 좀 순진했던 건 맞지만, 내게 수학에서 가장 중요한 문제는 어떤 정리가 참인지 아닌지가 아니라, 왜 어떤 이는 수학이 쉽고 어떤 이는 어려운지였다. 고등학교 졸업 후 대학교 1학년이 되었을 때, 첫 수업은 수학적 개념을 머릿속에서 제대로 다루는 법에 초점을 맞추리라 기대했다. 교수님이 분명 그 방법을 먼저 알려주시겠지!

하지만 첫 수업은 다른 주제였다. 공식 수학에서 그 출발점은 머릿속의 보이지 않는 동작에 관한 내용이 아니라 형식 논리와 집합론이다. 내가 기다리던 설명은 다음 수업, 그다음 수업에서도 나오지 않았다. 결국 나는 그 설명을 기다리지 않기로 했다.

하지만 몇 주 후, 임의 차원의 벡터 공간을 공부하기 시작하면서 그 질문이 다시 떠올랐다. 그리고 그때부터 그 질문에 진지하게 몰두했다.

1차원 벡터 공간은 그저 선일 뿐이다. 2차원 벡터 공간은 평면이다. 우리는 3차원 벡터 공간에 살고 있다. 아니 적어도 그렇다고 믿는 편이다. 물론 아인슈타인은 꼭 그렇지 않다는 걸 보여주었지만.

굳이 3차원에서 멈출 이유는 없다. 논리적 형식주의를 활용하면 계속 확장할 수 있다. 4차원, 5차원, 6차원 등 임의의 차원을 정의할 수 있다. 원하면 24차원에서 기하학을 연구할 수 있고, 196,883차원에서 연구할 수도 있고, 혹은 n차원(n은 임의의 자연수)에서도 얼마든지 가능하다.

이 공간들은 실험실에서나 볼 수 있는 호기심 거리가 아니다. 주변 세상을 이해하는 데 꼭 필요한 기본 개념이며, 이미 현대 과학 기술에서 핵심적인 위치를 차지하고 있으므로 100년이 넘는 시간 동안 정수처럼 기본 어휘의 일부가 되었다.

다중 차원에서 생각하는 법을 배운 적이 없다면 인생의 큰 기쁨

중 하나를 놓친 셈이다. 한 번도 바다를 본 적이 없거나 초콜릿을 먹어본 적이 없는 것과 같다.

상상력의 산물

2차원이나 3차원에서 기하학을 다룰 때 우리가 이야기하는 개념을 쉽게 보여줄 방법이 있다. 바로 그림을 그리는 것이다. 예를 들어 3차원 공간에서는 정삼각형 20개를 조합해 그림과 같이 면이 20개인 정다면체를 만들 수 있다.

오랫동안 알려진 이 놀라운 입체는 **정이십면체**라고 한다. 그림을 보면 정이십면체가 공간에 떠 있는 것 같지만, 눈앞에 있는 입체는 사실 입체가 아니다. 우리가 보고 있는 건 정이십면체 이미지가 있는 2차원 공간이다. 더 정확히 말하면 이 이미지는 **투영**projection

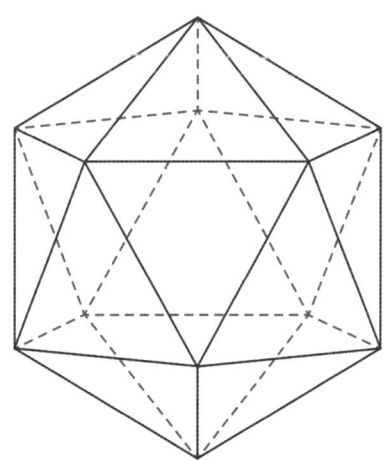

이라고 한다. 즉 가상의 3차원 정이십면체가 2차원에 드리운 그림자다.

우리 뇌는 2차원 투영을 통해 3차원 객체를 쉽게 재구성할 수 있다. 예를 들어 여행 사진을 보면 3차원 공간에서 벌어지는 장면을 보는 듯한 느낌이 든다. 특별한 노력이 필요하거나 피로감을 느끼거나 철학적 고민이 생기지도 않는다. 사진 속 장면이 실제로 2차원 공간에서 일어난 일이라고 믿지도 않는다. 3차원적 인식이 단지 추상적 개념이며 상상력의 산물인 정신적 재구성에 불과하다고 생각하지도 않는다. 사진 속 장면이 환상이라고 느끼지도 않는다.

게다가 우리 뇌는 이미지가 보여주지 않는 것까지도 볼 수 있다. 정이십면체의 투영을 보는 것뿐만 아니라, 살짝 집중하면 머릿속으로 돌려볼 수도 있다. 물론 실제 그림은 완벽하게 정지되어 있다. 하지만 그렇다고 해도 머릿속으로 정이십면체를 '돌린다'는 말이 무슨 뜻인지 쉽게 이해할 수 있을 것이다.

예를 들어 정이십면체를 수직축 기준으로 5분의 1만큼 회전시키면 처음과 똑같은 정이십면체가 나타난다. 회전 불변성은 정이십면체의 잘 알려진 성질이다.

만약 정이십면체를 단순히 정삼각형 20개로 둘러싸인 추상적 구조로 정의했다면, 그 구조를 상상할 방법을 제공하지 않았다면, 회전 불변성을 이해하기가 훨씬 어려웠을 것이다. 하지만 그림을 그리면 훨씬 쉽게 이해할 수 있다.

시각적 직관은 특정한 수학적 성질을 명확하게 해준다. 정신적 표상이 없다면 그 성질들은 전혀 명확하지 않을 것이다. 그래서 수학적 정의를 정신적 표상으로 바꾸는 게 매우 중요하다. 수학적 객체를 상상할 수 없으면 제대로 이해하지 못한다는 느낌이 든다. 그리고 그 말은 사실상 맞다.

볼 수 없는 이들을 위한 기하학

처음으로 4차원 기하학에 대해 들으면, 이 4차원이 무엇인지 궁금할 것이다. 시간일까, 아니면 다른 무언가일까?

정답은 4차원은 원하는 대로 정의될 수 있다는 것이다.

2차원, 즉 평면에서 기하학을 다룰 때, 한 점은 보통 x와 y라고 불리는 두 좌표로 결정되고, 이 좌표들은 원하는 어떤 의미로도 해석할 수 있다.

- 지도를 볼 때, x는 경도, y는 위도다.
- 건물의 외관을 그릴 때, x는 길이, y는 높이다.
- 토끼 개체 수의 증가를 나타낼 때, x는 시간이고 y는 토끼 수다.

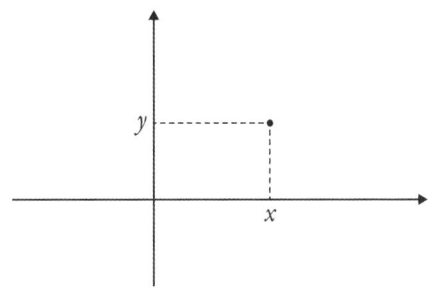

같은 방식으로, 10차원 공간의 한 점은 $x_1, \cdots, x_{10}$이라 불리는 10개의 좌표로 결정된다. 만약 이 좌표들로 무언가를 나타내고 싶다면 원하는 대로 의미를 부여하면 된다.

만약 침입종 토끼 개체 수의 지리적 확산을 설명하고 싶다면 경도, 위도, 시간, 개체 수 밀도 등 4개의 좌표가 필요하므로 4차원으로 생각해야 한다.

4차원 기하학이 추상적 개념이라는 말은 사실이다. 그러나 단순하고 자연스러운 추상이기도 하다. 현실에 전혀 존재하지 않는 개념을 자연스럽게 받아들이는 것처럼 우리 뇌는 4차원을 받아들일 수 있으며, 때로는 구체적으로 느끼기도 한다. 침입종 토끼 개체 수의 지리적 확산이라는 개념 자체도 추상적이다. 이 개념이 구체적으로 보인다면, 이미 우리 뇌가 4차원의 존재를 받아들였고 이를 구체적으로 느끼기 때문이다.

일반적인 생각과 달리 수학을 이해하기 어려운 이유는 결코 추상성 때문이 아니다. 추상성은 인간의 보편적인 사고방식이다. 우리가 사용하는 단어들은 모두 추상적이다. 말을 하고 문장을 만드는 것은 추상적 개념을 조작하고 조합하는 과정이다. 이런 관점에서 보면 4차원 기하학이 2차원보다 더 추상적이라고 할 수 없다. 4차원 기하학의 문제는 추상성과 아무런 관련이 없다. 단지 문제는 4차원 기하학을 시각화하기 어렵고 그리기도 까다롭다는 것이다.

고차원 기하학을 다루는 과정은 마치 시각을 잃은 상태에서 도형을 배우는 것과 같다. 고차원 기하학은 앞 장에서 논의한 촉각 이론과 비슷하다. 즉 시각적 단서를 활용하는 대신 수학적 언어와 형식주의를 이용해 의미는 매우 정확하지만 시각적 해석이 간단하지 않은 기하학적 어휘를 정의한다. 모든 것은 좌표에 기반한 공식으로 설명할 수 있다. 예를 들어 두 점 사이의 거리를 각 점의 좌표로 정의하는 공식이 존재한다.

처음에는 이 새로운 어휘에 익숙하지 않아 직관적인 시각적 의미를 부여할 수 없다. 그래서 4차원 기하학은 2차원 기하학처럼 도형 및 직접적인 시각적 직관 중심으로 가르칠 수 없다.

예를 들어 4차원에서 정이십면체에 해당하는 도형이 있다. 이 도형은 600개의 면이 있는 입체로, 정이십면체보다 훨씬 더 정교하고 아름답다. 더 정확히 말하면, '600개의 초면 hyper-side'이 있는 '초정이십면체'라고 해야 한다. 이 초면은 정삼각형으로 둘러싸인 3차원 입체, 즉 정사면체다. 각 초면은 4개의 면이 있고, 이를 통해 4개의 다른 평면과 연결된다. 총 600개의 초면, 1,200개의 면, 720개의 모서리(삼각형의 양면), 120개의 꼭짓점이 있다.

이 입체를 시각적으로 떠올리기 어렵다면, 그림을 제시하겠다.

다음 페이지에 나오는 그림은 4차원 초정이십면체를 2차원에 투영한 그림자다(또는 물체의 그림자는 빛의 방향에 따라 변하기 때문에 여러 그림자 중 하나라고 할 수 있다).

이 그림을 보면 4차원 공간에 매달린 '초정이십면체'가 눈앞에 떠 있는 것처럼 느껴질 것이다.

나 역시 이 입체가 눈앞에 떠 있는 걸 보고 싶다. 한눈에 그 형태를 파악하고 다차원적 두께까지 느껴보고 싶다. 하지만 안타깝게도 현실은 그렇지 못하다.

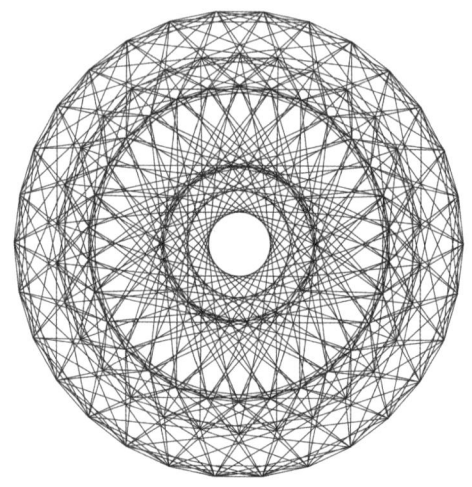

내 머릿속은 2차원 그림자에서 4차원 객체의 정신적 표상을 즉각적이고 자연스럽게 만들어내지 못한다. 하지만 초정이십면체라는 물리적 존재는 인식할 수 있다. 다만 그림에 의존하지 않고 다른 방식으로 인식한다.

진짜인 거짓 표상

수학을 공부하면서 나는 다른 이들과 별반 다르지 않다는 사실을 빠르게 깨달았다. 나 역시 2차원이나 3차원에서처럼 고차원 기하학적 도형을 볼 수 있는 능력이 없었다.

하지만 동시에 매우 미묘하고 예상치 못한 또 다른 현상을 찾아냈다.

이 현상은 전혀 특별하지 않았다. 그저 무대 뒤에서, 배경 속에서 조용히 진행되고 있었고, 쉽게 눈치채지 못할 수도 있었다. 어쩌면 내가 알아차리기도 전에 줄곧 계속되고 있었는지도 모른다.

어쨌든 내가 18번째 생일을 몇 주 앞두고 고차원 기하학을 공부하기 시작한 바로 그 순간에야 나는 이 현상을 알아차렸다. 내가 배운 추상적인 기하학적 개념이 다소 기묘한 시각적 심상을 불러일으키고 있었다.

이 심상들은 매우 희미했고, 그 의미 또한 분명하지 않았다. 머릿속에서 순식간에 스쳐 지나갈 만큼 혼란스럽고, 모호하고, 희미했다. 또한 불안정하기도 했다. 그런 심상이 있을 때도 있었고 없을 때도 있었다. 문득 모습을 드러낼 때조차 그 심상들은 항상 순진했다. 아니나 다를까 그 심상들은 매번 잘못된 것이었다.

마치 내 머리가 2차원과 3차원의 심상을 억지로 엮어 고차원 기하학을 보려고 애쓰는 것 같았다. 그 결과는 터무니없이 현실과 거리가 멀었다. 단순히 살짝 잘못된 게 아니었다. 손으로 그린 원이 완벽하게 둥글지 않아 원이 아니라는 것과는 차원이 달랐다. 내 정신적 표상들은 기괴할 정도로 거짓투성이였다.

나는 파리에서 가장 명망 있는 대입 예비학교 루이르그랑 Louis-le-Grand에서 공부하고 있었다. 그리고 엄격하고 진지한 수학, 즉 공리와 정의, 명제, 정리, 증명, 기호, 공식을 모두 갖춘 공식 수학을 배우고 있었다. 수업은 논리적이고 체계적이었다. 나는 수학을 엄밀하고 정확하게 쓰는 법을 알아가고 있었다.

하지만 어떤 이유에서인지 내 순진한 직관은 완전히 사라지지 않았다. 마치 무의미함에 빠지기를 거부하는 것 같았다. 직관은 제대로 작동하지 않았고, 오히려 기괴한 결과를 낳았다.

내 머릿속 표상들은 유치원생이 휘갈긴 낙서 같았다. 몸통의 중요한 일부는 까마득히 잊은 채 팔과 다리를 머리에 바로 붙인 그림과 다를 게 없었다. 아니, 사실은 어렴풋이 뭔가 빠뜨렸다는 걸 인식했지만, 그게 뭔지 정확히 알지 못하는 혼란스러운 상태였다. 뭔가 잘못되었다는 사실은 알아도 그게 무엇인지는 정확히 말할 수 없었다.

문득 네다섯 살 때의 기억이 또렷이 떠오른다. 어느 날 나는 선생님을 불러 내 그림이 좀 이상한 것 같다고 말했다. 뭔가 이상해요. 그게 뭘까요? 선생님은 다 괜찮다고, 내 그림이 아주 멋지다고 대답했다. 그 순간 선생님이 날 놀리고 있는 것 같아 기분이 상했다.

나는 이 경험을 되풀이하고 싶지 않았고, 내 머릿속 표상이 잘못되었다는 이유로 손을 들어 물어보고 싶지도 않았다. 모든 사람 앞에서 조롱당하고 싶지 않았다. 그래서 본능적으로 내 거짓된 표상들을 쓸데없는 잡념처럼 떨쳐버렸다.

만약 루이르그랑에서의 성공 비결이 네 살짜리처럼 사고하고 머릿속에 낙서를 그리는 것이라면, 다들 그 방법을 썼을 것이다.

사물을 단순하게, 이미지로만 보라고 고집하는 건 이치에 맞지 않았다. 복잡하고도 진지한 단어를 사용해 논리적으로 체계적으로 생각하는 방법을 배워야 할 때였다. 어른처럼 행동해야 했다.

크고 작은 파이프

당시 나는 논리가 사고에 도움이 된다고 믿었다. 스스로 논리적인 생각을 할 수 없었지만, 그건 나한테 문제가 있어서라고 생각했다. 수학을 공부하면 그 문제를 해결하리라 믿었고, 그 첫걸음은 순진하고 잘못된 정신적 표상을 없애는 것이라고 생각했다.

하지만 모든 잘못된 표상들 속에서, 내가 떨쳐내고 싶었던 기생충 같은 생각들 가운데 다른 것보다 덜 잘못된 하나를 발견하고 깜짝 놀랐다.

벡터 공간을 공부할 때 선형 사상, 핵, 계수, 차원, 여차원 개념도 배운다. 벡터 공간은 보통 문자로 표시되고, 이 문자들을 연결하는 화살표가 선형 사상으로 표현된다. 하지만 내가 벡터 공간을 더 크거나 작은 통으로(각 차원에 따라), 선형 사상은 크거나 작은 파이프로(각 계수에 따라) 연결된 구조라고 상상했더니 이 개념들에 관련된 모든 연습 문제가 갑자기 명확해졌다.

그리 대단한 건 아니었다. 아주 작은 주제에 불과했고, 내가 풀지 못한 다른 문제들도 많았다. 하지만 이 주제만큼은 단순히 문제를 푸는 데 그치는 게 아니라, 그 문제들이 1,000,000,000-1=999,999,999처럼 자명해 보였다. 답이 너무 뻔히 보여 누군가가 이 문제를 묻는 것 자체가 터무니없어 보였고, 심지어 풀 줄 모르는 사람들이 있다는 사실이 더 어처구니없었다.

통과 파이프 덕에 내 삶은 더 단순해졌지만, 어떻게 내게 이런 생각이 떠올랐을까? 원래 그렇게 해야 하는 것이었을까? 사람들의 머릿속에서는 대체 무슨 일이 벌어지는 걸까? 그들은 수학적 개념을 어떻게 상상하고 있을까?

나는 어리둥절한 채로 반 친구들을 쳐다보며 친구들 머릿속에서는 무슨 일이 일어나는지 알고 싶어 그 얼굴들을 유심히 살폈다. 그리고 내가 짐작조차 하지 못한다는 사실에 큰 충격을 받았다.

거대한 의문

우리가 머릿속에서 무엇을 해야 하는지 아무도 알려주지 않았고, 그 문제는 거대한 의문이 되고 있었다.

나는 우리가 받는 교육에 근본적으로 다른 두 가지 방식이 있으며, 그 두 접근법은 서로 양립할 수 없다는 사실을 깨달았다.

첫 번째 접근법은 수학을 지식으로 대하는 것이다. 수학적 명제는 외워야 하고 기억해야 하는 정보다. 정의를 배우고, 정리를 배우고, 증명을 배워야 한다.

두 번째 접근법은 배움을 거부하는 것이다. 말하자면 수학을 하나의 감각적 경험으로 받아들이는 것이다. 수학적 명제의 유일한 기능은 정신적 표상을 생성하도록 돕는 것이며, 이 표상이 있어야만 수학적 이해가 이루어진다. 정신적 표상이 올바르면, 다른 모든 것도 명확해진다.

두 접근법은 정반대의 사고방식을 요구하기 때문에 서로 양립할 수 없다. 단순 암기만 하고 이해 불가인 것을 억지로 믿는 과정은 첫 번째 접근법에만 존재한다. 두 번째 접근법에서는 이해하지 못하는 것을 의심과 불신의 눈초리로 바라본다. "진짜? 이게 사실이라고? 말도 안 돼! 어떻게 그럴 수 있지? 이걸 어떻게 상상해야 하지?"

그때까지 나는 본능적으로 두 번째 접근법을 따랐고, 그 방식은 내게 꽤 잘 맞았다. 초등학교 때 선생님이 원의 정의를 설명했을 때, 나는 이미 머릿속에서 원을 어떻게 그려야 하는지 떠올리고 있었다. 그래서 내게는 수학이 아주 쉬웠다. 학교는 내가 이미 어느 정도 분명하게 떠올리는 표상들에 이름 붙이는 법만 가르쳐주었다.

하지만 서서히 그 길의 끝에 다다르고 있었다. 내 직관으로는 도무지 이해할 수 없고 시각화할 수 없는 심각하고 심오한 개념들을 접하게 되었다. 내 정신적 능력의 한계에 도달하고 있었다. 크고 작은 파이프의 개념이 어쩌면 마지막으로 유효한 직관이었을 것이다. 그리고 그마저도 운이 좋아서였다. 이런 순진한 표상으로 솔직히 무얼 더 기대할 수 있겠는가.

더 이상 내 직관에 의존할 수 없자, 앞이 캄캄하고 막막했다. 내게는 선택의 여지가 없었다. 마침내 내기 '배워야' 히는 순간을 맞이했다.

하지만 나는 그 의미를 잘 알고 있었다. 수학을 지식으로 대한다는 것은 수학을 이해하는 즐거움, 수학이 내 안에서 살아 움직이는 듯한 느낌을 포기한다는 의미였다. 수학을 향한 사랑을 포기한다는 뜻이었다.

불협화음을 듣는 귀

솔직히 말해, 수학이 진짜 어렵다고 느낀 건 그때가 처음이 아니었다. 중학교 입학 후 숫자를 문자로 나타낼 때 이미 겪은 일이었다. "자, n을 어떤 정수라고 하자." 아니, n이 정수라면 그냥 숫자로 말하지, 왜 굳이 알쏭달쏭하게 돌려 말하지? 그냥 대놓고 숫자로 말하면 안 되나? 나는 수학이라는 게임에서 소외되고, 아무것도 이해하지 못하고, 되게 멍청한 사람처럼 느껴졌다.

다행히도 당시 그 혼란은 오래가지 않았다. 몇 주가 지나자, 의식적으로 노력하지 않아도 문자로도 사고할 수 있다는 생각을 받아들이게 되었다. 즉 실제 숫자를 몰라도 해당 숫자에 대해 추론할 수 있게 된 것이다. 그리고 실제 숫자를 모르는 것이야말로 핵심이라는 사실도 깨달았다. 문자를 이용한 추론은 곧 모든 숫자를 한꺼번에 다루는 방법이었다. 즉 유한한 단어로 무한히 많은 계산을 하는 것이었다.

하지만 루이르그랑의 수업은 빠르게 진행되고 있었고, 도저히 극복할 수 없는 상황처럼 보였다. 매주 새로 배워야 할 개념이 열 가지나 등장했고, 나는 그 개념을 머릿속에서 어떻게 정리해야 할지 전혀 감이 오지 않았다.

바로 그 순간, 열여덟 살이 되기 직전, 나는 내 학문적 경험에서, 그리고 어쩌면 내 인생을 통틀어 가장 중요한 결정을 내렸다. 엉뚱한 생각과 기생충 같은 잡념을 무시하지 않고 받아들이기로 한 것이다. 나는 그 생각에 귀를 기울이고 진지하게 받아들이기로 했다.

물론 그렇다고 해서 그 바보 같은 생각을 곧이곧대로 받아들인다는 뜻은 아니었다. 나는 그 생각이 틀렸다는 사실을 아주 잘 알고 있었다. 그건 분명했다. 하지만 너무 뻔했더라도 내가 **정확히** 어떤 면에서 틀렸는지 제대로 말할 수 있었을까?

요즘 나는 이 지적인 방법을 이렇게 요약한다. '내 직관과 논리 사이의 불협화음을 귀담아듣기 시작했다.' 11장에서 이 불협화음의 실제 의미가 무엇인지, 공감할 만한 사례를 들어 설명할 것이다.

돌이켜보면, 아무도 알려주지 않았는데도 스스로 이렇게 결정을 내리고 올바른 방법을 찾아냈다는 게 놀라울 따름이다.

나는 같은 반 친구 자비에와 이 문제를 이야기하려고 했던 기억이 있다. 내 고민이 공식 수학이나 우리가 배우는 내용과 너무 동떨어져 있다 보니 내 뜻을 명확히 드러내는 데 한계가 있었다. 이 문제를 설명할 적절한 단어도 내게 없었다. 내 생각을 제대로 설명할 방법을 찾기까지 수십 년이 걸렸다.

이 방법이 효과 있으리라 믿을 이유도 없었고, 효과 있기를 바라지도 않았다. 그저 유치한 실험에 불과했다. 나는 단지 순수한 호기심으로, 과연 이 방법이 언제 어떻게 무너질지 정확히 알고 싶은 마음으로 이 문제를 다루고 있었다. 그리고 이 방법이 실패하리라 예상했다. 수학을 이해하는 방법이 있다는 것은 상상할 수 없는 일이었고, 우리는 어둠 속에 갇혀 있었기 때문이다.

하지만 곧 내 방법이 통한다는 것을 알게 되었다. 바보 같은 생각을 더 깊이 고민할수록 바보 같은 생각은 점점 줄어들었다. 기생충 같은 잡념에 집중할수록 그 잡념은 더 명확해졌다. 내 직관과 논리 사이의 불협화음에 귀를 기울일수록 글로 더 많이 옮길 수 있었다. 내 직관은 절대 완벽하지 않았지만, 별다른 노력을 들이지 않아도 계속 발전하고 있었다.

단 몇 주 만에 내 공부 방식이 완전히 바뀌었다. 그리고 학교 수업을 내 직관의 기준점으로 활용하기 시작했다. 나는 선생님이 다음에 무슨 말을 할지 예측해보려고 했다. 대부분 틀리긴 했지만, 그 덕분에 내 직관이 어디까지 옳은지 파악할 수 있었다. 내가 아는 부분은 워낙 잘 이해한 터라 그 부분은 믿고 넘어가고 나머지 다른 부분에 집중할 수 있었다.

제대로 이해하지 못한 부분은 어째서 이해하지 못했는지 깨달을 때까지 계속 되돌아갔다. 그리고 결국, 그 과정은 이해의 길을 터준 열쇠가 되었다.

우리의 평범한 직관

학교가 수학의 인간적 현실을 가르치지 않는 한, 모든 수학자는 독학자가 될 것이다.

수학이 직관의 문제라고 말하는 것만으로는 충분하지 않다. 직관은 누구나 쉽게 접근할 수 있다는 설명과 더불어 이 직관을 발전시키는 방법을 제시해야 한다. 수학적 직관이 선택받은 소수에게만 주어진 특별한 능력이라는 신화보다 더 위압적인 것은 없다.

수학적 직관은 우리가 일상에서 사용하는 바로 그 직관과 동일하다. 다만 언어와 논리와의 끊임없는 대결을 통해 발전하고 견고해진다. 수학적 직관은 하늘에서 뚝 떨어진 선물이라고 믿는 대신 스스로 그 직관을 갈고닦으면 온전한 자기 것이 된다.

수학은 종종 정원 가꾸기와 비슷하다. 잡초를 뽑고, 씨를 뿌리고, 가지를 치고, 물을 뿌린다. 처음에는 아무것도 자라지 않는 것처럼 보이지만, 어느 날 한층 자랐음을 깨닫는다. 공간에 대한 평범한 인식에서 시작해 그것을 어떤 차원에서든 직감적으로 사고할 수 있을 만큼 발전시킬 수 있다는 게 믿기 어려울 수 있다. 하지만 실제로 그렇다.

수학 지능에 대한 잘못된 믿음, 미신과 억압의 이면에는 정신적 가소성과 그것을 지배하는 법칙에 대한 무지가 숨어 있다. 이 내용은 다음 장에서 다시 살펴볼 것이다.

왜 수학 교육이 이 점을 꾸준히 놓치는지는 아직도 내게 미스터리로 남아 있다. 선생님들 스스로 이 사실에 대해 말할 자격이 없다고 느끼는 걸까? 자기 직관을 쉽고 간단한 언어로 설명하고, 자기 머릿속의 순진한 표상을 인정하는 이는 극히 드물다.

그럼에도 몇몇 위대한 수학자들은 놀랄 만큼 담담하게 이런 태도를 보여주었다. 피에르 들리뉴Pierre Deligne가 대표적인 예다. 그로텐디크의 제자 중 가장 성공한 사람이자 비범한 수학자인 들리뉴는 (그로텐디크는 "들리뉴가 나보다 낫죠"라고 말하곤 했다) 1978년에는 그 유명한 '베유 추측Weil conjectures'을 해결한 공로로 필즈상을, 2013년에는 아벨상을 받았다.

2013년 아벨상 인터뷰에서 들리뉴는 자신의 연구 방식에 대한 질문을 받았다. 이 인터뷰에서 그는 자신의 직관과 고차원 기하학에 대한 인식을 이야기했다. 그 일부를 소개하면 다음과 같다.

> 참과 거짓을 추측할 수 있는 능력이 중요합니다….
> 나는 증명된 명제를 잘 기억하지 못해요. 대신 머릿속에 여러 표상을 모아두죠. 그 표상은 모두 잘못되었고 각각 다른 방식으로 잘못되었지만, 나는 왜 잘못되었는지 알고 있습니다….
> 내 표상들은 매우 단순해요. 나는 머릿속에서 평면 위의 원과 그 원을 휩쓸고 지나가는 움직이는 선 같은 것을 그리지만, 그 그림들이 틀렸다는 걸 압니다. 그 그림은 1차원이 아니라 고차원이기 때문입니다….
> 나는 항상 단순한 표상을 조합해요.

수학적 직관은 매우 진부하고 단순하고 어리석어서 그 직관을 쓰레기통에 버리지 않으려면 상당한 자신감이 필요하다. 그래서 어린 시절이 지나면 한 가지 바람만 남는다. 자신의 잘못된 직관을 잠재우는 것이다. 나 역시 한때 나의 어리석은 생각과 쓸데없는 잡념을 없애야 한다고 생각해서 거의 그럴 뻔했다.

'잘 모르겠다'고 수줍게 속삭이는 그 작은 목소리가 바로 수학적 직관이다. '넌 멍청해'라고 시끄럽게 떠드는 목소리와 혼동하지 마라. 그 작은 목소리가 우리를 이끌 것이다. 바로 그 목소리에 귀 기울여야 한다. 그 목소리를 평생 아끼고 보호해야 한다.

보는 기술

나는 고차원 도형을 생각할 때 시각적으로 꽤 명확하게 인식한다. 하지만 물리적 세계에서 물체를 보는 방식과는 다르다. 특정한 면, 특정한 조각, 내가 흥미를 느끼는 세부 사항만 볼 뿐이다. 전체를 완전히 볼 수는 없다. 하지만 그 도형의 존재를 온몸으로 어렴풋이 감지한다.

4차원이나 5차원에서는 3차원에서 보는 방식으로 보는 게 불가능하다고 한다.

하지만 빌 서스턴은 할 수 있었다. 이 놀라운 능력은 매우 희귀하며, 심지어 수학자들 사이에서도 감탄을 자아낼 만큼 서스턴의 전설적인 업적에 한몫했다.

이 능력에 위축되는 건 당연하다. 위대한 수학자가 생물학적으로

우리보다 우월한 뇌를 타고났다는 증거로 인정하고 싶기도 하다. 하지만 서스턴의 개인사를 알게 되면 이 재능이 천부적이라는 가설은 들어맞지 않는다는 걸 알게 된다. 서스턴의 이야기는 태어날 때부터 세상을 5차원으로 보는 능력을 타고난 외계인의 이야기가 아니다.

오히려 그 반대다. 그의 이야기는 처음부터 장애를 안고 태어나 어린 시절 몇 년 동안 3차원 세상을 볼 수 없었던 어린 소년에 관한 것이다.

서스턴은 선천적으로 심한 사시를 갖고 태어났다. 두 눈의 시야가 전혀 일치하지 않았다. 그래서 물체를 볼 때 한 번에 한 눈으로만 볼 수 있었다. 두 눈으로 들어오는 이미지가 하나로 합쳐지지 않아 깊이조차 직접 알아볼 수 없었다.

다행히도 서스턴은 매우 헌신적이고 다정한 어머니를 두었고, 어머니는 아들이 장애를 극복할 수 있도록 많은 시간과 정성을 쏟아부었다. 서스턴이 두 살이 됐을 무렵, 어머니는 색과 무늬로 가득한 특별한 책을 보여주며 오랜 시간 아들의 재활 훈련을 도왔다.

기하학을 향한 서스턴의 거의 본능적인 애착, 그의 삶을 관통한 사랑은 바로 이 시기로 거슬러 올라간다. 공간, 재료, 질감, 형태에 대한 사랑은 그의 연구 전체를 뒷받침했고, 그의 논문을 장식하는 멋진 그림에도 드러나 있다.

초등학교에 입학했을 때 서스턴은 시각화 능력을 확장하기 위해 매일매일 노력하기로 마음먹었다. 어린 시절부터 그는 자기도 모르는 사이에 이미 비범한 수학자가 되어가고 있었다.

서스턴이 다른 아이들보다 더 많은 시간을 들여 보는 법을 배웠다고 믿는 건 오해일 것이다. 우리는 눈을 뜨고 있는 매 순간, 주변 세상을 관찰하며 시각화 능력을 키우고 있다. 보는 법을 배우는 건 생애 첫 몇 년(그리고 그 후에도)의 주요 활동 중 하나다. 그러나 대다수 아이에게는 이 활동이 무의식적인 과정에 불과하다. 거의 의도치 않게, 크게 집중하지 않고도 자연스럽게 이루어진다.

서스턴은 이런 호사를 누리지 못했다. 그는 자연스러운 것들로 내버려둘 수가 없었다. 서스턴에게는 세상을 보는 일이 결코 본능적이지 않았다. 보는 법을 배우는 건 의식적인 프로젝트였다. 어쩌면 평생의 과업이 되었다고도 할 수 있다.

포스버리는 다른 선수들처럼 점프할 수 없었기에 자신만의 점프 방식을 발명해야 했다. 서스턴 역시 남들처럼 볼 수 없었기에 자신만의 보는 방식을 발명해야 했다. 포스버리는 자신의 방식으로 더 높이 뛸 수 있었다. 서스턴이 그랬듯이, 우리도 더 잘 보려고 의도적으로 노력하면 대상의 핵심까지 더 멀리, 더 분명하게 볼 수 있다.

우리가 세상을 3차원으로 직접 보고 있다고 믿지만, 사실은 망막에 포착된 2차원 이미지를 무의식적으로 조합하고 있다. 공간을 인식하는 이런 방식은 불완전하다. 객관적인 인식이 아니라 주관적인 인식이며, 원근법의 영향으로 바라보는 위치에 따라 왜곡되기 쉽다. 더 심각한 건 국소적 관점으로 보면 세상 대부분이 우리에게 가려져 있다는 사실이다.

서스턴은 3차원적 인식에 접근할 수 없었다. 그래서 사고의 힘을 통해 자기만의 방식으로 3차원적 인식을 구축하려 노력했다. 서스턴에게 재능이 있었다면 그건 인내와 결단력이다. 아니면 기하학을 향한 사랑과 자신감일 수도 있다.

수학을 한다는 건 번개 같은 통찰과 천재적인 발상의 연속이 아니다. 동일한 상상을 꾸준히 반복하는 재교육 작업이다.

물론 작업의 진행은 더디다. 몸이 스스로 바뀌는 시간이 필요하기 때문이다. 억지로 밀어붙여도 도움이 되지 않으며, 오히려 해를 끼칠 수도 있다. 중요한 건 꾸준히 훈련에 전념하고, 침착함을 유지하고, 아무 진전이 없는 것처럼 보여도 계속 나아가는 것이다. 이는 마치 언어치료사나 물리치료사를 찾아가는 것과 같지만, 이 과정은 혼자서, 그리고 머릿속에서만 이루어진다.

더 멀리 보기

서스턴은 의식적이고 성실하게 세상을 그리는 능력을 발전시켰다. 끈질기게, 머릿속에서 2차원 이미지를 이어 붙이며 3차원으로 보는 법을 배울 수 있었다.

하지만 거기서 멈추지 않았다. 서스턴은 같은 기법을 적용하면 더 멀리 볼 수 있다는 사실을 깨달았다. 3차원의 이미지를 조합해 4차원으로 보는 법을 익혔고, 4차원 이미지를 연결해 5차원으로 보는 능력까지 터득했다.

단지 3차원만 보더라도 서스턴의 접근법은 이전에 아무도 보지 못한 것들을 볼 수 있게 했다. 1982년에 공식화된 그의 '기하화 추측geometrization conjecture'은 바로 3차원에 관한 것이다. 추측은 어떤 명제가 옳다고 믿지만, 아직 증명되지 않은 상태를 말한다. 즉 이유는 알 수 없지만 무언가가 옳다고 느끼는 것이다. 본질적으로 추측은 통찰력 있고 직관적인 행동이다.

서스턴의 추측은 획기적인 돌파구였다. 특히 1904년에 제기된 뒤 오랫동안 풀리지 않아 2000년에 가장 심오하고 어려운 일곱 가지 수학 문제(밀레니엄 문제) 중 하나로 선정되었고, 해결할 시 100만 달러의 상금을 주는 그 유명한 푸앵카레 추측까지 포함하고 있다.

2003년 그리고리 페렐만이 서스턴의 추측을 증명할 수 있었다. 따라서 그는 푸앵카레 추측도 풀 수 있었다. 페렐만과 100만 달러에 대해서는 17장에서 더 자세히 설명하겠다.

보는 것이 믿는 것이다

서스턴이 4차원이나 5차원으로 본다고 주장했을 때, 그 뜻은 무엇이었을까? 그는 실제로 무엇을 보고 있었으며, 여기서 보다라는 동사의 의미는 뭘까?

이런 질문에 답하는 가장 좋은 방법은 질문을 뒤집는 것이다. 우리는 정확히 무엇을 보고 있을까? 우리는 '보다'라는 단어를 어떤 의미로 사용할까?

우리는 보다라는 동사를 사용할 때 그 의미를 과대평가하는 경향이 있다. 주변을 둘러볼 때 우리 눈이 마치 의식에 바로 연결된 마법의 창처럼 세상과 직접 접촉하고, 현실에 직접 접근하고 있다는 환상을 품는다. 우리가 보다라는 동사를 이런 의미로 받아들인다면, 이에 따르는 결과를 감당할 수 있어야 한다. 사실 우리는 무언가를 실제로 보고 있는 게 아니라 단지 보고 있다고 믿을 뿐이다.

우리가 보는 것은 있는 그대로의 현실이 아니라 세상에 대한 해석이다. 다시 말해, 직접적으로 인식하지 못하는 원초적인 시각 신호를 바탕으로 기억과 상상력이 만들어내는 재구성된 이미지다. 누구나 태어난 날에는 보는 법을 아직 몰랐다. 우리 뇌가 시신경이 전달하는 원초적 정보를 해석할 줄 모르기 때문이다.

재구성 능력은 존재하지 않는 것조차 상상하게 하며 눈으로 직접 보고 있다는 착각에 빠뜨린다. 무언가를 보는 것과 본다고 상상하는 것은 별반 다르지 않다. 말처럼 큰 개미가 바로 눈앞에 있다고 상상해보자. 우리는 그 개미를 상상하고, 묘사하고, 심지어 그 개미에 대해 다양한 이야기를 할 수도 있다. 하지만 다른 이들은 우리 머릿속에 있는 거대한 개미를 직접 볼 방법이 없다.

색깔도 마찬가지다. 빨간색은 매우 특별한 느낌을 준다. 그렇다면 머릿속에 떠오르는 빨간색의 느낌은 정확히 무엇일까? 내 느낌이 다른 사람의 느낌과 같다는 건 어떻게 알 수 있을까? 어쩌면 이 질문 자체가 말이 안 될 수도 있다.

돌턴과 제라늄

우리는 시각적 감각을 묘사하고 전달하는 일에 매우 어려워하다가 1792년 가을에서야 색에 대한 생물학적 인식이 평등하지 않다는 사실을 깨달았다. 실제로 남성의 약 8%, 여성의 약 0.6%는 색맹이다.

이토록 뚜렷하고 쉽게 입증될 수 있는 사실이 인류가 색에 대해 말하기 시작한 이래 수천 년 동안 어떻게 알려지지 않은 채로 남아 있었을까?

이 사실을 발견한 사람은 물질이 원자로 이루어져 있다는 현대적 개념을 정립한 위대한 물리학자 존 돌턴John Dalton이었다. 직접 겪은 경험을 통해 이 사실을 깨달은 돌턴은 다소 선정적인 제목의 과학 논문을 통해 개인적인 놀라움을 드러냈다. 바로 〈색채 시각에 관한 기이한 사실들Extraordinary Facts relating to the Vision of Colors〉이라는 논문이었다.

돌턴은 세상에 오른손잡이와 왼손잡이가 존재한다는 사실을 처음 발견한 사람처럼 놀라움을 감추지 못한 듯하다. 하지만 그의 논문을 읽어보면, 이 오해가 수천 년 동안 지속될 수 있었던 메커니즘을 이해하게 된다.

현대 과학의 관점에서 보면 이 이야기는 꽤 단순하다. 우리가 색을 인식하는 것은 망막에 있는 특별한 세포, 원추 세포 덕분이다. 정상적인 사람의 눈에는 보통 파란색, 초록색, 빨간색 빛에 각각 민감한 세 가지 유형의 원추 세포가 있다. 우리는 파란색, 초록색, 빨간색의 상대적 비율을 통해서만 색의 미묘한 차이를 지각할 수 있다 (이 단순한 이유로 화면의 각 픽셀도 이 세 가지 색을 조합해 만든다). 돌턴은 유전적 돌연변이가 있어 그에게는 두 가지 유형의 원추 세포만 있었다. 그는 초록색 빛에 민감한 원추 세포가 없어 특정 색조를 지각하지 못했다. 한 예로 파란색과 분홍색을 구별하지 못했다. 하지만 돌턴은 그런 일을 감히 상상하지 못하는 세상에서 자랐기 때문에 남들이 보고 말하는 모든 색의 이름을 그럭저럭 익혀갔다. 그래서 그 색들을 진짜 보고 있다고 확신했다. 무언가를 놓치고 있다는 의심조차 없이 세상을 색으로 가득 찬 곳으로 보았다.

그러나 돌턴의 관점에서, 그리고 과학적 설명이 가능한 용어가 등장하기 전인 시점에서 바라보면 그의 논문은 우스꽝스러운 코미디처럼 들린다.

돌턴은 한 가지 고백으로 이야기를 시작한다. 그는 평생 색이름이 잘못됐다고 느꼈다. 사람들이 가끔 분홍색 대신 빨간색이라는 단어를 사용할 때면 어처구니가 없었다. 그에게 분홍색은 파란색에 가까웠고 빨간색과는 거리가 멀었다. 하지만 돌턴은 누구에게도 감히 말하지 못했다.

1790년 돌턴은 식물학에 흥미를 갖기 시작했다. 꽃 색깔을 구분하는 데 어려움을 겪었지만 별로 놀랄 일은 아니었다. 그냥 다른 이에게 도움을 청하면 그뿐이었다. 하지만 꽃이 파란색인지 분홍색인지 물어보면 사람들은 장난하냐는 식으로 어리둥절한 표정을 지었다. 그는 사람들이 왜 의아해하는지 궁금했지만, 깊이 생각할 겨를이 없었다. 색에 관한 모든 대화에서 생기는 어색함에 이미 익숙해져 있었다. 1792년 가을, 돌턴이 아주 특이한 성질을 가진 제라늄을 발견하지 않았다면 이런 오해는 영원히 지속되었을 것이다.

이 제라늄은 분홍색 꽃으로 알려졌지만, 햇빛을 받으면 파란색으로 보였다. 돌턴에게 이 두 색은 늘 비슷해 보였으니 별다를 게 없었다. 하지만 촛불 아래에서 제라늄을 바라본 순간, 이 꽃이 밝은 빨간색으로 변했다. 돌턴에게 빨간색은 분홍색과 전혀 다른 색이었다.

깜짝 놀란 돌턴은 친구들을 불러 이 기적적인 제라늄을 보여줬다. 친구들은 별것 아니라는 듯 시큰둥하게 반응했고, 돌턴은 크게 실망했다. 돌턴을 이해한 유일한 사람은 그의 형이었다. 이 일로 돌턴은 색채 인식에 관한 실험을 시작했고, 결국 색맹(때로는 돌터니즘 Daltonism이라고 한다)과 그 유전적 특성을 밝혀내는 데 성공했다.

이 '특별한' 이야기에는 세 가지 교훈이 있다.

첫 번째 교훈은 우리가 실제로 인식하는 것과 본다고 믿는 것 사이에 조작의 여지가 많다는 것이다. 돌턴은 색이름이 이상하다고 느꼈지만, 그렇다고 거부하지는 않았다. 오히려 있는 그대로 받아들이고 자신만의 방식으로 해석했다. 색맹이 아닌 사람들과는 다른, 그러나 전혀 빈약하지 않은 자신만의 색채 척도를 만들어냈다. 가장 눈에 띄는 예는 분홍색과 빨간색을 구분하는 미묘한 차이에 대한 그의 예민한 감각이었다. 돌턴은 이 미묘한 차이를 색맹이 아닌 사람보다 더 강렬하게 느꼈다. 마치 시각 장애인이 촉각과 소리에 과민하게 반응하는 것과 같았다(이 부분은 뒤에서 다시 다룰 예정이다).

두 번째 교훈은 과학적 발견의 과정에 관한 것이다. 돌턴의 강점은 엄청난 추론 능력이 아니라 무언가 잘못되었다는 걸 직감하고 그게 무엇인지 알아낼 때까지 절대 멈추지 않는 끈기였다. 위대한 과학적 발견이 되기 전에는 단지 이상한 느낌에 불과했다. 수만 년 동안 수십억 명의 색맹이 이상한 느낌을 경험했지만, 이를 말로 정확히 표현할 수 없었다.

그리고 세 번째 교훈은 이렇다. 우리는 우리와 같은 것을 보지 못하는 사람들과도 그 차이를 전혀 인식하지 못한 채 평화롭게 공존할 수 있다. 그 이유는 간단하다. 우리는 다른 이의 머릿속을 들여다볼 수 없을뿐더러 말 그대로, 그들이 보는 것을 볼 수 없기 때문이다.

돌턴이 파란색이 분홍색과 비슷하다고 말했을 때, 색맹이 아닌 사람들은 그의 말을 진지하게 받아들이지 않았다. 서스턴이 5차원을 본다고 말했을 때도, 다른 평범한 사람들은 그 말을 믿지 않았다.

색맹인 사람들이 날 놀리는 건 아닌지(혹은 색맹인 경우, 색맹이 아닌 사람들이 날 놀리는 건 아닌지) 확인할 수 있는 쉬운 방법이 있다. 바로 이시하라 색맹 검사Ishihara test다. 이 검사는 다양한 색의 작은 원으로 이루어진 그림을 이용해 특정 원이 같은 색인지 아닌지에 따라 각각 다른 숫자로 인식하게 한다. 한 예로 색맹인 사람들은 검사 판에 있는 숫자를 21로 확신하는 반면, 다른 이들은 74로 확신한다.

그러나 상상력에는 이시하라 검사가 없다. 누군가가 5차원을 볼 수 있다고 해도 그것을 확인할 직접적인 방법이 없다.

서스턴이 실제로 무엇을 봤는지 모르지만, 그의 수학적 업적을 보면 내가 보지 못한 많은 것을 봤다는 사실에 조금도 의심의 여지가 없다. 서스턴의 문제를 보면 그의 시각적 경험을 우리와 나누려고 매우 애쓰는 듯하다. 서스턴은 그 실체를 직접 보여주고 싶었겠지만 현실적으로 불가능하다는 걸 알고 있었다. 그래서 수학 논문을 썼다.

보는 것은 분명한 것을 발견하는 것

서스턴은 「뉴욕타임스」와의 인터뷰에서 이렇게 요약했다. "사람들은 내가 어떻게 4차원이나 5차원을 시각화하는지 잘 몰라요. 5차원 도형은 사실 시각화하기 어려워요. 하지만 그렇다고 해서 생각할 수 없는 건 아니에요. 생각하는 건 결국 실제로 보는 것과 같죠."

마지막 문장은 약간의 설명이 필요하다. 다음 장에서 빠르고 직관적인 사고방식과 느리고 성찰적인 사고방식 사이의 미묘한 차이를 얘기해볼 것이다. 수학자에게 '본다'는 것은 곧바로, 별다른 숙고 없이, 마치 그 대상이 실제로 존재하는 것처럼, 또 사물이 바로 눈앞에 있는 것처럼 빠르고 직관적인 방식으로 사고하는 것을 의미한다.

인식의 시각적 특성보다는 접근의 용이성과 즉시성이 더 중요하다. 보는 것은 분명한 무언가를 발견하는 것이다. 어원학적으로도 그렇고('분명한'이라는 뜻의 단어 evident는 '보다'라는 뜻의 라틴어 videre에서 유래했다) 일상생활에서도 마찬가지다. 얼음덩어리를 보면, 그 온도를 직접 볼 수는 없지만 차갑다는 건 분명하게 알 수 있지 않은가.

세상을 위한 귀

벤 언더우드Ben Underwood는 1992년 캘리포니아에서 태어났다. 그가 겨우 두 살이었을 때, 어머니는 아들의 한쪽 눈 망막에서 이상한 반짝임을 발견했다. 망막암이었다. 세 살 때 벤은 두 눈을 모두 제거하는 수술을 받아야 했다. 사람들은 이따금 '시각 장애인'이라는 말을 완곡한 표현으로 사용하지만, 벤의 경우에는 완곡어법 뒤에 숨을 필요가 없었다. 그는 아예 앞을 보지 못했다.

그러나 일곱 살이 되던 해에 벤은 자신에게 마법 같은 능력이 있다는 걸 깨달았다. 혀 차는 소리를 내면 주변 세상을 볼 수 있었다.

물론 진짜 마법은 존재하지 않는다. 벤은 그저 박쥐나 돌고래처럼 반향 위치로 보는 법을 배웠을 뿐이다. 혀 차는 소리는 음파 신호다. 모든 물체는 특징적인 반향을 되돌려 보내며 자신의 위치, 크기, 형태, 질감에 대한 정보를 전달한다.

우리는 이미 반향음이 주변 공간에 대한 정보를 줄 수 있다는 걸 알고 있다. 욕실과 대성당의 내부를 구분하려면 그냥 듣기만 하면 된다. 그리고 어쩌면 어느 날 아침 눈을 뜨기도 전에 밤새 눈이 내렸다는 사실을 직감하는 멋진 경험을 했을지도 모른다. 정적의 질감이 달라졌기 때문이다.

다만 믿기 어려운 사실은 오직 귀만 사용해 주변 세상의 이미지를 신뢰하고 세밀하게 재구성하는 일이 실제로 가능하다는 것이다. 이것이 바로 벤 언더우드가 해낸 일이었다.

그 방법을 설명해준 사람도, 그게 가능하다고 말해주는 사람도 없이 벤은 진정한 '시각' 능력을 스스로 개발했다. 과거 영상을 보면 그가 지팡이를 사용하거나 물건을 만지지 않고 자유롭게 돌아다니는 모습이 등장한다. 계단을 오르내리고, 문을 열고, 손으로 집어 들지 않아도 앞에 있는 물건의 이름을 말하고, 거리를 걷고, 나무와 나뭇가지를 가리키고, 자전거를 타고, 롤러스케이트를 타고, 자동차 주변을 요리조리 피해 다니고, 농구를 하는 등 일상의 모든 행동을 자연스럽게 해낸다.

벤 언더우드가 시각 장애인 중 최초로 반향 위치를 탐지하는 능력을 개발한 사람은 아니다. 반향 위치 탐지 능력은 거의 300년 동안 알려져왔고 문서로 남아 있다. 하지만 벤 언더우드만큼 이 능력을 이토록 완벽하게 구현한 사람은 지금까지 없었다.

벤 언더우드는 인간이 가능하다고 믿었던 능력의 한계를 깨뜨렸다. 그의 능력은 과학계뿐만 아니라 일반 대중 사이에서도 유명해졌다. 10대 시절 그는 오프라 윈프리 쇼에 출연해 자신의 이야기를 들려주기도 했다.

만약 벤 언더우드가 반향 위치 탐지 기술을 더 개발하고 그 비결을 계속 공유했다면 어떤 성취를 이뤄냈을까? 우리는 결코 알 수 없다. 벤 언더우드는 시력을 앗아간 암이 재발해 열여섯 살의 나이로 세상을 떠났다.

정신적 가소성의 법칙

빌 서스턴과 벤 언더우드는 놀라운 천재들이다. 하지만 천재란 정확히 뭘까? 지능의 문제일까? 아니면 호기심? 용기? 의지력?

나는 이 두 사람을 깊이 존경하지만, 그들의 이야기를 들려주는 이유는 내 존경심을 나누기 위해서가 아니다.

진짜 이유는 뇌의 작동 방식에 대한 우리의 근거 없는 믿음 때문이다. 우리는 뇌가 만들어내는 표상과 별개로 '실제' 세계에 직접 접근할 수 있다고 착각한다. 우리에게 주어진 엄청난 가능성을 무시한 채 우리 지능에 터무니없는 한계를 부여한다. 벤 언더우드의 이야기가 너무 믿기지 않아서 혹시 도시 괴담이 아닌지 인터넷에서 확인해보는 게 우리의 반사적 반응이다. 이것만 봐도 우리 스스로 이 경이로운 경험을 얼마나 부정하고 있는지 짐작할 수 있다.

우리 문화와 교육이 명백하게 빠뜨린 건 놀라운 정신적 가소성에 대해 가르치지 않는다는 점이며, 우리 운명이 그 가소성을 어떻게 활용하느냐에 크게 좌우된다는 사실이다. 수학 교육의 실패는 이 누락의 부수적인 피해일 뿐이다. 우연히라도 이 가소성을 수학적 사고의 도구로 재발견하지 못한 사람들은 영원히 수학을 이해하지 못한 채 살아가야 할지도 모른다.

정신적 가소성의 기본 원리에 대한 무지는 수학을 훨씬 뛰어넘는 범위에서 엄청난 낭비다. 모든 것을 알고 이해한다고 주장할 수는 없지만, 내 생각에 본질적인 요점은 다음과 같다.

1. 정신적 가소성의 힘은 매우 충격적이며 거의 초자연적이다.

빌 서스턴과 벤 언더우드의 이야기는 언제나 믿기 어렵다. 놀랍기는 하지만 어딘가 과장된 요소가 섞인 것 같다는 느낌을 지울 수 없다. 그래서 속임수가 있는 게 아닌지 의심하게 된다. 하지만 어떤 속임수도 없다. 생물학적 관점에서 보면, 이 모든 건 지극히 정상적인 현상이다.

우리가 믿지 못하는 데는 단순한 이유가 있다. 그 모든 과정이 무의식적으로 이루어지기 때문이다. 누군가가 벤 언더우드는 혀 차는 소리의 반향을 분석해 세상을 본다고 말한다면, 우리는 벤이 보통 사람은 도저히 풀 수 없는 복잡한 수학 방정식을 풀고 있다고 상상한다. 그건 사실이기도 하고 거짓이기도 하다. 종이 위에 음파의 반향을 설명하는 방정식을 풀려고 해도 주변 세상을 실시간으로 인식할 수 있을 정도로 빨리 풀 수는 없을 것이다. 따라서 벤 언더우드가 머릿속으로 그런 계산을 했을 리 만무하다.

학교에서 배운 것처럼 의식적이고 기계적인 방법으로는 이 방정식을 풀 수 없다. 그러나 우리의 정신적 가소성의 특이성은 문제를 명시적으로 정의하지 않아도 수많은 미묘한 패턴을 인식하도록 뇌를 훈련해 무의식적으로 해결할 수 있는 수단을 제공한다는 것이다.

어떤 수학자도 학교에서 가르치는 방식대로 문제를 풀지 않는다. 그런 방식으로는 진짜 혁신적인 수학을 창조하는 게 생물학적으로 불가능하다. 뉴턴의 방정식을 풀면서 걸음마를 배우는 게 생물학적으로 불가능한 것과 같다.

우리는 어떻게 걷고 보고 말하는 법을 배웠을까? 어쩌면 완전히 인식하지 못하는 과정을 통해서가 아니었을까?

만약 5차원을 시각적으로 떠올리는 것, 혹은 혀 차는 소리로 세상을 인식하는 게 불가능하다고 생각하는 기준으로 우리의 기본적인 학습 경험을 평가한다면, 결국 똑같이 믿기 힘든 결론에 도달한다. 이성적으로 생각해도 보고 걷고 말하는 법을 배우는 건 불가능해 보인다. 그런데도 우리는 해낼 수 있었다.

2. 시작은 늘 미약하다.

이런 실험을 해보자. 눈을 감고 누군가에게 손바닥을 얼굴 바로 앞에 댔다가, 아무 말 없이 치웠다가, 다시 갖다 대달라고 한다. 그 상태에서 혀 차는 소리를 내면, 벽이 바로 근처에 있을 때 그 존재감을 소리로 느끼는 것처럼 손바닥이 있을 때와 없을 때의 차이를 들을 수 있다.

이미 원시적으로나마 갖고 있는 이 능력을 출발점으로 누구든 자기만의 반향 위치 탐지 능력을 자유롭게 개발할 수 있다. 물론 처음부터 이 기술을 스스로 깨친다는 건 천재적인 발상에 가깝지만, 가능하다는 것을 알고 나면 얘기가 달라진다. 어쩌면 누군가가 이 기술을 가르쳐줄 수도 있다. 예를 들어 대니얼 키시 Daniel Kish 는 어릴 때 시력을 잃었지만, 벤 언더우드처럼 자기만의 반향 위치 탐지 기술을 개발해 지금은 젊은 시각 장애인들에게 그 방법을 가르치고 있다.

누구나 마법처럼 놀라운 능력이 있다. 결국 중요한 건 의지와 인내심, 세상에 대한 열린 마음이다.

3. 진전은 더디고 거의 감지할 수 없다.

정신적 가소성은 본질적으로 느리고 눈에 보이지 않는 현상이며, 그 진전을 실시간으로 감지하는 건 불가능하다. 그 과정이 서서히 진행되다 보니 처음에는 아무런 변화도 느끼지 못한다. 그러다 어느 순간 변화를 눈치채게 되고, 우리는 예상치 못한 변화에 놀라움을 금치 못한다. 우리도 모르는 사이, 저절로, 별 노력도 없이 일어나기 때문이다.

반향 위치를 탐지하는 능력의 경우, 하루에 한 시간씩 2~3주 정도 연습하면 상당한 결과를 얻는다고 한다. 결국 운전을 배우는 과정과 비슷하다.

새로운 운동, 새로운 언어, 새로운 일을 배울 때도 비슷한 과정을 거친다. 처음에는 그 과정에 자신을 온전히 던져야 한다. 한동안은 잘 해낼 수 없다는 생각에 우왕좌왕 헤매겠지만, 어느 날 문득 마법처럼 자연스럽게 능숙해지는 순간을 맞이할 것이다.

좌절을 부르는 완벽한 공식

10대 시절, 내 사촌 제롬이 스케이트보드를 샀을 때 나는 깜짝 놀랐다. '탈 줄도 모르는데 대체 왜 샀지?'라는 생각이 들어서다. 제롬은 스케이트보드를 타자마자 넘어졌다. 스케이트보드를 처음 배우는 사람을 보면 온종일 넘어지는 데만 시간을 보내는 것 같다. 그런데 얼마 지나지 않아 마치 마법처럼 제롬은 스케이트보드를 탈 수 있게 되었다. 그건 단순한 충격을 넘어 뭔가 불공평하고 부당해 보였다. 무능함이 보상을 받은 것 같았다.

정신적 가소성의 법칙을 무시하면 타인은 물론 자기 자신까지 과소평가하게 된다. 정신적 가소성의 핵심은 뻔뻔함을 자신감으로 바꾸는 것이다.

과정은 느리고 눈에 보이지 않으며, 처음에는 성공할 수 없을 것처럼 보인다. 그게 바로 우리의 학습 메커니즘이 가진 생물학적 현실이다.

안타까운 우연의 일치지만, 이는 좌절을 부르는 완벽한 공식이기도 하다. 혼란스럽고 느리고 불확실한 과정을 끝까지 해내려면 상당한 자기 통제력과 자신감이 필요하다.

그래서 우리는 공식적으로 배울 수 있는 것(입문 강좌나 직업 훈련 과정), 타인을 모방해 배울 수 있는 것, 혹은 자연스럽게 익힐 수 있는 것만 배우는 데 그치는 경우가 많다.

그 나머지인 비밀스럽고 눈에 보이지 않는 배움의 과정은 '재능', '타고난 소질' 또는 '초자연적 힘'으로 치부된다. 5차원을 보는 법, 반향 위치를 통해 방향을 파악하는 법, 개와 고양이의 머리를 보고 성별을 알아내는 법을 배울 수 있다고 말해주는 사람이 없으니 우리는 시도조차 하지 않는다.

심지어 우리는 자신도 모르게 습득한 '마법 같은' 능력조차 인식하지 못한다. 미소나 목소리에서 진심이 아닌 것을 감지하거나, 특정 향기로 사랑하는 사람을 알아보거나, 상대방이 말하기 전 무슨 말을 할지 알아채는 등 이 모든 것은 저절로 익힌 능력이다. 수학을 어려워하는 이들은 수 시간 만에 익숙해지는 비디오 게임이 고등학교 수학보다 인지적으로 백 배 더 어렵다는 사실마저 종종 잊는다.

어린 시절의 학습 능력을 떠올리면 재능이나 타고난 소질에 관한 터무니없는 이야기가 더는 들리지 않는다. 자신이 쓸모없다는 무력감은 접어두고 불가능할 수도 아닐 수도 있는 일에 다시 한번 10시간, 20시간을 몰입해보자. 마음을 열고, 단지 재미있어서, 무슨 일이 일어날지 궁금해서, 진정 원하기 때문에 무언가를 시도해보는 것, 그것이야말로 세상을 새롭게 발견하는 길이다.

10시간이나 20시간은 그리 긴 시간이 아니다. 반향 위치로 세상을 보는 일도 참 멋지게 들린다. 20시간만 투자해도 된다면 그 정도는 충분히 해볼 만한 가치가 있어 보인다. 하지만 어떤 일에 20시간을 쏟아부으려면, 정말로 하고 싶은 마음이 있어야 한다.

편안하고 익숙한 영역을 벗어나 10시간, 20시간 동안 진정한 탐험을 하는 것만으로도 스스로 몰랐던 놀라운 능력을 발견할 수 있다. 하지만 최근에 완전히 새로운 무언가에 10시간, 20시간 몰입한 적이 몇 번이니 있었는가?

위대한 해킹 프로젝트

박사과정을 마치기 1년 전인 스물다섯 살 때, 나는 수학을 순수한 정신적 재프로그래밍 활동으로 보기 시작했고, 내 정신적 가소성에는 한계가 없다고 가정했다.

좀 더 솔직히 말하면, 스물다섯 살의 내 인지 능력을 해킹하는 계획적이고 체계적인 프로젝트에 뛰어들기로 했다.

내 기본 기술은 변하지 않았다. 직관과 논리 사이의 불협화음을 귀 기울여 듣는 것 말이다. 이 기술은 여전히 벤 언더우드의 혀 차는 소리처럼 세상을 탐험하는 나만의 도구로 남아 있었다.

당시 내 인생에서 변한 건 나의 신념 체계와 그것에 따른 사고방식이었다. 나는 우리가 세상을 바라보고 생각하는 방식이 주어진 사실이고 각자 미리 정해진 만큼의 지능만으로 살아야 한다는 믿음을 버렸다. 그 대신 세상을 바라보고 생각하는 방식을 끊임없이 수정하고 매일 자신만의 지능을 구축할 자유가 있다고 믿기 시작했다.

16장에서 나를 이 길로 이끈 점점 더 극단적인 시각화 훈련에 관해 이야기하겠다.

이런 접근 방식의 변화는 한 가지 실질적인 결과를 가져왔다. 나는 창의적인 수학자가 되었다. 아무도 생각해내지 못한 아이디어를 떠올리고, 아무도 보지 못한 것을 보고, 아무도 증명하지 못한 정리를 증명하기 시작했다. 처음에는 쉬운 정리였지만, 나중에는 내 능력으로 도저히 불가능해 보였던 정리들까지 증명하게 되었다. 수학적 창의성은 과학으로 설명할 수 없는 위대한 신비라는 말이 있다. 그러나 내 경험에 따르면 올바른 마음가짐이 수학적 창의성을 자연스럽게 불러냈다.

하지만 이 새로운 접근 방식의 가장 큰 효과는 개인적인 삶에 있었다. 만약 내가 내 시각 피질을 해킹하고 공간 지각 방식을 수정할 수 있다면, 심지어 참이라는 개념을 이해하는 방식조차 바꿀 수 있다면 나머지는 어떻게 될까? 예를 들면 내가 당연하다고 믿었던 모든 것, 사람들이 소위 내 '특성'이라 말하는 '강점'과 '약점'은 어떻게 될까? 수줍음, 정신적 장벽, 불안감, 그리고 내 발목을 잡는 모든 것은 어떻게 될까? 내 사회적 정체성은? 이런 것들이 공간과 참에 대한 내 인식보다 덜 유연하거나 덜 가변적이거나 덜 자유롭게 재구성될 수 있다는 게 과연 가능할까?

지금도 기쁨으로 가득 찼던 아름다운 그날을 기억한다. 그날, 거리에 발을 디딘 그 순간, 나는 내 특성이 고정되고 결정된 것이 아니라 반드시 재구성될 수 있고, 그 시도는 내게 달렸다고 확신했다.

결국 특성이 고정되어 있다고 믿는 건 미신에 불과하다는 생각이 들었다.

공과 방망이

공과 야구 방망이의 가격은 총 1달러 10센트다. 방망이는 공보다 1달러 더 비싸다. 그렇다면 공은 얼마인가?

이 문제는 인지 편향 연구로 2002년 노벨 경제학상을 받은 심리학자 대니얼 카너먼의 베스트셀러 《생각에 관한 생각 Thinking, Fast and Slow》에 등장한다.

친구들과 함께 이 테스트를 해보는 걸 추천한다. 거의 매번 오답이 나올 것이다. 사람들은 대부분 공이 10센트라고 답한다. 하지만 정답이 아니다. 만약 공이 10센트라면 야구 방망이는 1달러 10센트이고(공보다 1달러 더 비싸므로), 공과 방망이의 가격은 총 1달러 20센트가 된다.

친구들의 답이 틀린 이유를 설명하면 그들도 쉽게 이해할 것이다. 그렇다고 친구들이 바로 정답을 말하는 건 아니다. 오히려 많은 핑계를 댈 수도 있다. 계산이 까다로워서, 방정식을 적어야 하는데 펜이 없어서, 귀찮아서 등등.

정답은 5센트다. 공이 5센트라면 방망이는 1달러 5센트이고, 총 가격은 1달러 10센트다.

공과 야구 방망이 문제는 카너먼의 책에서 중요한 역할을 한다. 그의 이론을 완벽하게 보여주는 예이기 때문이다. 카너먼에 따르면 우리에게는 시스템 1과 시스템 2라는 별개의 인지 시스템이 있다.

시스템 1을 사용하면 아무 노력 없이 즉각적이고 직관적인 응답을 할 수 있다. 누군가가 2+2가 얼마인지, 태어난 해는 언제인지, 코끼리와 생쥐 중에 어느 쪽이 더 무거운지 물으면 생각할 필요도 없이 바로 답을 말할 수 있다. 하지만 공이 10센트라고 잘못 대답하게 만드는 것도 바로 시스템 1이다.

시스템 2는 47×83은 얼마인지, 태어난 지 며칠이 지났는지 계산하라는 질문을 받을 때 사용된다. 답을 구하는 방법은 알지만, 생각할 필요는 있다. 아마 연필과 종이가 필요할 것이다. 한 가지는 확실하다. 그렇게까지 계산을 꼭 해야 하나 싶을 것이다. 시스템 2가 더 믿을 만하고 엄격하더라도, 다른 선택의 여지가 없을 때만 사용할 수 있다. 깊이 생각하고, 계산하고, 논리적으로 추론하는 과정은 모두 번거롭고 지겹기 때문이다.

카너먼의 이론을 요약하면 다음과 같다.

① 시스템 1이 답을 줄 때마다, 우리는 시스템 2를 동원하지 않고 그냥 그

답을 쓰고 싶어 한다. 심지어 그 답이 맞는지 확인하지도 않는다. 시스템 2는 많은 정신적 에너지와 자원을 소모하기 때문에 우리의 본능이 회피하는 것이다. 사람은 생물학적으로 지적 게으름을 선호하도록 진화했다.

② 어떤 상황에서는 시스템 1이 체계적으로 잘못된 답을 내놓기도 한다. 마치 뇌 배선 구조에 결함이 있는 것처럼 늘 같은 실수를 반복한다. 이것이 카너먼과 그의 학파가 연구하기 시작한 '인지 편향'이다. 우리는 모두 공 가격을 10센트라고 대답하고 싶어 한다.

카너먼의 책이 베스트셀러가 된 이유 중 하나는 단순한 이론적 관찰을 넘어 함정에 빠지지 않는 구체적인 방법을 제안했기 때문이다.

카너먼의 간단한 조언은 이렇다. 그의 책에 소개된 인지 편향 목록을 외운 뒤 전형적인 상황 중 하나를 인식할 때마다 시스템 1을 무시한 채 자기 성향과 싸워 시스템 2를 사용하라는 것이다.

나는 더 나은 방법이 있다고 생각한다. 이에 대해서는 뒤에서 설명하겠다.

"반칙이야!"

처음 공과 야구 방망이의 이야기를 들은 건 프린스턴 대학교에서 인지과학을 공부하고 있던 친구로부터였다. 카너먼의 책을 막 읽은 그 친구는 내게 그 테스트를 해보고 싶어 했다.

대부분의 사람들이 그렇듯 나도 본능적으로 반응했다. 그게 시스템 1이라는 사실도 모른 채 내 직관에 귀를 기울였다. 아무 생각 없이 어떤 계산도 하지 않고 내 머릿속에 떠오른 첫 번째 답을 내놓았다. "당연 5센트지."

친구는 내 대답에 살짝 짜증이 난 것 같았지만, 정확히 왜 그런지는 몰랐다. 친구는 시간을 들여 그 이유를 설명했다. 나는 "10센트"라고 답했어야 하거나 적어도 몇 초는 고민한 후 "5센트"라고 말했어야 했다. 어쨌든 아무 생각 없이 "5센트"라고 바로 답하는 건 아니었다. 친구의 야심 찬 질문에 찬물을 끼얹는 거나 마찬가지였으니까. 심지어 어떤 학자는 즉각적인 답이 불가능하다는 사실을 증명한 공로로 노벨상을 받기도 했다.

대화를 마무리하기 직전, 친구는 간단하면서도 실질적인, 완전히 틀린 말이 아닌 설명을 덧붙였다. "반칙이야! 넌 수학자잖아!"

이 테스트를 나의 친구와 동료들에게 시험했을 때, 정말 많은 사람이 "10센트"라고 대답하는 것을 보고 진심으로 놀랐다. 게다가 처음 답이 틀렸다는 사실을 인정한 후에도 우물쭈물 정답을 찾는 모습에 더욱 놀랐다. 가장 놀라웠던 점은 다들 "5센트"라는 정답이 한눈에 보이지 않는지, 이구동성으로 "계산해봐야 해"라고 말한 것이었다.

나는 마법의 제라늄을 가진 돌턴과 같았다. 단지 원추 세포를 잃은 돌턴과는 달리 내 친구들보다 더 많은 색을 볼 수 있었다. 물론 돌턴과의 또 다른 차이는 이 현상의 원인이 유전적 요인과는 아무런 관련이 없다는 것이다.

이 장의 마지막 부분에서 내가 어떻게 정답을 바로 알았는지, 그 방법을 어떻게 익혔는지 설명하겠다.

A 또는 B

공과 야구 방망이 이야기는 내 호기심을 점점 부추겼다. 나는 왜 친구들이 이토록 뻔한 정답을 쉽게 보지 못하는지 무척 궁금했다.

그래서 돌턴처럼 나도 작은 탐구를 시작했고, 나름대로 그 답을 찾아냈다. 나는 친구들에게 공의 가격을 물어본 뒤 다음 질문을 던졌다.

네 인생에서 중요한 결정을 내려야 한다고 상상해봐. A와 B라는 두 가지 선택지가 있어. 네 직관은 A를 고르라고 하지만, 네 이성은 B를 선택하라고 해. 그때 넌 어떻게 할 거야?

나는 수학자가 아닌 친구 열댓 명에게 이 질문을 던졌는데, 거의 모든 친구가 망설임 없이 직관을 따라 A를 고르겠다고 답했다. B를 선택한 사람은 단 한 명뿐이었다. 또 다른 한 친구는 명확한 대답을 하지 않고 오랫동안 망설였다.

물론 이 실험을 다른 환경에서 하면 그렇게 많은 사람이 A를 선택하리라는 보장은 없다. 내 실험 방식에는 소위 **선택 편향**이라는 문제가 있다. 내 친구들이 일반 대중을 대표하지 않을뿐더러 어쩌면 내 주변에는 직관을 따르는 사람이 많을 수도 있기 때문이다.

사실 A와 B를 선택한 비율 자체는 내 관심사가 아니다. 내가 알고 싶었던 건 나와 똑같은 답을 내놓는 사람이 있는지였다. 하지만 아무도 그러지 않았다.

결국 내 가설은 공과 야구 방망이 문제에 대한 남다른 반응 덕에 내가 수학에 더욱 능숙해졌고 그 과정에서 내 인지 편향을 다시 훈련할 수 있었다는 것이다.

불합리한 가정

카너먼은 수천 명의 미국 학생들이 공과 야구 방망이 테스트를 받았는데 "그 결과는 충격적이었다"라고 말한다. 하위권 대학에서는 오답률이 80%가 넘었고, 하버드, MIT, 프린스턴 같은 명문대 학생들조차 50%가 넘는 오답률을 보였다.

카니민의 책은 매우 흥미롭지만, 나는 '정답'과 '직관적 대답'을 대립시키는 방식을 볼 때마다 혼란스러웠다. 마치 직관적 대답은 오직 하나만 가능하고, 그 답은 반드시 틀린 것처럼 묘사한다. 예를 들어 카너먼은 이렇게 썼다. "정답을 맞힌 사람들의 머릿속에도 직관적 대답이 떠올랐다고 가정해도 무방하다. 그들은 어떻게든 직관을 잘 억눌렀다."

다시 말해, 카너먼의 논리는 나 같은 사람이 존재하지 않아도 괜찮다고 생각한다. 당연히 내 생각에는 카너먼의 이런 가정이 합리적이지 않다.

하지만 이 일화는 내 존재 여부에 관한 비교적 사소한 질문을 넘어, 카너먼의 이론과 모든 수학자가 뼛속 깊이 아는 사실에 상당한 괴리가 있음을 보여준다. 결국 누가 머릿속 계산에 관해 조언해줄 자격이 더 있는지는 개인이 직접 판단해야 한다.

카너먼은 하버드, MIT, 프린스턴의 학생 중 절반이 명백히 잘못된 직관을 맹목적으로 따랐다는 사실에 충격을 받았고, 나 역시 그만큼 놀라움을 느낀다.

하지만 카너먼이 아무렇지 않게 받아들이는 또 다른 사실에도 깜짝 놀랐다. 하버드, MIT, 프린스턴의 학생 중 절반은 그렇게 잘못된 직관을 따르는데도 어떻게 합격할 수 있었을까?

경쟁이 치열한 대학에서 공부하고 가르쳤던 나는 머릿속에서 바로 정답을 '보는' 학생들이 얼마나 엄청난 경쟁력을 가졌는지 잘 알고 있다. 다른 학생들이 어떻게 경쟁할 수 있는지 모르겠다. 아마 그 학생들은 집중 벼락치기로 보완하고 있는 듯하다. 나는 그러지 못하는 사람이라 생각만으로도 머리가 지끈거린다.

카너먼의 조언은 직관에 '저항'하고 시스템 2를 활용해야 하는 상황을 파악하라는 것이다. 카너먼은 인간이 얼마나 노력을 혐오하고, 본능적이고 즉각적인 반응만 선호하며, 시스템 1은 지나치게 사랑하고, 시스템 2는 증오하는지를 평생에 걸쳐 연구했다. 그런 사람에게서 이런 조언을 듣자니 참 아이러니하다.

나쁜 본능을 억누르고 기계적인 사고방식에 완전히 순응해야 한다는 생각은 한때 교육계에 널리 퍼진 패러다임이었다. 카너먼은 그 패러다임이 왜 효과가 없는지 충분히 잘 알고 있다.

또 한 가지 마음에 걸리는 점이 있다. 시스템 1을 경계해야 하는 것은 맞다. 하지만 시스템 2를 어떻게 받아들여야 할까? 나는 개인적으로 세 줄짜리 계산조차 실수 없이 이어가지 못한다는 사실을 깨달은 중학교 3학년 이후로는 내 시스템 2를 믿지 않는다.

하지만 가장 큰 문제는 카너먼이 우리의 직관은 늘 고정되어 있어서 재구성되거나 재프로그래밍될 가능성이 없다고 생각한다는 점이다. 만약 카너먼이 고대 로마 시대에 살았다면, 그는 '1,000,000,000 - 1'이라는 연산 결과를 직관적으로 표현하는 건 불가능하다고 말했을 것이다. 그 숫자가 인간의 직관적 사고 능력을 훨씬 초과한 것이었을 테니까.

시스템 3

인생에서 중요한 결정을 내려야 할 때, 내 직관은 A를, 내 이성은 B를 고르라고 한다면, '지금은 좀 그래. 아직 결정을 내릴 준비가 안 됐어'라고 나는 나 자신에게 말한다.

그럴 때 나는 시스템 3이라고 부르는 것에 의지한다.

시스템 3은 직관과 이성 사이의 대화를 만들어내기 위한 자기 성찰과 명상 기법의 집합이다. 우리는 꿈을 떠올리거나, 입안에 묘한 여운을 남기는 아주 잠깐의 인상을 말로 표현하거나, 가장 혼란스럽고 모순된 생각을 정리하려고 할 때마다 시스템 3을 사용한다.

열여덟 살 때, 머릿속에 떠오른 엉뚱한 표상들도 내가 그 모습을 묘사하고 명명하려고 노력하면 저절로 수정되는 경향이 있다는 사실을 알게 되었던 그때, 나는 내 직관과 논리 사이의 불협화음에 귀 기울이는 습관을 들이면서 수학을 배우는 전략의 중심에 시스템 3을 두었다. 결과는 내 기대를 훨씬 뛰어넘었다.

사람들은 누구나 시스템 3을 알고 있으며, 적어도 가끔은 사용한다. 내 수학적 여정은 시스템 3을 자발적이고 적극적으로 사용하는 게 가능할 뿐만 아니라, 그것이 인간 인지의 한계 너머로 직관적 능력을 넓혀준다는 사실을 가르쳐주었다.

수년 동안 내 직관과 논리의 조화를 향한 체계적인 탐색은 세상과 타인, 심지어 나 자신을 이해하는 나만의 방법이 되었다.

구체적으로 말하면 이렇다. 내 직관이 A를, 내 이성이 B를 고르라고 할 때, 나 자신은 심판의 위치에 선다. 내 직관을 어떻게든 말로 풀어내 단순하고 이해하기 쉬운 이야기로 설명하려 한다. 또 반대로 이성적 추론이 실제로 무엇을 말하는지 머릿속에 그려보고, 몸으로 경험하고, 그 의도를 온전히 들으려고 노력한다. 그리고 내가 정말 그 이성을 믿는지 자문한다. 이 과정에서 나는 더듬거리기도 한다. 때로는 헤매기도 하지만, 부담스럽거나 힘든 건 아니다. 오히려 흐르는 물을 바라보며 명상하듯 머릿속 한편에서 잠시 멈췄다가 다시 시작하다가 갑자기 며칠, 몇 달, 심지어 몇 년이 지난 뒤에야 문득 명확해지는 그런 과정이기도 하다.

목표는 어디서 잘못되고 있는지 이해하는 것이다. 내 직관과 논리가 같은 언어를 사용하고 있을까? 둘이 같은 주제를 이야기하고는 있나?

내 직관은 절대 완벽하지 않다. 대개 적절할 때가 많지만, 그냥 엉터리일 때도 있다. 하지만 다행히도 직관은 수정할 수 있다. 반면 논리는 틀리지 않는다. 적어도 공식적으로는 그렇다. 다만 논리는 내가 생각하는 바를 정확히 말해주는 건 아니다.

결국 거의 항상 이기는 쪽은 내 직관이다. 논리의 말에 귀 기울이도록 강요하면, 직관은 묵묵히 받아들이며 자기 입장을 조정한다. 논리는 조약돌처럼 움직이지 않는다. 그러나 내 직관은 유기적이며 살아 숨 쉬고 성장한다.

사실 이런 접근 방식을 시스템 3이라고 부르는 건 분명 어리석은 짓이다. 그냥 **생각하기** 또는 **성찰하기**라고 불러야 한다. 하지만 이 단어들의 뜻은 직관에 반해서 생각해야 한다고 믿게 만드는 특정 전통에 의해 왜곡되었다. 우리는 직관이 이성의 치명적인 적이고, 둘 사이의 어떤 대화도 불가능하며, 생각한다는 건 시스템 2에 맹목적으로 복종하는 것이라고 배워왔다.

나는 개인적으로 내 직관을 거스르는 사고를 할 수 없으며, 직관을 거스를 수 있다고 주장하는 사람들의 진정성에 심각한 의문을 품는다.

3장에서 나는 직관이야말로 가장 강력한 지적 자원이라고 말했다. 하지만 그 기대를 깨는 위험을 무릅쓰고 솔직하게 말하겠다. 직관은 마법의 묘약도, 행운의 별도, 어깨를 쓰다듬는 신의 손길도 아니다. 그보다 훨씬 더 평범하다. 직관은 눈에 보이지는 않지만 완벽하게 구체적이고 물질적인 현실, 뇌 속의 시냅스 연결망이 만들어내는 가시적인 현상이다. 이 연결망은 태아였을 때부터 우리 뇌가 끊임없이 구축하고 재구성해온 것이다.

우리 뇌에는 은하수의 별만큼이나 수많은 뉴런이 있다. 각 뉴런은 평균적으로 수천 개의 다른 뉴런과 연결되어 있다. 수백조에 이르는 이 복잡한 연결망이 머릿속 생각을 연결 짓는 네트워크다. 이 구조가 바로 뇌로 끊임없이 밀려드는 원초적 정보를 우리만의 방식으로 해석하고 의미를 부여하게 하는 틀이다. 이것이 곧 말 그대로 자기만의 세계관이다. 우리가 보고 듣고 느끼고 상상하고 원하는 모든 것, 모든 경험과 지식, 모든 기억이 이 네트워크에 암호화되어 있다. 우리의 직관은 바로 이 네트워크에서 말을 걸어온다.

직관은 가장 정교한 언어 기반의 이성보다 항상 더 강력하고 더 많은 정보를 담고 있을 것이다. 그렇다고 해서 직관이 완벽한 건 아니다. 만약 직관이 공의 가격을 10센트라고 말한다면, 그건 명백한 오류다.

내 직관도 남들처럼 오류를 범한다. 나도 늘 실수를 한다. 하지만 절대 실수를 부끄러워하지 않는다. 내 실수를 무시하지도 밀어내지도 않는다. 그 실수가 내 지적 열등감이나 나의 뇌에 고정된 인지 편향을 드러낸다고 생각하지 않기 때문이다. 오히려 그 반대다. 나는 실수가 클수록 더 흥미진진하다. 그건 항상 내가 사물을 올바른 방식으로 보고 있지 않다는 신호이며, 더 명확하게 이해할 기회가 있다는 뜻이다. 내 직관의 오류를 손가락으로 정확히 짚어낼 때면 나는 좋은 징조라고 생각한다. 내 정신적 표상들이 이미 스스로를 재구성하는 과정에 있다는 뜻이기 때문이다.

내 직관은 두 살배기의 정신 연령과 같다. 어떤 제약도 없고, 항상 배우고 싶어 한다. 누구든 자기 직관을 함부로 대하지 않는다면, 그것이 내 직관처럼 성장하려고 애쓴다는 사실을 알게 될 것이다.

공의 가격

나는 워낙 악필이고 쉽게 산만해지는 편이라 계산 실수가 잦았다. 중학교 3학년 때 이런 실수를 피하는 유일한 방법을 찾아냈다. 세 줄마다 내가 쓰고 있는 식이 여전히 맞는지, 그 식을 진짜 믿는지 확인하는 것이다. 말하자면 시스템 2의 작업을 감독하기 위해 시스템 1을 활용했다. 그때부터 나는 직관적으로 이해할 수 없는 수학적 개념은 다룰 수가 없었다.

내가 언제부터 숫자를 문자로 시각화하지 않았을까? 잘 기억나지 않는다. 하지만 앞서 말한 때와 분명 겹칠 것이다. 십진법 표기 방식이 계산에는 유용하지만, 계산의 타당성을 직관적으로 파악하고 싶을 때는 확실히 덜 실용적이다. 바로 이게 시스템 1의 장점이다. 시스템 1은 언어와 문자라는 제약에 얽매이지 않는다.

상황에 따라 나는 숫자를 다양한 방법으로 시각화한다. 예를 들어 가격은 길이의 관점으로 시각화하는 편이다. 내 친구가 공과 방망이의 가격을 1달러 10센트라고 말했을 때, 나는 즉시 다음과 같은 정신적 표상으로 그 말을 해석했다.

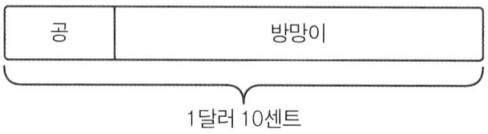

친구가 방망이가 공보다 1달러 더 비싸다고 말했을 때는 이렇게 떠올렸다.

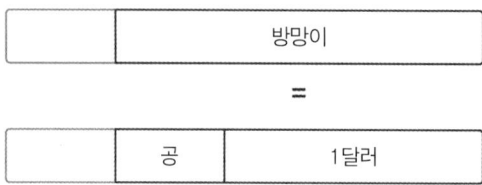

그 후 두 표상이 머릿속에서 하나로 합쳐지더니 다음처럼 변했다.

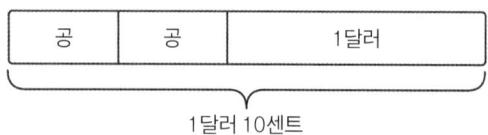

이 문제를 이렇게 시각화하면 굳이 천재가 아니더라도 공이 5센트임을 바로 알 수 있다.

정신적 표상 자체가 좋거나 나쁘다고 할 수는 없다. 정신적 표상의 가치는 무엇을 이해하게 해주는지에 있다. 이 문제를 시각화하는 방법은 셀 수 없이 많고, 내 방법이 더 낫다고 우길 마음도 없다.

내 숫자 감각은 그리 뛰어나지 않다. 만약 공과 방망이의 가격이 2,734달러 18센트이고 방망이가 공보다 967달러 37센트 더 비싸다면, 답이 바로 튀어나오지 않았을 것이다.

과거에 수많은 계산 실수를 저지른 탓에 내 머릿속에는 이런 표상들이 많다. 수학에 소질이 없다고 결론짓는 대신, 문제를 좀 더 단순하게 파악하는 간단한 방법을 찾아낸 것이다.

시간이 지나면서 나는 이 방식을 통해 다양한 정신적 표상을 구축했고, 그 덕분에 오늘날 세상을 더 깊이 이해하는 능력을 갖출 수 있었다.

공의 가격이 5센트라는 사실이 당연하게 느껴지길 원한다면, 이해하기 어려운 새로운 개념을 마주한 수학자처럼 접근해보길 권한다. 내 표상을 그대로 외우기보다는 자신에게 맞는 표상을 스스로 만들어보는 게 좋다. 가장 중요한 메시지, 항상 염두에 두어야 하는 메시지는 다음과 같다.

① 직관은 재프로그래밍할 수 있다.
② 직관과 이성이 어긋나는 순간이야말로 내면에서 사물을 보는 새로운 방식을 창조할 기회다.
③ 모든 것이 동시에, 실시간으로 일어나리라고 기대하지 마라. 정신적 표상을 개발한다는 것은 뉴런 사이의 연결을 재조직한다는 뜻이다. 이 과정은 유기적이며 나름의 속도가 있다.
④ 억지로 해결하려 하지 마라. 이미 이해하고, 볼 수 있고, 쉽게 느낄 수 있는 것에서 시작하라. 그리고 가볍게 다뤄보자. 종이에 계산식을 끄적이

며 직관적으로 해석하려고 노력하자. 필요하다면 휘갈겨 써도 된다.

⑤ 시간이 지나고 연습을 거듭하다 보면 이 활동이 직관 능력을 점점 강하게 만들 것이다. 진전이 없는 것처럼 느껴질 때도 있겠지만, 어느 날 문득 정답이 너무나 당연하게 느껴지는 순간을 맞이할 것이다.

이런 훈련은 여러 번 반복해야 한다. 정확히 몇 번을 반복해야 하는지는 잘 모르겠다. 너무 무리하게 강행할 필요는 없다. 짧게 5분씩 나눠서 연습하고, 샤워하거나 산책하면서 생각하는 편이 낫다. 무엇보다 서두르지 마라. 일주일에 한 번 또는 한 달에 한 번만 생각해도 좋다. 가장 중요한 것은 포기하지 않고 꾸준히 계속하는 것이다. 결국에는 머리가 탁 트이는 순간이 올 것이다.

수학 문제를 푼다는 건 단지 명분일 뿐이다. 진짜 중요한 점은 우리에게는 직관을 재교육하고 몸과 사고에 자신감을 불어넣을 힘이 있다는 것이다.

이 모든 과정은 놀라운 일이 아니다. 공과 방망이의 문제를 푸는 건 서프보드 위에 처음 서는 것과 같다. 카너먼은 서프보드 위에 처음 서면 물에 빠지기 마련이라고 말한다. 인간은 선천적으로 균형감각에 결함이 있으며 서프보드 위에서 일어나는 건 절대 직관적으로 될 수 없다고 결론 내린다. 카너먼은 물에서 나와 물리 법칙을 암기하라고 조언한다. 그러나 나는 다시 서프보드 위에 올라서라고 조언하고 싶다.

전기적, 기계적, 유기적 사고

이 책의 핵심 주제는 우리 문화가 뇌 작동 방식에 잘못된 믿음을 전달하고 있으며, 그 잘못된 믿음 때문에 사람들이 수학을 잘하게 해주는 단순한 행동들로부터 점점 멀어지고 있다는 것이다.

우리가 사람들에게 어떤 진리는 본질적으로 직관에 반한다고 말한다면, 그것은 사람들이 절대 제대로 이해할 수 없다고 말하는 것이다. 이런 방식은 사람들의 의욕을 꺾는다. 본질적으로 직관에 반하는 것은 없다. 처음에는 직관적으로 이해하기 어려운 것도 있지만 잠깐만 직관에 반할 뿐이며, 직관적으로 받아들일 수 있는 방법을 찾고 나면 더는 어렵지 않다.

무언가를 이해한다는 건 직관적으로 받아들인다는 것이다. 남에게 무언가를 설명하는 건 그 개념을 직관적으로 이해하는 간단한 방법을 제안하는 것이다.

물론 이런 논의가 카너먼의 연구 가치를 깎아내리는 건 아니다. 카너먼이 기록한 인지 편향은 사회저으로 매우 중요한 우리의 놀라운 현실을 반영한다. 우리는 모두 편향을 갖고 있다. 타고난 편향이 아니더라도 사람마다 다르고, 일부 편향은 다른 편향보다 더 널리 퍼져 있고 더 문제가 되기도 한다.

카너먼이 구분한 시스템 1과 시스템 2는 명확하고 단순하다는 장점이 있다. 어떤 의미로는 좌뇌와 우뇌의 고전적인 대립 구도를 현대적으로, 해부학적 오류 없이 재해석한 버전이기도 하다. 물론 아주 기본적인 모형에 불과하지만 꽤 매력적이며, 우리의 정신적 자원을 동원하는 다양한 방식을 인식하도록 도와준다.

이 장의 마지막은 카너먼의 이론이 크게 간과한 시스템 3의 핵심 원칙을 요약하며 끝내려 한다. 19장에서 대뇌 피질의 물리적 구조와 그 기능에 대해 다시 이야기할 예정이고, 이를 통해 시스템 3의 생물학적 해석과 그 효과를 탐구할 것이다. 어쨌든 시스템 3은 수학 연구의 실제 특성을 보여주는 좋은 모형이다.

시스템 1은 직관적 능력이다. 보통은 전기적 비유로 묘사한다. 즉 직관적 사고는 **번개처럼 빠르다**고 한다. 완전히 틀린 말은 아니다. 우리 뇌가 엄밀히 전기회로는 아니지만 뉴런을 따라 전달되는 신호는 본질적으로 전기다.

시스템 2는 엄격한 추론 능력이다. 이 능력은 기어 같은 기계적 대상에 비유된다. 하지만 생물학적 현실과는 일치하지 않는다. 우리가 생물학적으로 할 수 있는 것은 로봇인 척하고 미리 정해진 일련의 지침을 기계적으로 적용하는 것이다. 올바른 지침만 있다면 논리적 결론을 내리거나 타당한 계산을 할 수 있다. 그러나 이런 방식은 매우 불쾌하고 우리 본성과도 어긋나기 때문에 대부분 몇 초 또는 기껏해야 몇 분 후에 포기한다. 결국 우리는 서툰 로봇에 불과하다. 실수도 너무 많고 오래 버티지도 못한다.

시스템 3은 우리 문화가 완전히 무시하고 있어 이를 제대로 표현할 적절한 단어조차 찾기가 어렵다. 앞서 말했듯이, 시스템 3은 단순히 우리의 **생각하는** 능력에 해당한다고 말하고 싶지만, **생각하다**라는 동사는 시스템 2에서 복종하라는 명령어로 너무 자주 사용되어 별 의미가 없다.

빠른 생각, 느린 생각, 아주 느린 생각

	시스템 1	시스템 2	시스템 3
이름	직관	이성	사고(?)
동사	보다	규칙을 따르다	성찰하다(?) 명상하다(?)
형용사	본능적인	절차적인	자기 성찰적인
결과	정신적 표상	계산된 값	시스템 1의 갱신
속도	빠름	느림	아주 느림
소요 시간	즉각적	몇 초에서 몇 분	몇 분, 몇 시간, 며칠, 몇 달, 몇 년
비유	전기적	기계적	유기적
장점	속도감, 용이함, 진솔함	정확함	강인함, 평온함, 자신감
한계	부정확, 일관성 부족	비인간적	비동기적

 시스템 3의 활동은 특별한 종류의 명상이지만, 명상이라는 단어는 너무 모호하다. 모든 명상이 시스템 3의 활동은 아니다. 시스템 3은 시스템 1과 시스템 2 사이의 대화를 구축해 두 시스템의 불일치를 이해하고 해결하는 것을 목표로 한다. 시스템 3은 자유로운 명상이 아니라 모순이 없어야 한다는 원칙에 제약받는다. 시스템 3의 궁극적인 목표는 시스템 2의 결론을 반영해 시스템 1을 수정하고 갱신하는 데 있다.

 시스템 3은 의도적 노력 없이 스스로 수정할 줄 아는 시스템 1의 능력과도 구별할 필요가 있다. 정신적 가소성은 신경망이 끊임없이 재구성되는 과정에서 비롯된다. 우리의 정신적 회로는 경험에 반응하여 진화한다. 뉴런을 아주 작은 식물로 상상한다면, 이 식물들이 자라면서 점점 더 깊이 뿌리를 내리는 것과 비슷하다고 할 수 있다.

우리가 특정 활동을 반복적으로 연습할 때마다 시스템 1은 그 활동의 구체적 특성에 익숙해진다. 서프보드 위에 올라서려고 할 때, 우리는 시스템 1을 뉴턴 역학의 냉혹한 현실에 익숙해지게 하고 서핑 본능을 만들어낸다. 시스템 3을 활용할 때는 시스템 1을 논리적 일관성이라는 어려운 현실에 익숙해지게 하고 진리를 직감하는 본능을 형성한다.

수학 교수에 대한 큰 오해는 수학에서 보이는 특징들(혼란스러운 용어, 이해할 수 없는 기호, 기이하고 엄격한 추론 방식)이 마치 시스템 2와만 관련 있는 것처럼 보인다는 사실에서 나온다.

사람들은 대부분 이를 액면 그대로 받아들인다. 그래서 몇 분 만에 좌절하거나 성공 가능성이 전혀 없는 자기 학대에 가까운 노력을 하게 된다.

그러나 시스템 3을 따르는 사람들도 있다. 그들은 자신이 특별한 일을 한다고 생각하지도 않는다. 그저 수학이 쉽게 느껴질 뿐이다. 심지어 일처럼 느끼지도 않는다. 그저 머릿속에 떠오른 그림만 바라보고, 하루에 몇 분씩 그 그림을 보며 순진한 질문을 던진다.

그들에게는 이 모든 과정이 지극히 정상으로 보인다. 자신에게 특별한 재능이 있다고 느끼지도 않는다.

요령은 없다

1950년대 초 미국의 어느 평범한 하루, 평범한 가족이 평범한 도로를 달리고 있었다. 아버지는 운전대를 잡고 있고, 두 아이는 뒷좌석에 앉아 있었다. 투덕거리는 두 아이를 진정시키기 위해 아버지가 퍼즐 문제를 냈다.

1부터 100까지 더하면 얼마게?

다섯 살 난 막내가 단 몇 초 만에 "5,000"이라고 대답했다. 아버지는 거의 비슷하다고 말했다. 아이는 몇 초 더 생각하더니 마침내 정답을 맞혔다. "5,050."

이 다섯 살 아이는 빌 서스턴이다. 이 이야기를 들으면 미소가 절로 나온다. 특히 '수학의 왕자' 칼 프리드리히 가우스Carl Friedrich Gauss, 1777~1855년에 관한 유명한 일화를 알고 있다면 더욱 그렇다. 이 오래된 일화는 그저 전설에 불과하지만 아주 잘 알려져 있으며 서스턴의 아버지도 분명 들어봤을 것이다.

가우스는 역사상 가장 위대한 수학자 중 한 명으로, 탈레스, 피타고라스, 유클리드, 아르키메데스, 알 콰리즈미, 데카르트, 오일러, 뉴턴, 라이프니츠, 리만, 칸토어, 푸앵카레, 폰 노이만, 그로텐디크, 그리고 소수 몇몇과 함께 거론될 수 있는 인물이다. 그가 대단히 명석하고 창의적이라서 동시대 사람들은 그의 지능이 생물학적으로 보통 인간의 뇌와 다르다고 여겼다. 어떤 면에서 가우스는 그 시대의 아인슈타인과도 같았다.

실제로 가우스는 아인슈타인과 똑같은 결말을 맞이했다. 가우스가 죽었을 때 누군가가 그의 뇌에서 비밀을 밝혀낼 수 있다고 생각해 뇌를 보존하기로 한 것이다. 2세기가 지난 지금까지도 가우스의 뇌는 괴팅겐 대학교의 소장품 중 어딘가에 보관되어 있다. 하지만 지금까지도 그의 뇌에 대해 특이점을 발견한 사람은 없다.

전설적인 일화에 따르면 가우스는 일곱 살 때 학교 선생님을 깜짝 놀라게 했다. 선생님은 학생들에게 1부터 100까지의 모든 자연수를 더하라고 시켰다. 이 문제로 15분 정도는 평화롭게 쉴 심산이었지만, 한 아이가 단 몇 초 만에 답을 찾아내리라고는 예상하지 못했다.

나는 열일곱 살 때 고등학교 수학 선생님에게서 이 이야기를 들었는데 참 인상적인 이야기였다. 우리는 가우스가 어떻게 그리도 빨리 계산할 수 있었는지 도저히 이해할 수 없었다. 가우스의 남다른 천재성을 알고 나자, 우리는 모두 스스로가 한없이 초라하게 느껴졌다.

선생님은 우리에게 '요령'이 있다고 설명했다. 1부터 100까지의 모든 자연수를 더하려면 덧셈식을 이용해 이렇게 적는다.

$$1 + 2 + 3 + 4 + \cdots + 97 + 98 + 99 + 100$$

이제는 거꾸로 100부터 1까지의 덧셈식을 적고 처음 식과 두 줄로 나란히 놓는다. 요령은 이 합을 두 배로 늘리는 것이다.

$$1 + 2 + 3 + 4 + \cdots + 97 + 98 + 99 + 100$$
$$+ 100 + 99 + 98 + 97 + \cdots + 4 + 3 + 2 + 1$$

참 이상한 발상이다! 왜 숫자를 두 번씩이나 적을까? 왜 이런 독특한 방식으로 줄을 맞출까? 좀 이상해 보일 수 있지만, 아무 문제도 없다. 어쨌든 1에서 100까지의 모든 숫자는 두 번 등장한다. 따라서 이 덧셈식의 값은 우리가 찾는 값의 두 배가 된다.

이제 가로가 아니라 세로로 각 열을 보자. 100개의 열이 있고, 각 열에는 항상 101이 되는 두 수가 있다. 마법 같지만, 사실이다. 따라서 이 덧셈식의 합은 100×101, 즉 10,100이 된다. 따라서 우리가 구하려는 값은 10,100의 절반인 5,050이다.

이 추론을 여러 번 읽어야 이해가 된다고 해도 전혀 부끄러워할 필요는 없다. 모든 수학적 추론이 그렇듯 이 추론에도 기이하고 위협적인 무언가가 있다. 처음에는 한 줄 한 줄 해독해야 하므로 시간과 노력이 많이 든다.

하지만 이 추론의 단계는 매우 간단하며 다음 세 가지 결론에 도달할 수 있다.

① 1에서 100까지 모든 자연수를 더하면 5,050이라는 사실을 증명하는 올바른 추론이다.
② 암산이 빠른 사람이라면 머릿속에서 단 몇 초 만에 이런 추론을 떠올리는 게 충분히 가능하다.
③ 대체 이런 기발한 아이디어가 어떻게 일곱 살짜리 가우스의 머릿속에 떠올랐을까?

어쨌든 내가 열일곱 살 때 내린 결론은 이렇다. 수학은 나와 맞지 않는다. 수학은 나와는 다른 이들, 즉 뇌가 다르게 작동하고 이런 놀라운 발상을 할 수 있는 천재들을 위한 것이기 때문이다.

내 수학 선생님은 훌륭한 분이셨고, 그분이 가르쳐준 모든 것이 감사하다. 하지만 그날 '요령'이 있다는 선생님의 말씀은 잘못된 메시지였다.

요령은 없다. 요령 따위는 절대 없고 앞으로도 없을 것이다. 요령의 존재를 믿는 것은 본질적으로 직관에 반하는 진리가 존재한다는 믿음만큼 해롭다. 이것이 바로 시스템 2 교리의 두 가지 핵심 미신이다. 즉 우리의 직관은 아무 쓸모 없고 우리가 완전히 이해하지 못하는 방법을 기계적으로 적용해야 한다는 믿음이다.

물론 왜 그런지 이유를 이해하지 못한 채로도 결과를 얻을 수 있다. 그런 일은 꽤 자주 일어난다. 하지만 그런 일은 늘 일시적인 상황일 뿐이며 언젠가는 반드시 설명될 순간이 있다.

요령의 존재를 믿는다는 건 결코 이해할 수 없는 무언가를 무작정 받아들이고 결국은 외워서 배워야 한다는 뜻이다. 수학적 증명을 한 줄씩 검증하는 과정과 그 증명을 직관적으로 이해하는 과정을 혼동하는 것이기도 하다. 또한 시스템 2에 순응하는 관계로 들어서는 것, 매우 불공평하고 굴욕적인 역할 분담을 받아들이는 것이다. 즉 위대한 천재들은 요령을 찾아내고, 우리는 그저 그 모든 계산이 맞는지 확인만 하는 존재로 전락하는 것이다.

솔직히 말해, 나는 1에서 100까지의 모든 자연수를 더하면 정말로 5,050이 나오는지 확인하는 데는 별 관심이 없다. 내가 진짜 알고 싶은 것, 그리고 모두가 알고 싶은 것은 가우스와 서스턴처럼 생각하는 방법이다.

언어의 함정

수학의 '요령' 뒤에 숨겨진 것을 이해하는 가장 간단한 방법은 바나나 빵 조리법을 따르는 것이다.

재료:

다용도 밀가루 1/2컵(195그램)

베이킹소다 1작은술

고운 천일염 1/4작은술

시나몬 3/4작은술

중간 크기 바나나 3개

무염 버터 1큰술(115그램 또는 1스틱)을 녹인 후 식혀두기

연갈색 설탕 3/4컵(150그램)

큰 달걀 2개로 만든 달걀물

바닐라 추출물 1작은술

조리법:

① 커다란 볼에 바나나를 넣고 포크로 으깬다.

② 밀가루에 베이킹소다, 천일염을 섞는다.

③ 달걀물과 설탕을 섞어 크림처럼 만든다.

④ 으깬 바나나, 바닐라, 버터, 시나몬을 넣고 저어준다.

⑤ 밀가루 혼합물을 한 번에 3분의 1씩 넣고 섞일 때까지 저어준다.

⑥ 반죽을 9×5인치 길이의 식빵 틀에 붓고, 180°C에서 한 시간 정도 굽는다.

이 조리법의 각 단계를 시각화해보자.

- 먼저 바나나를 산다. 바나나가 손에 들려 있다. 계산대에 가서 돈을 낸다.

이 장면이 머릿속에 그려지는가?
- 이제 2단계다. 바나나가 볼 안에 담겨 있다. 포크를 들고 바나나를 으깨려 한다. 여전히 이 장면이 그려지는가?

이 두 단계 사이에서 정신적 표상이 바뀌었다. 바나나를 으깨기 직전, 머릿속으로는 이미 바나나 껍질을 벗긴 것이다. 이른바 '요령'의 이면에는 보통 이런 과정이 숨어 있다. 자신에게는 너무도 '당연'하지만, 다른 이에게는 전혀 당연하지 않을 수 있는 논리로 순식간에 머릿속 표상을 바꾸는 것이다.

바나나를 잘 안다면 으깨기 전에 껍질부터 벗겨야 하는 게 당연하다. 하지만 바나나를 한 번도 본 적이 없다면 그게 당연하지 않을 수 있다. 조리법에는 우리가 거쳐야 할 모든 단계가 적혀 있지 않다. 그 유명한 '요령'에도 늘 빠져 있는 몇몇 세부 사항이 있다. 그래서 많은 사람이 조리법을 읽기보다는 요리 영상을 더 선호한다.

우리는 어린 시절부터 바나나와 알고 지냈다. 어쩌면 바나나와 일종의 영적 친밀감이 생겼다고 해도 과언이 아니다. 그래서 바나나에 대해 남에게 한 번도 말해본 적 없는 사실들이 많다. 정확한 이름은 몰라도 과육을 따라 길게 흐르는 얇은 실 같은 줄을 당연히 기억하고 있다. 그 줄로 뭔가 해본 적은 없지만, 그 줄의 생김새와 성질은 늘 인상적이다. 또한 감히 말하지 못했지만, 세상에서 바나나 과육처럼 부드럽고 만족스럽게 으깨어지는 것이 없다는 사실도 잘 알고 있다. 바나나라는 단어는 단 하나의 정신적 표상이 아닌 여러 가지 잠재적인 정신적 표상을 불러일으킨다. 아무런 노력 없이, 아무도 알려주지 않았는데도 언제나 상황에 맞는 올바른 표상이 떠오른다. 껍질을 벗기지 않고 바나나를 으깨는 건 너무 어이가 없어 웃음이 나올 정도다. 그건 로봇만이 할 법한 멍청한 짓이다.

가우스나 서스턴이 1부터 100까지의 모든 자연수를 더하려 했을 때, 그들은 이 수들을 시각화하는 올바른 방법, 계산을 더 쉽게 만드는 방법을 선택했다. 아무런 노력 없이도, 누가 알려주지 않았어도 그 방법을 즉시 찾아냈다. 우리가 바나나에 대한 익숙함을 활용하듯이 그들도 숫자에 대한 익숙함을 능숙하게 활용했다. 이 지능은 정확히 같은 종류다.

수학에서 갑자기 기적처럼 떠오른 생각이나 아이디어는 늘 우리가 어떤 표상을 놓치고 있다는 신호다. 사물을 바라보는 방식이 옳지 않다는 뜻이다. 무언가가 빠져 있다. 더 나은 미지의 방법, 더 단순하고 더 명확하고 더 깊은 방법이 있지만, 어쩌면 아직 아무도 모르는 방법일 수도 있다. 사물을 보는 올바른 방법을 찾는 것이야말로 수학의 원동력이다. 그게 바로 수학으로 얻을 수 있는 가장 큰 즐거움의 원천이다.

누군가가 '요령'에 대해 이야기한다면, 우리가 바로 흥미로워지기 시작하는 순간에 생각을 멈추라고 말하는 거나 다름없다.

이 모든 것의 아이러니는 어린 시절 바나나에 익숙해지던 바로 그 시기에 숫자에도 익숙해지고 있었다는 것이다. 숫자와 친하지 않았다면, 숫자를 세는 법조차 익힐 수 없었을 것이다.

안타깝게도 우리는 성장하면서 돈독했던 숫자와의 관계를 잊는다. 어린 시절이 지나면 이른바 언어의 함정에 빠지게 되고, 이 함정 때문에 1에서 100까지의 합을 가우스나 서스턴처럼 '볼' 수 없게 된다.

언어의 함정이란 단순히 이름을 붙이는 것만으로 무언가가 존재한다고 믿고, 실제로 깊이 상상하는 노력은 하지 않아도 된다고 여기는 사고방식이다.

이 믿음은 시스템 2 이데올로기의 전형적인 특징이다. 우리는 언어로 생각해야 하며 언어를 넘어서려는 갈망은 헛된 꿈이라는 말을 듣는다. 이런 지름길은 문제가 많고 심지어 완전히 거짓말일 수도 있다. 이름을 붙이면 무언가를 떠올릴 수는 있지만, 창의적인 사고가 가능할 만큼 선명하고 생생하게 그려지지는 않는다.

"분홍 코끼리는 생각하지 마라." 이 문장은 언어적 역설로 여겨진다. 그 자체가 분홍 코끼리를 떠올리도록 강요하기 때문이다. 하지만 수동적이고 마지못해 생각하는 이런 방식으로는 분홍 코끼리의 존재를 제대로 이해하거나 깊이 알 수 없다. 실제 크기의 분홍 코끼리가 우리 앞에 서 있다고 상상해보자. 시간을 들여 꼼꼼히 살펴보고 자세히 관찰하자. 이렇게 일부러 떠올린 이미지는 이 문단 서두에서 어렴풋이 그린 이미지보다 훨씬 더 심오하고, 더 몰입감 있고, 더 정확할 것이다. 상상력을 마음껏 발휘할 때, 그 가능성은 사실상 무한하다.

자유롭게 상상하려는 노력이 언어의 함정에서 벗어나 수학 문제를 풀 수 있도록 돕는다. 바로 이 활동이 시스템 3의 핵심이다. 즉 머뭇거리거나 대충 넘기지 않고, 온전히 몰입해서 적극적으로 보려고 애쓰는 것이다.

"1부터 100까지의 모든 자연수의 합"이라는 말을 들었을 때, 머릿속에 어렴풋이 떠오르는 이미지만으로 만족한다면, 사실은 아무것도 제대로 보지 못하는 것이다.

언어에 휘둘리지 말고 그 합이 지금 눈앞에 실제로 있다고 생각하자. 1에서 100까지의 모든 자연수가 실제 세상에 존재하는 것처럼, 눈앞에 차례대로 줄지어 있는 모습을 떠올리자. 그 숫자들이 눈앞에 실제로 있다고 생각하고 시간을 들여 주의 깊게 살펴본다면 그 합을 구할 방법을 찾을 수 있을 것이다.

혼자 힘으로 답을 찾을 수 있도록 잠시 쉬어가는 시간을 갖는 것도 좋은 방법이다.

큰 그림

6장에서 인용한 논문 〈수학에서의 증명과 진보에 관하여〉에서 서스턴은 수학적 대상의 크기에 대해 한 번도 들어본 적 없는 놀라운 조언을 한다.

수학적 대상을 머릿속으로 상상할 때, 우리는 그것을 '손안에 있는 작은 사물'이나 '사람 크기의 큰 구조물' 또는 '우리 주변을 감싸고 그 안을 돌아다니는 공간적 구조물'로 볼 수 있다. 논리적으로 보면 이 차이가 아무런 영향이 없을 것 같지만, 서스턴은 크기가 매우 중요하다고 말한다. "우리는 더 큰 규모의 공간적 이미지를 떠올릴 때 더 효과적으로 사고하는 경향이 있다. 마치 우리 뇌가 더 큰 대상을 더 진지하게 받아들이고, 더 많은 자원을 쏟는 것과 같다."

그렇다면 스스로 기하학적 직관이 없다고 믿는 사람들은 너무 작은 도형을 상상하기 때문에 아무것도 제대로 볼 수 없는 걸까?

어쨌든 서스턴의 관점은 코끼리 그림에 아주 잘 들어맞는다. 손바닥에 올려놓을 수 있는 작은 코끼리를 상상해보자. 그다음에는 뾰로통하고 시선을 끌지 않는 실제 크기의 코끼리를 떠올리자. 이 두 가지 상상은 우리의 인지 자원을 완전히 다른 방식으로 동원한다.

언어의 함정은 서스턴이 설명한 현상의 극단적 버전이다. "1에서 100까지의 모든 자연수의 합"과 같은 표현은 아주 정확한 수학적 대상을 가리키는 편리한 방법이다. 이 표현 덕분에 수학적 대상을 쉽게 이야기할 수 있지만, 동시에 더는 신경 쓰지 않도록 멀리 밀어내는 효과도 있다.

우리는 그 합을 진짜로 본다고 생각하지만, 실제로는 그렇지 않다. 그 존재감이 느껴지지 않아 진지하게 받아들이지 않는다.

이 합은 5,050이라는 숫자로 표기된다. 십진법의 큰 장점은 간결하다는 것이다. 십진법은 단순하고 실용적이라서 말하기도 쓰기도 쉽다. 하지만 이 정신적 표상에는 약점이 있다. 숫자가 아주 멀리 떨어져 있으면 거의 보이지 않을 정도로 작아진다.

수학적 등식은 겉보기에 달라도 실제로는 똑같은 대상을 가리키는 두 가지 표현이 있음을 말해준다. 언어에 안주해 단어와 그것이 가리키는 실제 대상을 혼동한다면, 수학적 등식을 '볼' 기회를 스스로 놓치게 된다.

수학적 등식에 도달하는 유일한 방법은 언어를 넘어서는 것이다.

'1에서 100까지의 모든 자연수의 합'을 '1+2+3+⋯+98+99+100'으로 바꿔보는 것도 좋은 출발점이다. 이렇게 하면 그 합을 좀 더 구체적이고 실감 나게 보는 느낌이 들 수 있다. 하지만 이건 착각일 뿐이다. 실제로는 말줄임표에 가려진 숫자 대부분을 놓치고 있다. 수학적 기호도 단어와 같아서 언어의 일부다. 따라서 이 역시 넘어설 필요가 있다.

생략이나 말줄임표 없이 그 합 전체를 온전히 보고, 그 존재를 진지하게 받아들이고, 그 합에 마땅한 자리를 내주려면 그 합이 실제 크기로 내 눈앞에 있다고 상상해야 한다.

합 전체를 상상하기 전, 우선 하나의 숫자부터 시작해보자. 예를 들어 3이라는 숫자를 떠올리자. 물리적 세계에서 숫자 3을 상상하는 건 그리 어렵지 않다. 초등학교 때 선생님이 오렌지 3개를 머릿속에 그려보라고 한 것처럼, 3개의 사물을 떠올리면 된다. 아이처럼 숫자와 순수한 관계를 맺는 것, 추상적 대상과 **물리적으로** 상호작용하려는 이런 태도가 바로 올바른 수학적 사고방식이다. 숫자 3 대신 오렌지 3개를 상상하면 언어의 함정에서 벗어날 수 있다. 표기된 숫자와 실제 값 자체를 혼동하지 않게 된다.

수학자들에 따르면 자연수는 늘 무언가를 센다. 하지만 1부터 100까지의 모든 자연수의 합을 상상하려면, 오렌지를 사용하지 않는 게 낫다. 오렌지가 너무 많으면 여기저기 사방으로 흩어져 난장판이 될 게 뻔하다.

개인적으로 나는 정사각형으로 상상하는 게 훨씬 쉽다고 생각한다. 각 숫자를 정사각형 더미로 떠올려 이 더미를 1부터 100까지

나란히 배열하는 방식이다.

내가 머릿속에서 보는 장면을 정확히 그리기는 어렵다. 내 머릿속 표상은 완전히 뚜렷하지도 않은 데다 정사각형 더미가 너무 커 종이에 다 담기도 어려울 것이다. 따라서 대략적인 모습만 그릴 수 있다. 내 표상을 정면에서 보면 아마 이런 모습일 것이다.

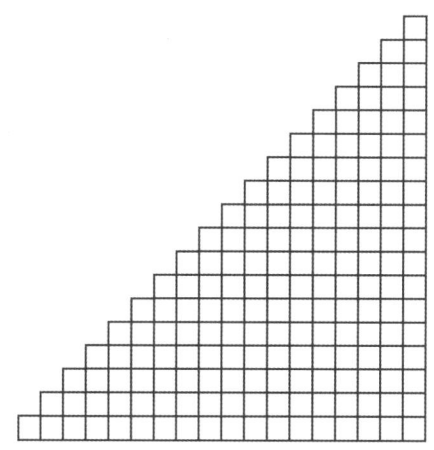

그림이 틀렸어도 괜찮다. 중요한 긴 왜 틀렸는지 아는 것이다. 이 경우 정사각형 몇 개가 빠져 있다. 내 그림에는 가로 18개, 세로 18개가 그려져 있지만, 실제로는 가로 100개, 세로 100개를 배열해야 한다. 이 점을 꼭 기억하자. 그럼에도 이 그림은 내 머릿속 표상을 공유하는 좋은 방법인 것 같다(모든 정사각형을 그렸다면 너무 작아서 보기 어려울 것이다).

자! 끝났다. 생각보다 쉽지 않은가?

수학자들은 머릿속 표상이 올바르다고 느끼면 증명이 끝났다고 생각하는 경향이 있다. 마치 체스 경기에서 이길 것 같으면 장군을 외치기 전에 게임을 멈추는 것과 같다.

하지만 지금은 장군을 외쳐도 되는 순간인지 확실하지 않으니 천천히 게임을 끝내보자.

머릿속에 앞의 그림이 있다면 삼각형이 보일 수밖에 없다. 우리가 찾는 숫자, 즉 정사각형의 총개수는 바로 그 삼각형의 넓이다. 이 넓이를 구하는 아주 간단한 공식은 초등학교 때 이미 배웠다. 이 공식을 아는지 모르는지에 따라 게임을 끝내는 두 가지 방법이 있다.

첫째, 공식을 아는 경우. 삼각형의 넓이를 구하려면 밑변의 길이와 높이를 곱한 뒤 2로 나눈다. 여기서 밑변의 길이는 100, 높이도 100이다. 두 값을 곱하면 10,000이고 2로 나누면 5,000이다.

거의 다 왔다. 지금 우리는 서스턴이 다섯 살 때 했던 실수와 똑같은 오류를 범했다. 좋은 징조다. 우리가 올바른 방향으로 가고 있다는 증거니까 괘념치 말자.

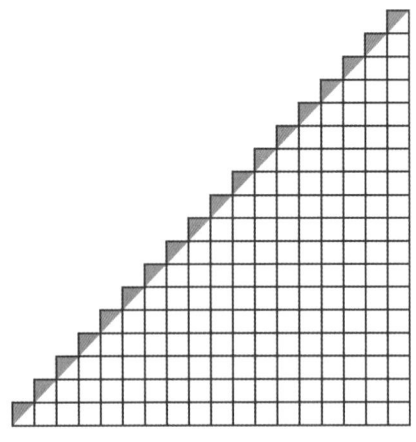

우리가 저지른 실수는 대각선 위에 있는 반쪽짜리 정사각형을 잊은 것이다. 이 부분이 삼각형 넓이에 포함되지 않았다. 따라서 100개의 반쪽짜리 정사각형 넓이 50을 삼각형 넓이에 더하면 5,050이 된다.

둘째, 공식을 모르는 경우. 걱정할 필요 없다. 그 공식을 새로 만들면 된다. 자세히 보면 삼각형은 직사각형의 절반이다. 첫 번째 삼각형 더미(흰색)와 똑같은 삼각형 모양(회색)을 하나 더 만든 다음 첫 번째 더미 위에 거꾸로 얹으면 다음과 같은 결과가 나온다.

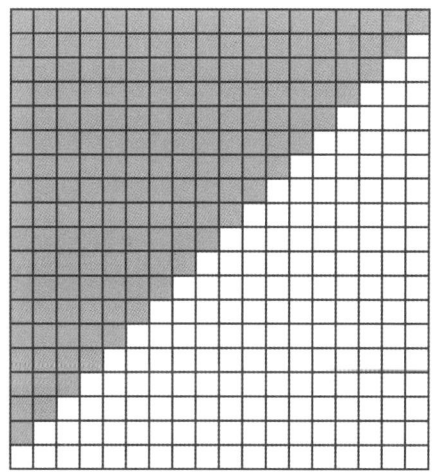

이렇게 하면 가로에는 100개씩, 세로에는 101개씩 정사각형을 쌓은 직사각형이 만들어진다. 따라서 이 직사각형은 100×101=10,100개의 정사각형으로 구성된다. 그러면 그 절반인 각 삼각형 더미에는 5,050개의 정사각형이 있게 된다. 합을 구하는 덧셈식 2개를 위아래로 포개는 그 유명한 '요령'은 사실 직사각형 넓이를 2개의 삼각형으로 나누는 방법에 불과하다.

$$1 + 2 + 3 + 4 + \cdots + 97 + 98 + 99 + 100$$
$$+ 100 + 99 + 98 + 97 + \cdots + 4 + 3 + 2 + 1$$

확률론적 쿵푸

공과 방망이 퀴즈, 1에서 100까지의 모든 자연수의 합. 나는 이런 문제들이 좋다. 아주 기초적이지만 언어의 제약을 받는 공식 수학과 머릿속 비공식 수학의 괴리를 완벽하게 보여주기 때문이다.

두 경우 모두 간단한 시각적 사고만으로도 대다수 사람이 어렵다고 느끼는 문제를 쉽게 해결할 수 있다.

물론 늘 그리 간단한 건 아니다. 시각적 접근만으로 충분하지 않은 예도 있고, 기계적인 연역적 추론을 배제하지 못하는 문제도 있다. 수학을 이해하려면 상상력과 언어, 직관과 논리, 공상과 계산을 아우르며 큰 그림과 세부 사항 모두 볼 수 있도록 훈련해야 한다.

또한 수학 문제가 항상 숫자로 이루어져 있거나 모든 직관이 기하학적 성격을 띠는 것은 아님을 강조하고 싶다.

수학적 대상은 본질적으로 매우 다양하며, 이를 직관적으로 이해하려면 다양한 정신적 자원을 동원해야 한다. 다음 표는 주요 수학 분야 몇 가지를 나열한 것이다. 완전하지도 않고 지나치게 단순화된 표이지만, 대략적인 개념은 파악할 수 있다.

수학의 주요 분야

분야	연구 대상
산술	정수
기하학	공간과 도형
위상수학	늘리거나 비틀 수 있는 공간과 도형
군론	대칭과 변환
대수학	추상적 구조
해석학	극한, 무한히 작은 것들
확률론	우연성, 무작위성
논리학	(수학적 대상으로서의) 증명
알고리즘 이론	(수학적 대상으로서의) 절차와 계산
동역학계	시간에 따라 변하는 것들
조합론	대상을 세는 방법

 각 분야에는 고유의 어휘와 직관이 있다. 몸을 사용하는 방식이 다르고, 뇌의 영역이 다르고, 집중하는 방식이 다른 것과 같다. 겉보기에는 이 분야들이 서로 다른 주제를 다루는 것 같지만, 사실은 하나의 수학적 현실을 다양한 관점에서 바라보고 있을 뿐이다. 이 통합적인 수학의 경험은 매혹적이며 때로는 압도적으로 다가오기도 한다.
 수학적 발견은 서로 다른 두 가지 직관을 잇는 다리에 불과한 경우가 많다.

우리도 아주 기초적인 수준에서 이미 경험했다. 기하학 공식(삼각형이나 직사각형의 넓이를 구하는 공식)을 통해 산술 문제(1부터 100까지의 모든 자연수의 합)를 해결할 수 있었다.

이 장을 마무리하며 더 놀라운 또 다른 사례를 들어보겠다.

1부터 100까지의 모든 자연수를 실물 크기로 시각화하는 게 어렵다면, 더 쉬운 방법이 있다. 1부터 100까지의 모든 자연수를 다룰 필요 없이 그중 하나를 무작위로 고르면 어떨까? 1부터 100까지의 수 중에서 무작위로 하나를 고른다면, 그 값은 **평균적으로** 얼마일까?

만약 이 질문이 추상적으로 느껴진다면, 좀 더 구체적으로 상상해보자. 지금 게임 쇼에 출연 중이다. 가방 안에는 100장의 수표가 들어 있다. 1달러짜리 수표도 있고, 2달러짜리, 100달러짜리 수표도 있다. 눈을 감고 한 장의 수표만 고른다. 평균적으로 얼마짜리를 꺼낼 것 같은가?

다시 질문하겠다. 1부터 100까지의 수 중에서 무작위로 하나를 고른다면, 그 값은 평균적으로 얼마일까?

사람들은 대부분 별생각 없이 "50"이라고 대답할 것이다. 너무나 당연해 보이기 때문이다. 하지만 1부터 100까지의 자연수의 평균이 50이라면, 그 합은 5,000이 되어야 한다. 숫자 100개의 합은 숫자들의 평균에 100을 곱한 값이기 때문이다. 이 또한 명백한 사실이다.

그런데 왜 사람들은 다섯 살의 서스턴처럼 1부터 100까지의 모든 자연수의 합이 5,000이라고 직관적으로 답하지 않을까?

(만약 직관적으로 평균을 50이라고 생각했다면, 살짝 어긋난 것이니 걱정하지 말자. 서스턴과 똑같은 실수를 했을 뿐이다. 실제 평균은 50.5이다. 이 단계에서 1%의 오차쯤은 신경 쓰지 않아도 된다.)

이게 갑자기 무슨 일일까? 어떻게 이렇게 간단해졌을까? 왜 문제의 난이도가 순식간에 확 낮아졌을까? 이 설명이 터무니없어 보인다면, 확률적 사고의 힘을 과소평가하고 있기 때문이다. 머릿속에서 5,050개의 정사각형을 조립하는 건 지게차가 절실할 정도로 힘든 작업이다. 하지만 확률론적 접근은 일종의 쿵푸처럼 우리의 집중력을 단 하나의 숫자에 모으고, 그 나머지는 무의식이 처리하도록 맡긴다.

사실, 우리는 1에서 100까지의 모든 자연수 합을 구하는 방법을 이미 알고 있었다. 다만 그 사실을 인지하지 못했을 뿐이다.

평균이라는 개념은 순전히 인간이 발명한 추상적인 수학적 개념으로, 십진법과 같이 학습을 통해 깊이 내면화된 것이다. 우리는 이미 평균을 '보는' 법, 생각하거나 적어보지 않고도 자연스레 계산하는 법을 배웠다. 직관을 검증하고 엄격한 사고로 바꾸고 싶다면, 평균이 50이 아니라 50.5인 이유를 진정으로 이해하고 싶다면, 자기 내면에 귀를 기울여 무의식적인 사고 과정과 그 작동 방식을 관찰해야 한다.

이런 내적 탐구가 수학의 핵심이다. 내적 탐구란 생각 없이 사용하는 정신적 표상을 해체하고 어디서 그 표상을 개선할 수 있는지 파악하는 것이다. 이 과정을 제대로 실천하면 직관은 날마다 더 강해질 것이다.

수학자들은 추상성조차 잊은 추상화를 다루면서 이를 대상이라고 부르길 좋아한다. 또한 이 대상이 존재한다고 말하고 싶어 한다. 그렇다고 해서 플라톤 시대부터 이어진 추상의 실재성에 관한 오래된 형이상학적 논쟁에 참여하려는 건 아니다. 단지 수학을 다루는 수학자들의 방식이 그렇다는 것이다. 그들은 이 대상들과 친숙한 연결고리를 만들어 머릿속에서 바나나를 다루듯 자유롭게 상상하고 조작한다.

수학적 대상을 제대로 이해하려면, 호기심과 열린 마음으로 맹렬하게 몰입하되 객관성을 유지하며 오랜 시간 동안 지켜봐야 한다. 수학적 대상을 천천히 갖고 놀며 언어를 뛰어넘는 친밀한 관계를 형성해야 한다.

아인슈타인이 자신은 "열정적으로 호기심이 많다"라고 했을 때, 그로텐디크가 "혼자서 사물에 귀 기울이며 아이들 놀이에 푹 빠져 있는" 능력을 이야기했을 때, 그들이 말한 게 바로 이런 것이다.

바보처럼 보이기

　　대학교에 입학했을 때, 수학적 창의성은 나보다 더 똑똑한 사람들의 전유물이라고 생각했다. 수학 지능은 선천적으로 타고나는 것이며 누구나 미리 정해진 양만큼 받는다고 생각했다. 운이 좋게도 나는 평균을 약간 웃돌게 받았다. 천재들은 말이 안 될 정도로 훨씬 많이 받았다.
　　당시에는 스스로 수학 지능을 구축할 수 있다는 사실이 이해되지 않았다. 수학 지능이란 누구나 자유롭게 연습할 수 있는 신체 활동의 자연스러운 부산물, 즉 수학적 상상력을 말한다.
　　수학은 상상력의 과학이다. 수학적 대상을 상상하고 관찰하고 조작할 수 있는 사람과 그렇지 않은 사람 사이에는 엄청난 차이가 있다. 시간이 지남에 따라 이 차이는 괴물처럼, 터무니없이 거대해진다. 장난감과 게임기로 가득 찬 방에서 자라는 아이들과 장난감의 존재조차 모르는 아이들 사이의 차이만큼 괴이하고 가당찮다.

대중의 통념과 달리 논리는 상상력의 적이 아니다. 오히려 강력한 동반자일 수 있다. 상상력의 진짜 적은 이해를 가로막고 우리를 바보 같게 느끼게 하는 두려움이다.

두려움이야말로 우리를 진짜 제약하는 적이다. 이 문제는 우리 모두에게 해당한다. 가장 못하는 사람부터 가장 뛰어난 사람, 초보자부터 유명한 학자까지 예외가 없다. 우리는 모두 각자 약점이 있다. 그래서 약점을 드러내는 특정 단어를 듣기만 해도 두려움에 휩싸여 내면의 가장 깊은 불안감과 '난 진짜 부족해'라는 확신에 잠식당한다. 수학의 입구에 걸린 '천재 전용'이라는 표지판에 지레 겁을 먹고 발을 들이지 못하지만, 사실 그 표지판은 수학이 너무 어렵다고 스스로에게 말했던 바로 그날, 우리가 직접 세운 것이다.

수학에 대한 두려움에서 가장 슬픈 점은 그 두려움이 자기 머릿속에만 존재한다는 사실을 알면서도 아무것도 바꾸지 않는 것이다. 마치 고소공포증처럼, 그 공포가 내 머릿속에서 비롯된 것임을 알면서도 여전히 두려움을 느낀다.

실패한 대화

수학을 배우는 동안 나는 세 번의 큰 돌파구를 경험했다. 심리적 태도가 바뀌면서 내 안의 두려움이 사라지는 해방의 순간이었다.

이 중 처음 두 가지 경험에 대해서는 9장과 10장에서 이야기했다. 첫 번째로, 직관과 논리의 불협화음에 귀 기울여 첫 시도에서 실패할지 모른다는 두려움을 떨쳐냈다. 아직 완전히 이해하지 못했을 때조차 자유롭게 상상했다. 두 번째로, 극단적인 정신적 가소성을 믿으며 내가 참 바보 같다는 두려움과 맞서기 시작했다. 세상을 솔직하고 진지하게 관찰하고, 충분한 시간을 들여 모든 것을 온전히 받아들인다면, 한계를 극복하고 창의성을 발휘할 수 있다는 사실을 깨달았다.

세 번째이자 가장 예상치 못한 돌파구는 30대 때 찾아왔다. 나는 다른 이들에게 바보처럼 보일지도 모른다는 두려움을 어떻게 떨쳐낼지 깨우쳤다.

그때까지만 해도 순조로운 경력의 시작과 연구 초반의 성공에도 나는 내가 진정한 수학자가 아니라고 확신했다. 내 성공은 그저 운 덕분이며, 언젠가는 내가 거짓말쟁이라는 것과 내 실력이 들통날 거라 믿었다. 예일 대학교에서 학생들을 가르칠 때는 악몽에 시달리기까지 했다.

우리의 가장 깊은 두려움은 대개 사회적인 것이다. 수학자들은 남들보다 똑똑하지 않다는 사실을 들킬까 봐 두려워하는 경우가 많다. 내가 만난 젊은 수학자들의 눈에서도 이 두려움을 본 적이 있다. 매우 자연스러운 현상이다. 4장에서 언급했듯이 우리가 완전히 이해한 수학은 너무나도 당연해 보이기 때문에 그 난이도를 과소평가하는 착시 현상이 존재한다.

젊은 학자들에게 특히 해당하는 두 번째 요인이 있다. 대개 학자라 하면 무언가를 아는 사람이다. 전문 수학자가 되면 '똑똑한 사람'이라는 사회적 정체성을 갖는다. 그러나 실제로는 전혀 그렇지 않고, 그 점을 미리 경고하는 이도 없다.

이 오해는 심각한 형태의 가면 증후군 imposter syndrome 을 일으킬 수 있다. 나 역시 사회적 정체성에 압도당해 창의성이 영구적으로 손상된 사람들을 알고 있다.

수학은 지식이 아니라 연습이다. 수학자들은 자신이 다루는 대상을 누구보다 잘 이해하지만, 그렇다고 그들의 수학적 직관이 결코 전지전능할 수는 없다. 익숙하지 않은 대상은 여전히 어렵다. 아무리 신체 조건이 뛰어난 창던지기 올림픽 챔피언이라도 테니스에서는 출중한 주니어 선수에게 완패할 수 있다.

수학 연구에서는 우열이 존재하지 않는다. 이 때문에 사회적 기대와 어긋나는 혼란스럽고 감정적으로 힘든 상황이 생긴다.

내가 실제로 겪었던 상황을 얘기해보겠다. 똑똑하고 젊은 학자가 있다. 그는 이제 막 명망 있는 자리에 임명되었고 국제 학회에 초청받아 연사로도 참석하게 되었다. 저녁 식사 자리에서 한 젊은 박사과정 학생 옆에 앉은 학자는 자신의 연구 내용을 설명하는 그 학생의 말을 아예 이해하지 못한다. 그래서 질문을 던진다. 학자는 학생의 대답도 이해하지 못한다. 고집이 센 학자는 무슨 뜻인지 잘 모르겠다며 솔직하게 털어놓는다. "걱정 마세요." 학생이 말한다. "간단한 예로 다시 설명할게요. 금방 이해하실 거예요." 학생이 다른 표현으로 다시 설명해주지만, 학자는 여전히 아무것도 이해하지 못한다.

문제는 학생의 설명이 아니다. 문제는 학자에게 있다. 제대로 이해하려면 처음부터, 기초부터 다시 시작해야 한다. 학생의 연구 분야는 학자가 대학원 때 배웠어야 할 이론과 관련이 있지만 전혀 이해되지 않는 이론이다. 그래서 학자는 누구에게도 감히 그 사실을 말하지 못한다.

젊은 학자는 지금 사회적으로 용인되는 범위 끝자락에 있다. 신뢰도가 위태로워진 상황이다. 여기서 얼마나 헤매고 있는지 인정하면 바보처럼 보일까 두렵다. 사회 통념은 그냥 넘기는 것이다.

이 상황은 낭패로 끝난 모든 수학적 대화에서 전형적으로 나타난다. 대화가 끝나면 배운 건 하나 없이 '난 정말 형편없어'라는 확신만 강해진다.

수학 실력이 어떻든 간에 이런 경험이 어떤 것인지 누구나 공감할 것이다. 수학적 대화는 대부분 이런 불편한 감정으로 끝난다. 수학적 대화가 실패하는 이유는 간단하다. 우리가 얼마나 모르는지를 감히 말하지 못하기 때문이다. 부끄럽고 바보 같다는 생각이 떠나지 않아서 상대방의 이야기가 제대로 들리지 않는다. 머릿속에는 자신이 한심하다는 생각뿐이다. 바로 이런 생각이 지적 호기심과 배움을 향한 열망을 가로막는다. 결국 굴욕감을 느끼며 그 대화에서 빠져나오게 된다.

서른두 살 때 나는 이런 대화의 흐름을 바꿀 수 있는 사회적 기술을 배웠다.

이 기술은 7장에서 언급했던 장 피에르 세르에게서 직접 배웠다. 세르는 그로텐디크가 '우스꽝스러운 논문'에 관한 편지를 보낸 바로 그 사람이다.

세르의 가르침은 단 5초, 한 문장에 불과했다. 하지만 내 인생에서 가장 효과적인 수리심리학mathematical psychology 수업이었다. 물론 그 의미를 완전히 이해하기까지 몇 달 동안 곱씹었다. 이 가르침 덕분에 내 모든 수학적 대화에서 다시는 굴욕감을 느끼지 않았다.

나는 이것이 인과관계라고 생각한다. 서른두 살에서 서른다섯 살 사이, 내 수학적 이해력은 깜짝 놀랄 정도로 빠르게 성장했다. 처음으로 나 자신을 온전히 인정하며 마음도 한결 편안해졌다. 또 내 연구 분야에서 눈부신 진전을 이루었고, 이 시기에 증명한 모든 정리가 무척 자랑스러웠다.

수학적 대화를 나누는 기술

물론 세르가 가르쳐준 기술을 곧 공유하겠지만, 먼저 그 배경을 설명해야 한다.

새로운 수학적 결과는 편집되고 출판되기 전 보통 세미나와 학회에서 구두로 먼저 발표된다. 나는 늘 수학적 대화를 즐기곤 했다. 하지만 칠판 앞에서 발표하는 형식은 유독 부담스럽게 느껴졌다. 발표는 보통 한 시간 동안 이어지며, 분필 한 자루만 들고 서 있는 내 앞에는 언제든 내 말을 툭 끊으며 질문을 던질 전문가들이 무표정하게 앉아 있었다. 이런 상황에서는 허세를 부릴 여지가 많지 않다. 하지만 그 점이 오히려 흥미롭다.

1997년 케임브리지의 아이작 뉴턴 수학 연구소에서 있었던 내 첫 연구 발표를 또렷이 기억한다. 당시 나는 박사과정 학생이었고 잔뜩 겁에 질려 있었다. 불안감을 극복하고 싶은 마음에 가능한 한 가장 기본적인 수준의 발표를 하기로 했고, 이를 위해서 엄청나게 많은 준비가 필요했다. 나는 내 이야기를 전달할 가장 단순한 정신적 표상과 가장 자연스러운 연결고리를 찾는 데 집중했다.

어떤 면에서는 청중뿐만 아니라 내 정신적 에너지도 최소화하려고 했다. 좋은 비유를 들자면 암벽 등반과 같다. 절벽을 오르려면 가장 힘이 덜 드는 동작과 경로를 찾아야 한다. 쉬워야만 성공할 수 있다. 어렵게 오르다가는 아주 크게 다칠 수 있다.

이 발표는 내게 계시와도 같았다. 다른 이들에게 설명하는 과정이 있어야만 내 결과를 제대로 이해할 수 있다는 사실을 깨달은 것이다. 이건 널리 알려진 현상이며, 수학자들 사이에서도 수학 강의의 진짜 목적은 교수 자신이 이해하는 데 있다는 말이 있다.

내게 수학을 제대로 이해하는 가장 좋은 방법은 완전 초보자에게 수학을 설명해야 한다고 상상하는 것이다. 나 스스로 바보인 듯 행동하면 결국 내 결과가 당연하게 보이는 방법을 찾게 된다.

많은 젊은 수학자가 난해하고 거창한 말로 자신을 감추려 하는 것과 달리 단순함을 추구하는 이런 접근법이 내 발표 방식이 되었다. 처음에는 순진한 내 방식이 오히려 불리하게 작용할까 싶어 두려웠다. 사람들이 진지하게 평가하지 않을 수도 있다는 위험도 있었다. 하지만 결과는 정반대였다. 내 강연이 단순할수록 사람들은 나를 더 똑똑하게 여겼다.

어느 날 파리에서 열렸던 군론 세미나인 슈발리 세미나에서 강연을 해야 했다. 발표할 만한 새로운 결과는 없었지만, 평소보다 더 단순한 강연을 할 기회였다.

강연장에 도착하니 열다섯 명 남짓한 연구원과 뒤쪽에 앉은 몇몇 학생이 자리를 지키고 있었다. 강연이 시작되기 몇 분 전 세르가 들어와 두 번째 줄에 앉았다.

나는 세르의 참석이 영광스러웠지만 곧바로 내 강연이 세르에게는 그리 흥미롭지 않을 수 있다고 알렸다. 일반 청중을 위한 강연인데다 아주 기본적인 내용을 설명할 예정이었으니까.

물론 세르에게 내색하지 않았지만, 그의 존재는 내게 상당히 부담스러웠다. 그렇다고 해서 세르를 의식해 내 발표 수준을 높이고 싶지는 않았다. 단지 세르가 안경을 벗었는지만 슬쩍슬쩍 살폈다. 안경을 벗는다는 건 강연이 지루해서 더는 듣고 싶지 않다는 뜻이었다. 다행히도 그런 일은 없었다. 강연이 끝날 때까지 세르는 안경을 쓰고 있었다.

나는 세르가 없었을 때처럼 평소대로 청중 전체, 특히 뒤쪽에 앉은 학생들을 향해 강연을 이어갔다. 내 말을 유심히 들으며 이해하는 듯한 표정을 짓는 학생들을 보니 무척 뿌듯했다.

내 발표는 평범했고 꽤 성공적이었다. 아주 깊이 있는 내용은 아니었지만 잘 준비되었고, 명확하고 이해하기 쉬웠다. 세미나가 끝날 무렵, 세르가 내게 다가와 이렇게 말했다. "난 아무것도 이해하지 못했으니 다시 설명해주셔야 할 것 같습니다."

바보처럼 보이기

이건 실제로 있었던 일이고, 나는 이 일로 깊은 당혹감에 빠졌다.

세르는 이해하다라는 동사를 보통 사람들과 다르게 사용한 게 분명했다. 그에게는 내 강연의 개념과 논리가 어려울 리 없었다. 아마 세르는 내 설명 자체가 아니라 그게 왜 참인지를 이해하지 못했다고 말하고 싶었던 것 같다.

이 경우는 1에서 100까지의 모든 자연수의 합을 구하는 문제와 비슷하다. 이해에는 두 단계가 있다. 첫 번째 단계는 논리를 한 단계씩 따라가며 그것이 맞다고 받아들이는 것이다. 하지만 받아들이는 것과 이해하는 것은 다르다. 두 번째 단계가 진짜 이해. 이 단계의 이해는 그 논리가 어디에서 비롯되고 왜 당연한지까지 보는 것이다.

세르의 말을 되짚어보니, 내 강연에는 '기적' 같은 부분이 너무 많았고, 임의적인 선택도 많았으며, 왜 그런지 모르는 채로 그냥 맞아떨어지는 부분도 많았다. 세르가 옳았다. 이해되지 않는 강연이었다. 세르의 피드백 덕분에 당시 내가 연구하던 대상과 상황에 대한 이해에 큰 구멍이 있다는 사실을 깨달았다.

그 후 몇 년 동안 여러 기적의 설명을 연구하는 과정에서 몇몇 구멍을 메울 수 있었고, 내 연구 경력에서 가장 중요한 결과들을 성취할 수 있었다(물론 여전히 설명되지 않은 기적들도 있다.).

하지만 가장 당황스러웠던 건 세르가 자신의 '이해하지 못함'을 너무나도 직설적이고 거침없이 드러낸 점이었다.

누군가의 강연을 자세히 듣고 난 뒤 연사에게 미소를 지으며 다가가 "아무것도 이해하지 못했다"라고 말하려면 상당한 용기가 필요하다. 나라면 그렇게 하지 못했을 것이다.

세르는 어떻게 용기를 냈을까? 처음에는 장 피에르 세르 정도 되면 그럴 만하다고 생각했다. 그러나 곰곰이 생각해보니 어쩌면 그 반대일 수도 있겠다는 생각이 들었다. 오히려 그의 이런 태도가 오늘의 장 피에르 세르를 만든 비결이 아닐까?

나는 확실히 알고 싶어서 직접 시도해보기로 했다.

몇 달 뒤 학회에 참석한 나는 박사과정 학생과 같은 테이블에 앉았다. 디저트를 먹는 동안 그 학생은 자신의 연구 분야에 관해 이야기하기 시작했다. 말할 필요도 없이 나는 그 학생이 하는 말을 전혀 알아듣지 못했다. 저녁 식사 후 그 학생을 따로 불러내 이렇게 말했다. "다시 한번 아주 천천히, 정말 쉽게 설명해줄 수 있을까? 학생의 연구 분야가 나한테는 좀 생소하거든. 몇 초 이상 집중하지 못하는 뇌 손상 환자한테 설명한다고 가정해봐."

학생은 내 말에 미소를 지었고, 친절하게도 처음부터 차근차근, 내가 당연히 알고 있어야 했지만 지금껏 한 번도 제대로 이해하지 못했던 내용을 기초부터 설명해주었다.

학생의 설명은 저녁 식사 자리에서 했던 이야기와 전혀 달랐다. 똑같은 단어를 사용하지도 않았고, 심지어 같은 주제를 이야기하지도 않았다. 어떻게 보면 자신의 연구 주제를 완전히 다른 두 가지 방식으로 이야기하는 것 같았다. 하나는 외부인 전용으로 진지하게 보이고 싶을 때 내놓는 형식적 설명이었고, 다른 하나는 관계자 전용으로 자신이 실제로 이해하고 있는 간단하고 직관적인 방식이었다.

그 학생은 아직 박사과정 중이었고, 나는 인정받는 학자였기 때문에 내 사회적 지위가 더 높았다. 저녁 식사 자리에서는 내게 깊은 인상을 남기려고 외부인 전용으로 설명한 것이었다. 그러나 내가 한없이 부족한 사람처럼 나 자신을 낮추자, 학생은 나와 동등한 입장에서 편하게 자기만의 이해 방식을 털어놨다.

세르의 기법이 지닌 또 다른 장점은 멍청한 질문들에 대한 부담을 단번에 없애준다는 것이다. 질문을 하나씩 던질 때마다 점점 더 수세에 몰리고 대화가 길어질수록 자존감이 꺾이는 느낌을 받는 대신, 처음부터 솔직하게 어리석은 질문이 많을 테고 심지어 똑같은 질문을 계속 반복할 수도 있다며 인정하고 들어가는 편이 훨씬 더 낫다.

수학적 대화를 하는 목적은 무언가를 배우기 위해서지, 굴욕을 당하기 위해서가 아니다.

때로는 대화의 절반 이상을 그동안 잘못 이해한 기본 개념을 되짚는 데 쓰기도 하고, 심지어 그게 전부일 때도 있다. 그래도 전혀 이해하지 못하는 주제에 대해 겉도는 대화를 하는 것보다는 낫다. 상대가 내 수준에 맞추려 하지 않고, 기본 개념부터 차근차근 설명해주려고 하지 않아도 속상해할 필요는 없다. 어쩌면 자기도 잘 모르는 수학을 이해하는 척 설명하는 진짜 사기꾼을 만났을 가능성이 크다. 진짜 사기꾼은 오히려 가면 증후군이 없는 사람들이다.

세르에게 배운 기법의 묘미는 바보인 척하면서도 오히려 자신감 있는 모습을 깊이 각인시키는 데 있다.

두려움을 거부하라

세르의 기법은 단순하면서도 강력하다. 그리고 누구나 할 수 있는 것처럼 보인다. 사실상 사람들의 눈을 똑바로 보고 웃으면서 잘 이해가 안 되니 처음부터 다시 설명해달라고 말하는 데는 아무런 제약이 없다. 분명 이건 IQ의 문제가 아니다.

한번 해보면 알게 될 것이다.

쉬워 보이지만 실제로는 그렇지 않다. 이해한 척하며 허세를 부리는 것도 어렵지만, 허세를 완전히 버리고 머릿속에 떠오르는 모든 바보 같은 질문을 여과 없이, 부끄러움 없이 던지는 것은 훨씬 더 어렵다. 세르의 기법은 7장에서 언급한 아이 마음의 사회적 버전이다. 우리는 본능적으로 자신의 무지를 숨기려 하므로 이 기법을 익히려면 몸과 감정을 잘 다스릴 수 있어야 한다.

진짜 바보로 낙인찍힐까 봐 걱정한다면 훨씬 더 어려워진다. 이게 바로 수학이 모든 고정관념과 사회적 불안감을 증폭시키는 이유다. 만약 제대로 인정받지 못하고 롤 모델이 부족한 소수 집단에 속해 있거나, 수학 유전자가 없어 잘 모른다고 은연중에 믿고 있거나, 혹은 단순히 수학을 못하는 사람이라는 사회적 정체성이 이미 굳어져 있다면, 세르의 기법을 실천하는 일이 훨씬 더 힘들 것이다.

결국 수학이 너무 어렵다는 두려움은 자기충족적 예언에 불과하다. 이 문제를 간단히 해결할 방법은 없지만, 몇 가지 실용적인 팁과 꾸준히 노력하라는 흔한 조언 정도는 해줄 수 있다.

세르가 내게 가르쳐준 건 돌려 말하는 것보다 솔직하고 직접적으로 말하는 것이 더 낫다는 점이었다. 차라리 부끄럽거나 숨기고 싶은 부분을 유쾌하게 드러내는 것도 하나의 방법이다. 유머는 내가 아는 한 두려움을 이겨내는 최고의 무기다. 자신의 지적 한계를 터무니없을 정도로 과감하게 드러내면, 어떤 질문이든 허용되던 어린 시절처럼 자유로운 해방지대를 잠시나마 만끽할 수 있다.

올바른 멘토를 찾는 것도 중요하다. 나는 이미 9장에서 피에르 들리뉴가 아벨상을 수상한 후 진행된 영상 인터뷰에 관해 이야기한 바 있다. 들리뉴는 이 인터뷰를 통해 수학에 대한 비전을 공유하고, 박사 지도교수가 되기 전 그로텐디크와 처음 나눈 교류를 비롯해 그의 경력에서 중요했던 순간들을 들려주었다.

당시 그로텐디크가 주최한 세미나에 학생 자격으로 참석한 들리뉴는 그로텐디크의 큰 체격과 삭발한 머리에 압도당했다. 그로텐디크는 강연 내내 자신의 연구에서 핵심적인 개념인 '코호몰로지cohomology'라는 수학적 대상에 관해 쉬지 않고 이야기했다. 하지만 들리뉴는 그 내용을 전혀 이해할 수 없었다. 강연이 끝날 무렵 들리뉴는 그로텐디크에게 다가가 '코호몰로지'가 무엇을 의미하는지 설명해달라고 부탁했다.

이것은 마치 아인슈타인의 강의를 듣고 난 뒤 그에게 다가가 '상대성 이론'이 무슨 뜻이냐고 묻는 것과 비슷했다. 반세기가 훨씬 지난 지금까지도 들리뉴는 당시 그로텐디크의 반응에 깊이 감탄했다. "정말 그분다운 태도였어요. 다른 사람이라면 개념조차 모르는 내 질문에 대꾸조차 안 했을 겁니다. 하지만 그분은 전혀 아니었어요. 아주 인내심 있게 설명해주셨죠."

그로텐디크의 너그럽고 인내심 넘치는 태도는 들리뉴에게 큰 영향을 미쳤고, 그가 수학자로 성장하는 데 중요한 역할을 했다.

그분은 정말 친절하셨어요. 얼핏 진짜 터무니없어 보이는 질문도 얼마든지 할 수 있었죠. 그분과 함께 있으면 아무리 바보 같은 질문이라도 거리낌 없이 할 수 있었어요. 지금도 그래요. 강연을 들을 때면 보통 맨 앞자리에 앉아 있다가 이해가 안 되는 부분이 있으면 내가 이미 알고 있어야 할 내용일지라도 꼭 질문을 한답니다.

이건 단순히 지나칠 말이 아니다. 들리뉴가 굳이 이 점을 강조하는 이유는 그게 얼마나 어려운 일인지 잘 알고 있기 때문이다. 그는 바로 이 지점에서 실패하는 수학자들을 수없이 보아왔다. 그들에겐 적절한 솔직함과 투명성이 부족했기 때문이다. 수학에서 가장 어려운 건 부끄러움이나 도망치고 싶은 본능, 무지를 감추려는 반사적 태도를 극복하는 일이다. 결국 이 모든 건 침착하게 몸과 마음을 온전히 몰입시키는 데 있다.

매스오버플로우 MathOverflow 라는 소셜 미디어 프로필에서 서스턴도 비슷한 말을 남겼다.

수학이란 혼란하고 어수선한 안개를 끈질기게 응시하다가 마침내 더 명확한 깨달음으로 나아가는 과정이다. 난 적어도 내 사고의 혼란스러움을 인정할 수 있을 때가 기쁘다. 그리고 무지하거나 혼란스러운 모습이 들통날지 모른다는 당혹감을 극복하려 애쓴다. 이 습관 덕에 수년 동안 몇몇 분야에서 깨달음을 얻었지만, 여전히 많은 부분에서 혼란스러움을 느낀다.

세르, 들리뉴, 서스턴, 그로텐디크 등의 뛰어난 수학자들이 모두 같은 점을 강조하는 건 우연이 아니다. 우리를 가로막는 두려움과 장애물을 극복하는 것이야말로 수학적 탐구의 본질이다.

당연히 잘 모를 수 있다. 당연히 두려울 수 있다. 그래도 당연히 두려움과 맞서 싸워야 한다. 수학에서 가장 중요한 과제는 바로 이런 마음가짐이다.

14

무술

　　　　　　　1649년 초 르네 데카르트는 스톡홀름 주재 프랑스 대사를 통해 스웨덴의 크리스티나 여왕으로부터 초청을 받았다. 여왕은 데카르트에게 개인 교습을 받고 싶어 했다.

　데카르트는 초청을 수락하기 전, 여왕이 진지한지 확인하고 싶어 대사에게 말했다. "이게 그저 변덕에 불과하고 여왕께 진지하게 배우려는 동기가 없다면, 스웨덴에 가지 않겠소."

　그 한 해 전, 데카르트는 파리의 초청을 받아 방문했지만, 시간 낭비했다고 느꼈다. "가장 역겨웠던 건 그들 중 누구도 내 얼굴 말고는 나에 대해 더는 알고 싶어 하지 않았다는 점이다." 이건 유명세의 대가였다. 그는 사상가로 존경받는 게 아니라 '코끼리나 표범처럼 희귀한 존재'로 취급받는 것 같았다.

아인슈타인보다 무려 300년이나 앞선 데카르트는 지식인으로서는 드물게 록스타급 명성을 누렸던 인물이다.

결국 크리스티나 여왕의 초청을 받아들인 데카르트는 스톡홀름으로 향했고, 쉰세 살을 맞이한 1650년 2월 11일 폐렴으로 사망했다. 그의 유해가 프랑스로 돌아가는 도중 두개골이 도난당했는데, 그 두개골은 2세기 동안 암시장을 떠돌았다. 두개골을 소유한 이들은 그 뼈에 어떤 특별한 힘이 있다고 믿기라도 한 듯 자기 이름을 새겨 넣었다. 데카르트의 두개골은 마침내 파리 인류박물관에서 안식을 찾았고, 오스트랄로피테쿠스 두개골 옆에 전시되었다.

세상에서 가장 고르게 분배된 것

이제 우리는 이 이야기를 너무나 잘 알고 있다. 첫 페이지부터 계속 반복해온 바로 그 이야기다. 우리는 수학이 무엇보다 태도의 문제라는 사실을 좀처럼 받아들이지 않고, 수학을 잘하는 사람들은 뭔가 특별한 뇌를 타고났을 거라고 고집한다. 그게 아니라는 천재의 주장에도, 우리는 그의 머리를 열어 그 안을 들여다보려 한다.

유명 인사가 되기 전인 1637년, 데카르트는 자신의 지적 여정을 담은 자전적 에세이 《방법서설》을 출간했다. 그 책을 통해 자신의 연구 방법을 밝히고 어떻게 당대 최고의 수학자가 되었는지 설명했다. 서두부터 그의 메시지는 매우 명확했다. 데카르트는 자신에게 특별한 재능이 없다고 생각했다.

내 머리가 남들보다 더 뛰어나다고 생각해본 적이 없다. 오히려 어떤 이들처럼 두뇌 회전이 더 빠르고, 상상력은 더 또렷하고 정확하며, 기억력이 더 풍부하고 예리했으면 좋겠다고 바란 적이 많았다.

데카르트가 인정한 건 우연히 발견한 특별한 방법 덕분에 사물을 바라보는 방식이 남들과 달랐다는 점뿐이다.

아마 나는 지식을 점점 쌓아 올려 정신적 한계와 짧은 인생이 허락하는 가장 높은 수준까지 도달할 방법을 고안해낸 것 같다.

데카르트가 설명한 이 방법은 유치할 정도로 단순하다. 오직 하나의 정신적 자원, 우리 모두에게 주어진 '양식good sense, 良識'만 있으면 된다. 다시 말해, 누구에게나 데카르트가 될 잠재력이 있다는 뜻이다. 데카르트는 이를 강조하기 위해 자신의 책 첫머리를 강렬한 구호로 시작한다. "양식이야말로 세상에서 가장 고르게 분배된 것이다."

우리는 아인슈타인과 대화를 나눌 기회가 없었고, 《추수와 파종》은 난해하고 거의 읽히지 않는 책이지만, 《방법서설》은 철학 역사상 가장 널리 읽히고 논의되는 책 중 하나다. 이 책이 출간된 지 거의 400년이 지났는데도, 수학을 잘하는 방법이 실제로 존재한다는 사실을 아는 사람이 어떻게 거의 없을 수 있을까?

데카르트를 읽지 못하는 우리의 집단적 무능은 솔직히 놀라울 정도다. 우리는 데카르트를 읽는 척하고, 이해하는 척하고, 중요하게 여기는 척하지만, 실제로는 진지하게 받아들이지 않는다. 마음 깊은 곳에서는 데카르트가 우리를 놀리고 있다고 확신한다.

이 뿌리 깊은 오해는 오늘날 수학을 대중화하는 데 실패한 중요한 이유이기도 하다. 하지만 문제는 그보다 훨씬 더 광범위하다. 사실 그 범위는 상상 이상으로 깊고 넓다.

실제로 데카르트는 수학에서 멈추지 않았다. 자기만의 특정 방법을 개발하고, 엄격한 규율 속에서 실천하고, 위대한 수학적 발견을 통해 타당성을 검증한 뒤, 그 방법을 이용해 과학과 철학 전체를 새롭게 재구성하려 했다.

데카르트가 구축한 사상 체계는 **합리주의**rationalism라고 불린다. 현재의 과학과 기술은 합리주의의 직계 후손이라 할 수 있다. 물론 합리주의는 데카르트가 예견하지 못한 한계와 함정에 부딪히기도 했다. 이 내용은 뒤에서 다시 살펴볼 것이다. 그렇다고 해서 합리주의의 성공이 빛을 잃은 건 아니다. 합리주의적 사고방식은 우리 각자의 내면에 존재하고 있으며, 좋든 싫든 이성이 중요한 역할을 한다는 건 널리 알려진 사실이다. 이유는 딱히 설명할 수 없어도 수학이 얼마나 강력한 도구인지 누구나 잘 아는 것처럼.

우리가 데카르트를 진지하게 받아들이지 않는다면 결국 이성 자체에 대한 이해를 거부하는 거나 다름없다.

《방법서설》은 이론서가 아니다. 이 책은 데카르트가 스스로 실험한 여러 정신적 기법을 설명하는 개인적 증언이다. 그는 이 기법들 덕분에 인지 능력을 키우고, 자신감을 기르고, 위대한 발견을 할 수 있었다고 단언한다. 게다가 자신의 주장을 뒷받침하기 위해 세 가지 과학 논문도 함께 실었는데, 그중에는 우리의 언어와 상상력을 완전히 바꿔놓은 혁명적인 수학 저작인 〈기하학〉도 포함되어 있다(데카르트는 역사상 처음으로 x라는 문자를 사용해 미지수를 나타냈다).

《방법서설》은 일종의 자기계발서이고 그 메시지는 단순하다. 데카르트는 누구나 자신의 지성과 자신감을 스스로 키워 나갈 수 있는 능력이 있다고 강조한다.

숨겨진 이성

수학자가 되면 이런 말을 왕왕 듣는다. "이성적인 사람이겠군요" 아니면 "논리를 좋아하겠네요" 또는 (가장 듣기 싫은) "수학은 잘하잖아요" 등등.

이런 말들은 그리 반갑지만은 않다. 그 이면에 "별난 사람이군요", "인생은 알기나 해요?" 혹은 "학창 시절 쌓인 수학 스트레스를 당신한테 다 풀어버리고 싶어요"라는 뉘앙스가 깔려 있기 때문이다.

이성은 수학만큼이나 평판이 나쁘다. 그리고 수학처럼 이성 역시 두 가지 모습이 존재한다. 겉으로 드러난 이성은 기존 지식, 과학과 기술, 조리 있는 논리적 주장으로 나타난다. 학교는 이성을 가르치는 데 많은 시간을 들이지만, 결과는 늘 어긋난다.

이성의 또 다른 면모, 즉 이성의 비밀스럽고 내면적인 차원은 우리가 일부러 감추려고 작정한 것처럼 거의 드러나지 않는다.

11장에서 나는 이성을 시스템 2(규칙과 논리를 따르는 기계적 사고)의 동의어로 제시했다. 대다수 사람에게는 편리한 정의지만, 이 때문에 심각한 문제가 발생한다. 이성을 시스템 1(직관적이고 즉각적인 사고)과 대립시키는 순간, 이성은 인간의 이해에 반하는 개념으로 정의된다. 따라서 많은 사람이 이성을 딱딱하고 매력 없는 것으로 치부해도 그리 놀랄 일은 아니다.

이런 이성의 정의는 설득력이 떨어지지만, 여전히 이를 강요하는 사람들이 있다. 그들은 대부분 우월감이 넘쳐 남을 무시한다. "이성적으로 생각해"라는 말은 곧 "채소를 먹어야지", "숙제해", "윗사람 말 들어," "욕심을 버려", "내 말 들어"라는 의미로 쓰이곤 한다. 그들은 우리에게 이성적으로 행동하라고 명령하지만, 정작 그 이성이 무엇인지는 제대로 설명하지 못한다. 게다가 데카르트를 칭송하면서도 그를 얼마나 오해하고 있는지조차 모른다. 만약 데카르트가 그렇게 초라한 사고방식을 갖고 있었다면 그는 이미 잊혔을 테고, 동시대인들 역시 그를 보며 '코끼리나 표범처럼' 경탄하는 일도 없을 것이다.

시스템 2를 향한 극찬을 기대하며 《방법서설》을 펼친다면 아마 크게 실망할 것이다. 데카르트의 위대한 혁신은 직관과 주관을 지식 탐구의 핵심에 두었다는 것이다. 그는 기존 지식과 책에 기록된 내용을 불신했고, 권위에도 별 의미를 두지 않았다. 그리고 모든 것을 스스로 자신의 머릿속에서 재구성하는 걸 좋아했다. 데카르트의 방식은 아인슈타인이나 서스턴, 그로텐디크와 매우 비슷하다. 즉 직관과 논리 사이에서 천천히 신중하게 대화하며 자신의 직관을 발전시키는, 이른바 시스템 3의 방식이다.

데카르트는 자신의 방식이 단지 수학자들의 방식일 뿐이라고 솔직하게 밝혔다. 그는 자신의 방식을 설명하면서 이성이나 합리주의라는 단어를 한 번도 사용한 적이 없었다. 이 단어들은 데카르트 시대에는 존재하지 않았고, 훗날 그의 접근 방식을 정의하기 위해 새롭게 만들어진 것이다. 데카르트가 오늘날 '이성적인 사람'으로 평가받을 수 있을지는 직접 판단해보길 바란다.

세상이라는 위대한 책

르네 데카르트는 1596년 프랑스 중심부에 있는 작은 마을에서 태어났으며, 오늘날 그 마을은 그의 이름을 따 데카르트로 불린다. 데카르트가 살았던 세상은 우리가 사는 세상과는 매우 달랐다. 데카르트의 사상을 제대로 이해하려면 먼저 그가 살았던 세상을 이해해야 한다.

《방법서설》을 망치는 가장 좋은 방법은 이 책을 학교에서 우등생이 되는 비법을 알려주는 세계적 고전이나 동료들의 존경을 받는 연구 방법을 설명하는 학자의 저서로 곡해하는 것이다.

이것이 데카르트의 메시지는 아니며, 그의 삶 역시 오늘날 우리가 흔히 떠올리는 지식인의 전형적인 모습과는 거리가 멀다. 데카르트는 학계에서 일하지도 않았고, 글쓰기로 생계를 꾸리지도 않았다. 그저 배움에 열정적인 뛰어난 학생이었지만, 자신이 받은 교육을 가혹하게 평가하기도 했다. "나는 학업을 마친 뒤 흔히 교양 있는 사람으로 인정받았다…. 내가 너무나 많은 의심과 오류에 빠져 있다는 걸 알았다. 그래서 배움을 통해 현명해지려 했지만, 오히려 아무런 이득도 얻지 못한 것 같았다."

데카르트는 학문적 '추론'을 외면하고 '세상이라는 위대한 책'에서 직접 배우기로 마음먹었다. 그래서 발길 닿는 곳이면 어디든 갔다. "젊은 시절의 나머지 시간을 여행하며 궁정과 군대를 방문하고, 다양한 성향과 신분의 사람들과 어울리고, 여러 경험을 쌓고, 우연히 맞닥뜨린 상황에서 나 자신을 시험해보기도 했다."

무술

데카르트는 '진리를 찾는 것'이 생애 가장 큰 열정이라고 분명히 밝혔다. 이 태도를 비웃거나 현대적 시각에서 깔보며 진리라는 개념을 구시대의 유물로 여기는 건 아주 쉽다. 하지만 바로 이 지점에서 데카르트의 가르침이 빛을 발한다.

우리가 이성과 논리를 동일시하고, 진리를 사회적, 언어적 차원으로만 축소하며 합의나 권위를 부여한다면, 데카르트적 접근 방식의 핵심을 완전히 놓치게 된다.

데카르트에게 진리는 삶과 죽음의 문제였다. 그는 수리심리학의 독특하고 강력한 측면을 완벽하게 구현한 인물로, 진리에 대한 그의 태도는 신체적, 거의 육감적이었다.

나는 늘 참과 거짓을 구별할 수 있는 법을 배우고, 내 행동의 진짜 모습을 제대로 파악하며, 인생을 자신 있게 살아가고 싶다는 뜨거운 열망을 느꼈다.

데카르트는 쉽게 얻어지는 진리에 큰 관심이 없었다. 전통이라는 이유로, 또는 이러이러한 사람이 그렇다고 말했으니까, 아니면 단순히 그럴듯해 보이기 때문에 받아들이는 진리를 따르지 않았다. 그가 진정으로 관심을 가졌던 건 하루아침에 변하지 않는 확고한 진리, 삶을 강하게 만들고, 자신감을 심어주고, 인생에서 올바른 선택을 할 수 있게 해주는 근본적인 진리였다.

데카르트는 진리를 일종의 무술처럼 여겼다. 그에게 진리는 훈련을 통해 몸에 밴 본능이자 실제 행동으로 드러나는 것이었다. 그 밖의 것들, 즉 철학적 논쟁, 책임지지 않을 말만 늘어놓는 지식인들의 '의견'은 그에게 아무런 흥미도 가치도 없는 말장난에 불과했다. "서재에 혼자 틀어박혀 연구하는 아무런 영향도 주지 않는 추론보다 우리에게 영향을 미치고 잘못 판단하면 곧바로 해를 입을 수 있는 이성적 판단에서 훨씬 더 많은 진리를 발견할 수 있다고 생각했다."

이런 관점에서 보면, 데카르트가 펜싱에 유난히 집착했던 것도 그리 놀라운 일이 아니다. 그는 스무 살 때 '책 쓰는 일'이 싫다고 스스로 고백했음에도 펜싱에 관한 2부작 논문을 썼다. 비록 원고는 전해지지 않지만, 남아 있는 요약문을 통해 데카르트가 얼마나 일찍부터 신체의 숙련이라는 문제에 깊은 관심을 가졌는지 알 수 있다.

〈펜싱의 기술〉이 오늘날 출판된다면, 아마 출간 즉시 베스트셀

러가 될 것이다. 특히 이 논문의
두 번째 부분이 약속한 대로 "동
일한 체격, 동일한 힘, 동일한 무
기를 가진 두 사람이 경쟁할 때 항
상 상대를 이기는 법"에 대한 내
용을 담고 있다면 더욱 그랬을 것
이다.

하지만 여기서도 현대적 관점
으로 접근하면 데카르트의 핵심을 완전히 놓치고 만다. 데카르트에
게 펜싱은 주말마다 동호회 회원들과 취미로 즐기는 스포츠가 아니
었다. 또한 지적 논쟁의 비유적 수단도 아니었다. 펜싱은 말 그대로
무술, 즉 전쟁의 기술이었다.

스물두 살이 된 데카르트는 신체적 능력과 그 활용법에 대한 자
신감을 바탕으로, 흔히 지적 탐구와 거리가 멀다고 여겨지는 길을
선택했다. 그는 용병으로 입대했다.

이성적인 꿈

데카르트가 살던 시대에 유럽의 위대한 지성들은 한 가지 심오한
질문을 고뇌하고 있었다. 태양이 지구를 도는가, 아니면 지구가 태
양을 도는가?

여기서 '고뇌'라는 말이 어떤 구체적 의미를 지니는지는 가히 상

상하기 어렵다. 오늘날에는 사람들의 마음을 이토록 강렬하게 사로잡는 과학적 논쟁이 없다. 지구가 평평하다고 주장하는 사람들이 있긴 하지만, 과학계가 이 질문을 '고뇌'한다고 말하는 건 지나친 과장일 것이다.

코페르니쿠스는 지구가 우주의 중심이라는 기존의 관점을 뒤집으면서 단순한 과학적 논쟁 이상의 파장을 일으켰다. 그는 기독교 세계가 다음과 같은 실존적 질문을 던지게 했다. 진리는 반드시 책에 쓰여 있는 것인가, 아니면 인간인 우리가 스스로 발견할 수 있는 것인가?

1619년 11월 10일에서 11일 밤, 스물세 살의 데카르트는 독일 노이부르크 안 데어 도나우에 주둔하고 있을 때 세 가지 꿈을 꾸었다.

첫 번째 꿈은 다소 어수선했지만, 누군가가 그에게 멜론을 주려던 장면이 특히 인상적이었다. 데카르트는 이 멜론이 '고독의 매력'을 상징한다고 생각했다.

두 번째 꿈에서는 벼락에 맞은 것 같은 느낌을 받았다. 깜짝 놀라 잠에서 깨어나자, 방에 불이 난 것처럼 사방에 튀는 불꽃이 보였다. 데카르트는 이 현상을 '진리의 영혼'이 자신을 지배하러 온 것이라고 해석했다.

세 번째 꿈은 이른바 자각몽이었다. 꿈속에서 데카르트는 자신이 꿈을 꾸고 있다는 사실을 자각했고, 꿈을 꾸는 동안 자신의 꿈을 풀이하기 시작했다.

탁자 위에 사전 하나가 놓여 있었다. 데카르트는 무척 기뻐하며 그 사전이 쓸모 있으리라 생각했다. 그러나 두 번째 책이 시선을 끌었다. 그가 읽고 있던 방대한 시집이었다. 책장을 넘기고 있을 때 낯선 사람이 다가와 한 편의 시를 보여주었다. 데카르트는 그 시가 고대 로마의 시인 아우소니우스Ausonius의 〈피타고라스의 예와 아니요The Pythagorean Yes and No〉의 첫 구절임을 알아차렸고, 시집에서 그 시를 찾으려 했다.

잠시 후 데카르트는 사전이 망가졌다는 걸 깨달았다. 그러자 낯선 이와 책들도 사라졌다. 데카르트는 잠에서 깨지 않은 채로 사전을 과학의 상징으로, 시집을 철학과 지혜의 상징으로 해석했다. 그 꿈의 핵심은 바로 이것이었다. 과학을 재건하려면, '열정의 신성함'과 '상상력의 힘'을 통해 '(돌 속에 숨은 불꽃처럼 모든 사람의 머릿속에 있는) 지혜의 씨앗'을 찾아내는 시인들의 기법에서 영감을 받아야 한다는 것.

데카르트는 이렇게 이성이라는 개념을 발명했다. 잠에서 깨어난 그는 진리가 책 속에 있는 게 아니라 우리 머릿속에 있다는 사실을 계시해주기 위해 진리의 영혼이 자신에게 내려와 "모든 학문의 보물창고를 열어주었다"라고 확신했다. 인간이 사고의 힘을 통해 진리를 스스로 발견할 수 있다는 깨달음이었다.

데카르트에게 진리의 핵심 기준은 증거다. 여기서 말하는 증거는 피상적이거나 종종 오류가 나는 첫 직관이 아니라, 모든 게 완전히 투명해질 때까지 완벽하게 이해하게 하려는 의도적이고 체계적인 명확화, 언어화, 설명의 노력을 통해 구축된 증거를 뜻한다. 데카르트는 "우리가 아주 명확하고 뚜렷하게 인식하는 것들은 언제나 참이다"라고 말했다.

참된 수학

　이 깨달음은 데카르트의 남은 삶을 인도했다. 다음 해인 1620년, 데카르트는 군 복무를 그만두고 과학에 전념했다. 그는 '모든 과학 중에서 가장 쉽고 명확한' 산술과 기하학으로 시작했으며, 이 분야에서 뛰어난 성과를 내며 성공적인 학문의 여정을 시작했다.

　데카르트는 수학에서 모든 지식의 기초를 보았다. 우리가 흔히 생각하는 기술적 의미(17세기 이후 수학적 형식주의가 과학의 기본 도구가 된 것처럼)에 그치지 않았다. 데카르트에게 수학은 그보다 더 근본적이고 원초적인 의미, 곧 인간 심리의 깊은 곳에 자리한 본질적인 토대이기도 했다.

　데카르트에게 수학을 이해하는 경험은 '이해하기'의 진정한 의미를 깨닫게 하는 유일한 수단이었다. 수학적 이해는 계시처럼 우리에게 강렬하고도 독특한 체험을 선사한다. 수학은 일종의 영적 깨달음이다. 그리고 지식의 길을 찾아갈 때 길잡이가 되어줄 올바른 신체 감각을 가르쳐준다. 이 맑고 투명한 진리의 형태를 직접 경험해보기 전까지는 '명확하고 뚜렷하다'는 것이 무슨 뜻인지 알 수 없고, 데카르트가 전하려는 바가 무엇인지도 이해할 수 없으며, 데카르트의 말처럼 진정한 지식 추구의 길에도 들어설 수 없다.

　1628년 무렵, 데카르트는 자신의 방법론을 처음으로 정리한 《정신 지도의 규칙》을 쓰기 시작했다. 이 글은 데카르트가 끝내 출간하지 않았지만, 10여 년 후 집필된 《방법서설》의 예고편이라 할 수 있다.

데카르트는 이 책에서 기존의 공식 수학을 '겉옷'에 비유하며 겉옷을 벗어야만 진짜 본질에 다가갈 수 있다고 주장한다. "만약 이 규칙들이 산술학자나 기하학자가 시간이나 때우려고 푸는 쓸모없는 문제들을 해결하는 데만 유용하다면, 나는 이 규칙들을 그리 높이 평가하지 않았을 것이다. 그렇게 따지면 내가 이룬 성과는 그들보다 좀 더 교묘하고 하찮은 일에 매달린 것에 불과할 것이다."

데카르트는 자신이 생각하는 '참된 수학'과 교과서에서 볼 수 있는 '유치하고 쓸데없는' 수학을 대조한다. 그가 직접 산술과 기하학을 공부하며 느꼈던 가장 큰 불만은 이 둘의 괴리였다. "두 분야 모두에서 나를 완전히 만족시키는 저자를 만나지 못했다. 수에 관한 수많은 내용을 읽었지만, 직접 계산을 해보기 전에는 그 내용이 정말 참인지 알 수 없었다. 저자들은 여러 기하학적 진리를 내 눈앞에 펼쳐 보이고, 논리적 추론으로 결론을 끌어냈다. 하지만 왜 그런 결과가 나오는지, 어떻게 그런 진리를 발견하게 되었는지는 충분히 납득할 만큼 설명해주지 않았다."

고대 그리스 철학자들은 수학에 특별한 지위를 부여했다. 그들은 수학을 모든 철학과 과학의 전제 조건으로 삼았다. 전설에 따르면, 플라톤의 아카데미 입학 신청서에는 다음과 같은 문구가 새겨져 있었다고 한다. "기하학을 모르는 자는 들어오지 말라."

데카르트에게 이 문구는 말이 되지 않았다. 만약 고대 그리스인들이 단지 '유치하고 쓸데없는' 수학만 알고 있었다면, 수학을 그렇게 중요하게 여겼을 리 없다. 데카르트는 그들이 분명 '참된 수학'을 알고 있다고 생각했다. "나는 그들이 오늘날 통용되는 수학과는 전혀 다른 수학을 알고 있었으리라 생각하게 되었다."

데카르트는 이 특별한 수학이 어째서 우리에게 전해지지 않았는지에 대한 설명도 제시한다. 데카르트에 따르면, 고대 그리스인은 이 수학이 너무나 쉽고 단순했기 때문에 고의로 비밀에 부쳤다. 만약 그것을 공개했다면 자신들의 지적 명성이 훼손될 수도 있었기 때문이다.

나는 이 저자들 스스로가 치명적인 교활함을 발휘해 이 수학을 훗날 억압했다고 생각하게 되었다. 실제로 많은 발명가가 자신의 발견을 일부러 감췄다는 사실은 익히 알려져 있다. 그들은 자신의 방법이 정말 쉽고 단순해서 공개가 되면 평가 절하될까 봐 두려웠을지도 모른다. 그래서 우리의 감탄을 얻기 위해, 그 방법 자체를 가르치기보다는 오히려 그 방법의 산물인 몇 가지 공허한 진리들을 교묘한 논증으로 증명해 보였을 것이다. 그 방법 자체를 공개했다면, 우리는 그들을 향한 감탄을 거둘 수도 있었을 것이다.

우리 안의 진리와 다시 연결되기

《정신 지도의 규칙》은 이 책이 처음부터 다루었던 주제를 예측한 선견지명이 뛰어난 책이다. 데카르트는 심지어 한 가지 심오한 진리를 명확하게 정리했다. 오늘날에도 매우 현대적 사고로 들릴 만큼 깊이 있는 개념이다. 우리가 진리를 깨닫는 데 큰 장애물은 심리적 걸림돌이라는 것이다.

데카르트의 접근 방식은 매우 사색적이다. 이 오래된 지식의 길을 되찾기 위해 데카르트는 우리가 원초적인 맑은 이성, 즉 "인간의 마음에 자연스럽게 심어진 진리의 씨앗들, 소박하고 순수했던 시대에는 힘차게 자랐지만 온갖 오류를 읽고 듣는 과정에서 우리 안에서 억눌려온 그 씨앗들"과 다시 연결될 것을 제안한다.

데카르트는 진리를 깨닫기 어려운 이유가 지적이거나 이성적인 문제가 아닌 감정적인 차원에서 비롯된다고 지적한다. 실제로는 이해하지 못하면서 남들에게나 스스로에게 이해한 척해야 한다는 사회적 욕구에서 이런 문제가 생긴다는 것이다. 이는 마치 포스버리의 점프처럼, 올바른 기술을 위해서는 위험해 보인다는 본능적인 회피 반응을 극복해야 한다. 우리는 잘못된 이해와 허세에서 벗어나야 한다.

이런 회피 본능은 특히 지식인들에게서 두드러진다. "배운 사람은 어떤 문제에 대한 무지를 인정하는 게 체면을 구기는 일이라 생각한다. 그래서 억지로 만들어낸 이론을 자꾸만 덧붙이다가 결국 그게 사실이라고 스스로 믿게 되고, 마침내 진리인 양 내세우게 된다."

우리의 불안감은 진정한 이해가 가능하다는 생각 자체를 포기하게 한다. 진리가 정말 단순할 수 있다는 사실을 믿지 못하기 때문에 오히려 복잡하고 어려운 곳에서 지식을 찾으려 한다.

데카르트는 자신의 조언이 인간의 본능을 얼마나 거스르는 일인지 잘 알고 있었기 때문에 다음과 같이 강조했다.

정신의 직관이나 추론 없이는 어떤 지식도 가질 수 없다.

우리가 진리를 발견하는 모든 방법은 정신의 눈이 집중해야 할 대상들을 체계적으로 정리하고 배열하는 데 달려 있다.

복잡하고 모호한 명제를 단계별로 더 단순한 명제로 차근차근 줄이고, 가장 단순한 명제의 직관에서 시작해 같은 단계를 거쳐 나머지 모든 지식에 이르려고 한다면, 우리는 이 방법을 정확히 따르게 될 것이다.

하지만 많은 이들은 이런 규칙이 무엇을 요구하는지 곰곰이 생각하지 않거나, 아예 무시하거나, 그냥 필요가 없다고 생각한다…. 건물 맨 아래에서 맨 위까지 한 번에 뛰어오르려고 하면서, 그 목적을 위해 마련된 계단을 무시하거나 알아차리지 못하는 것과 같다.

탐구해야 할 일련의 대상 중에서 우리의 지성이 충분히 직관할 수 없는 무언가를 발견한다면, 우리는 그 지점에서 멈춰야 한다.

"내 솔직함은 모두에게 인정받으리라"

하지만 **규칙들**이 명확히 밝히지 않은 점이 하나 있다. 바로 데카르트가 중대한 문제에 직면했다는 사실이다. 이 문제는 데카르트 철학에서 핵심이지만, 그는 끝내 해결하지 못했다. 직접 이 방법을 시도해보았고 실제로 효과가 있다는 것을 알았지만, 그 이유를 설명할 수는 없었다.

모든 수학자가 마주하는 이 문제는 앞서 논의한 바 있다. 머릿속에서 이루어지는 보이지 않는 동작을 사실상 말로 설명하기 어렵다는 문제다. 다른 이들이 이해할 수 있도록 그 방법을 구체적으로 설명하는 것도 쉽지 않다. 그 방법이 효과가 있다는 사실에 대한 합리적인 설명도 찾기 어렵다. 우리의 정신적 경험을 공유하기 위한 어휘가 너무 빈약하다 보니 금세 그럴듯하게 말하는 척하지만 결국은 알맹이 없는 허상만 늘어놓는 것처럼 보이기 쉽다.

솔직히 말해, 데카르트가 '진리의 영혼'이 내려와 자신을 사로잡았다고 하거나 '인간의 마음에 자연스럽게 심어진 진리의 씨앗'에 대해 이야기할 때는 그를 진지하게 받아들이기가 힘들다. 하지만 당시 데카르트가 내놓을 수 있었던 설명은 그것뿐이었다. 이 때문에 그는 **이원론적** 입장을 갖게 되었다. 데카르트는 정신과 육체가 분리되어 있다고 상상했다. 우리의 정신은 비물질적인 본성을 지녔으며 신의 형상을 따라 창조되었으므로 마치 마법처럼 진리에 도달할 수 있다고 보았다.

이 믿음을 어떻게 생각하든 우리는 당연하게 받아들일 수 없다.

어쨌든 데카르트가 스스로에게 요구했던 엄격한 기준, 즉 의심의 여지 없는 명백한 것만 진리로 받아들이겠다는 수준에는 미치지 못하는 설명이다.

멀리서 보면 이 문제가 얼마나 심각한지 알 수 있다. 17세기에는 신경 가소성에 근거한 설명을 이끌어내는 게 불가능했다. 게다가 데카르트 시대에는 인체에 대한 지식이 매우 제한적이었다. 데카르트조차도 심장은 혈액을 데우는 용광로라 여겼고, 관장이나 피 뽑기 같은 의료 행위는 요란한 눈요기 쇼로 꾸며져 진행되곤 했다.

역사상 위대한 수학자 중 창의성에 대해 초자연적인 설명을 한 사람은 데카르트만이 아니다. 그로텐디크는 《추수와 파종》 이후 집필한 《꿈의 열쇠 La Clef des Songes》라는 신비로운 저서에서 신이 자신의 꿈에 들어와 진리를 보여주었다고 썼다.

이 책의 마지막에서 더 자세히 다룰 스리니바사 라마누잔 Srinivasa Ramanujan 역시 가족의 수호신 나마기리 타야르 여신이 꿈에서 계시한 덕분에 자신의 정리를 완성했다고 말했다.

솔직히 나는 이런 설명들에 항상 회의적이었다. 이에 대해서는 마지막 장에서 다시 다루겠다.

어쩌면 데카르트는 다른 이들을 설득하기 어렵다는 것을 어느 정도 예감했기 때문에 《정신 지도의 규칙》을 완성하지 않고 포기했는지도 모른다. 그는 자신의 방법을 직접 설명하기보다는 실제로 실천하는 길을 택했다. 수학, 물리학, 생물학 분야에 몰두하고, 유럽 전역을 여행하고, 암스테르담의 정육점 구역에서 여러 해를 보내며 동물 사체를 해부하기도 했다. 해부학은 그의 주요 관심사 중 하나였다.

1630년대 초, 데카르트는 모든 자연 현상을 설명하는 야심 찬 책 《세계, 혹은 빛에 관한 논고Le monde ou Traité de la lumière》를 준비하고 있었다. 하지만 이 계획 전체를 흔드는 사건이 발생했다. 1633년 2월, 갈릴레오가 코페르니쿠스의 이론을 옹호했다는 이유로 이단으로 몰려 가택 연금형을 받은 것이다.

자신의 안전에 관해서는 매우 철저했던 데카르트는 연구와 논문의 출판을 중단했다. 신변의 위험에 대한 우려는 그가 네덜란드로 자발적 망명을 떠난 이유이기도 했다. 네덜란드는 개신교 국가였기 때문에 종교재판소의 영향력이 미치지 않는 곳이었다.

데카르트는 완성된 저술을 그대로 출간하면 유죄 판결을 받을 수 있다고 판단해 논란의 소지가 적은 일부 장만을 발췌해 부분 출판하기로 결심했다.

《방법서설》(원제는 "이성을 올바로 이끌고 학문에서 진리를 탐구하는 방법에 관한 담론")은 데카르트가 1637년에 익명으로 출간한 저작 모음집 서문에 해당한다. 이 서문 뒤에는 세 편의 짧은 논문이 이어진다. 앞서 언급한 수학 논문 〈기하학〉, 제목 그대로 빛에 대해 다루는 〈광학〉, 그리고 바람, 번개, 무지개와 같은 자연 현상을 설명한 〈기상학〉 등이다. 이 글들은 모두 데카르트의 방법이 얼마나 효과적인지를 보여주는 증거로 제시되었다.

《정신 지도의 규칙》이 극도로 단정적이고 권위적인 문체로 쓰인 것과 달리 《방법서설》은 놀랍도록 겸손하게 시작한다.

데카르트는 자신의 이야기가 다소 지나치며 사람들이 쉽게 소화하기 어려울 수도 있다는 점을 깨달은 듯하다. 데카르트 자신도 스스로를 완전히 믿지는 않은 것 같다. 책의 첫 장부터 그는 모순이 있음을 고백한다. 한편으로는 자신의 과학적 연구가 매우 중요하다는 사실을 잘 알고 있었고, 이 점에서는 과장된 겸손을 보이지 않았다. 하지만 다른 한편으로는 자신이 특별히 재능이 있는 사람이라고 생각하지 않았다.

그래서 데카르트는 자신의 성공이 우연히 발견한 방법 덕분이라고 결론 내렸다. 하지만 이 방법이 너무 완벽해서 믿기 어려울 수 있다는 걸 인정했다.

> 하지만 내가 틀렸을 수도 있고, 구리와 유리를 금과 다이아몬드로 착각하고 있을 수도 있다. 우리가 얼마나 잘못 판단하는지 나도 잘 안다…. 따라서 이 책의 목적은 모두가 따라야 할 올바른 이성의 방법을 가르치려는 게 아니라, 단지 내가 이성을 어떻게 이끌려고 했는지 보여주는 것이다.

간단히 말하면 데카르트는 교훈을 남기려고 이 책을 쓴 게 아니다. 《추수와 파종》처럼 《방법서설》 역시 일종의 자서전이며, 반드시 곧이곧대로 믿어야 하는 증언이 아니다. "이 책이 누군가에게 도움이 되고, 아무에게도 해가 되지 않기를, 내 솔직함이 모든 이에게 인정받기를 바란다."

본능적 의심

데카르트의 의심은 벤 언더우드의 혀 차는 소리와도 비슷하다. 사람들은 그 방법이 효과가 있다는 걸 믿지 못해 굳이 시도조차 하지 않거나, 시작도 하기 전에 포기한다.

수학계 밖에서는 의심을 진지하게 받아들이는 사람이 거의 없다. 정말 안타까운 일이다! 한 위대한 수학자는 자신의 지능이 평범하다고 말하면서도 어떻게 그런 경지에 도달했는지 친절하게 들려준다. 비록 그 경험담이 이론적 근거는 없지만 '따라 할 만한 사례'로 삼아달라고 분명히 밝혀두었다. 수 세대에 걸쳐 많은 학생들이 《방법서설》을 철학적 논문으로만 여기며 억지로 공부해왔다. 하지만 이를 실제로 실천한 사람은 거의 없었다.

이 장을 마치기 전에, 데카르트의 의심이 실제로 무엇인지, 그리고 그 의심을 통해 얻을 수 있는 개인적 이점이 무엇인지 명확히 해둘 필요가 있다. 의심은 우리가 이제 막 다루기 시작한 또 다른 핵심 개념, 수학적 증명을 소개하는 최적의 방식이기 때문이다.

학교에서는 데카르트의 의심을 방법적 회의methodical doubt라고 배운다. 즉 방법은 의심(회의)에 바탕을 둔다는 뜻이다. 하지만 이 표현은 혼동을 불러일으킬 수 있다. 마치 방법적으로 의심해야 한다고 오해하기 쉽다.

하지만 사랑에 빠지는 게 방법적으로 불가능한 것처럼 의심도 방법적으로 할 수 없다. 의심은 오직 본능적으로 할 수 있다. 모든 데카르트적 회의는 내면 깊은 곳에서 우러나오는 것이다.

방법적 의심을 바라는 것은 기계적 사고인 시스템 2와 직관과 논리의 대화인 시스템 3을 혼동하는 것이다.

데카르트가 시스템 2를 반대한 것은 아니다. 예를 들어 그는 아무것도 빠뜨리지 않도록 목록을 만들 것을 권했다. 하지만 의심의 과정은 시스템 2에 속하지 않는다. 의심은 말로 할 수 있는 것이 아니라, 오직 조용히 머릿속에서만 할 수 있다. 의심은 매우 개인적이고 내밀한 것이다. 만약 겉으로만 의심하는 척하거나, 끝까지 밀고 나가지 않거나, 과감하게 몰입하지 않으면 아무런 가치가 없다.

데카르트는 의심이라는 개념을 고안하면서 기존의 공식적 지식과 대립하는 태도를 보였다. 그가 살던 시대에는 진리가 곧 권위였다. 진리는 곧 전통이었고, 책에 쓰여 있는 것이었다. 과학은 2,000년이 넘은 아리스토텔레스 방식을 계승하고 있었다. 아리스토텔레스 방식은 99% 참이라고 여겨지는(혹은 믿을 만한 사람이 99%, 80%, 아니면 51% 맞다고 말하는) 온갖 잡다한 것들을 모아 체계화하는 것이었다. 하지만 정확한 기준은 존재하지 않았다.

한 예로 아리스토텔레스는 지구가 둥근 이유를 설명할 때 여러 출처에서 가져온 온갖 다양한 논거들을 모았다. 논거가 많을수록 설득력이 더 강하다고 여겼고, 결국은 아프리카에도 코끼리가 있고 아시아에도 코끼리가 있으니 결국 두 끝이 만나게 된다고 조용히 결론지었다. 그것이 지구가 둥근 이유였다.

의심한다는 것은 어떤 주장에 코를 들이대고 뭔가 이상하다는 낌새를 느끼는 것이다. "뭐? 정말?" 하고 스스로에게 물을 수 있는 여유를 주는 것이다.

데카르트의 입장은 아주 단순하다. 그는 99.99% 확실해 보여도 100%가 아니라면, 과학적으로 아무런 가치가 없다고 말한다. 흥미로울 수는 있지만, 그 위에 아무 지식도 쌓을 수 없기 때문이다(앞으로 살펴보겠지만 이는 매우 극단적인 입장이고, 아무리 순수하게 봐도 대단히 문제가 많다. 실제로 현대 과학은 100% 확실하지 않더라도 매우 가능성이 높은 이론에 바탕을 두고 있다. 물론 그렇게 할 만한 충분한 이유도 있다).

데카르트적 의심을 가르치기는 어렵다. 지식도 아니고, 논증의 방식도 아니므로 평가할 수가 없기 때문이다. 누구도 종이 한 장에 의심을 품을 수는 없다. 의심은 보이지 않는 내면의 움직임, 은밀한 행동이다. 무언가를 의심한다는 것은 설령 그럴 가능성이 희박해 보여도 그게 사실이 아닐 수도 있는 상황을 상상해볼 수 있다는 뜻이다.

데카르트는 남의 말뿐만 아니라 무엇보다도 자신의 확신까지 의심하라고 요구한다. 이것이 그의 방법론의 핵심이며, 우리가 가장 따라가기 어려운 부분이기도 하다. 자신의 확신을 의심하는 건 머리부터 뒤로 누워서 높이뛰기를 하는 것과 같다. 본능적으로 위험함을 느끼기 때문이다. 우리는 신체적 약점이 드러날까 두렵고, 실패할까 봐 겁내고, 끝없는 심연에 빠져 아무것도 믿지 못하게 될까 봐 조마조마해한다. 게다가 무엇을 얻을지조차 전혀 알지 못한다.

만약 수학을 깊이 경험해보지 않은 사람이라면, 수학이 끝없는 심연처럼 느껴질 것이다. 데카르트가 요구하는 확신까지는 도저히 도달할 수 없을 것만 같다.

하지만 수학은 절대적 확신을 주는 진리의 예를 제시한다. 단순히 2+2=4 같은 표면적 진리뿐만 아니라, 매우 흥미롭고 한눈에 드러나지 않는 깊이 있는 진리들도 있다. 다음 장에서 몇 가지 인상적인 예들을 소개할 것이다.

모든 게 투명해질 때까지 의심과 끊임없이 맞서며 각 세부 사항을 명확히 확인하고 구체적으로 밝혀야만 비로소 명백한 확신을 만들 수 있다. 의심은 정신을 명료하게 하는 기술이다. 의심은 파괴가 아니라, 오히려 구축을 위한 것이다.

호기심은 두려움을 완전히 차단한다

수학의 영역을 벗어나면 데카르트가 요구한 수준의 확신은 언어 및 사고 구조와 관련한 근본적인 이유로 불가능하다고 드러났다. 그 이유는 최근에야 비로소 이해되기 시작했다(이 부분은 나중에 다시 다룰 예정이다).

하지만 그렇다고 해서 데카르트적 의심의 힘과 효용이 줄어드는 것은 아니다. 《방법서설》에서 전달하는 자기계발적 메시지는 수학이나 영원한 진리를 찾는 영역을 훨씬 넘어선다.

이 메시지는 데카르트의 성향과 동기를 헤아려야만 제대로 이해될 수 있다. 그는 '의심을 위한 의심만 일삼고 결정을 내리지 못하는 척하는 회의론자들'을 혐오했다. 앞서 보았듯이 데카르트의 '뜨거운 열망'은 정반대였다. 그는 '인생을 자신 있게 살아가고' 싶어 했다.

의심에 관한 데카르트의 접근법은 그가 좋아했던 직관과 밀접하게 연결되어 있다. 데카르트는 직관을 일컬어 "너무 쉽고 뚜렷해서 의심의 여지가 없는 명확하고 주의 깊은 정신의 개념"이라고 정의했다.

따라서 의심은 직관의 그림자 영역에 해당한다. 무언가를 정말로 의심하려면, 단순히 의심한다고 주장하는 것만으로는 부족하다. 그게 사실이 아닐 수도 있다는 가능성을 진심으로 믿어야 한다. 그렇게 하려면 그 의심이 성립할 수 있는 상황을 머릿속에서 그려야 한다. 그 이미지를 떠올릴 수 없다면, 2+2=4처럼 확신하게 된다. 하지만 어떤 것이 사실이 아닐 수 있는 시나리오를 상상하는 순간, 의심은 곧바로 우리의 정신적 표상을 재구성하는 과정을 시작한다.

데카르트적 의심은 상상력을 동원하므로 앞서 살펴봤던 여러 기법과 비슷하다. 다만 숫자나 기하학적 형태가 아닌 '진리' 자체에 초점을 맞춘다는 점이 다르다.

데카르트적 의심은 직관을 재프로그래밍하는 보편적 기법이다. 그러므로 데카르트의 글에서 그로텐디크나 서스턴이 제안한 조언과 매우 유사한 내용을 발견하는 건 그리 놀라운 게 아니다. 예를 들어 데카르트는 인지적 성장을 위해 철저한 신체적 몰입을 요구한다. "단순한 명제를 명확히 직관하려면, 우리의 지성, 상상력, 감각, 기억이 제공하는 모든 도움을 활용해야 한다."

데카르트는 정신적 가소성이라는 개념을 명시적으로 언급한 적이 없다. 이 개념은 그가 세상을 떠난 뒤 수 세기가 지나서야 개념화되었다. 하지만 데카르트의 방법이 주는 이점에 관한 설명은 매우 분명하다. "이 방법을 실천할수록 내 생각이 대상을 점점 더 명확하고 뚜렷하게 파악한다고 느꼈다."

데카르트는 우리가 진지하게 성찰하려 할 때, 인지 부조화에 주의를 기울일 때, 가장 찰나의 정신적 표상까지도 붙잡아 언어로 표현하려 애쓸 때, 상상의 내적 모순에 당당히 맞설 때, 선입견을 넘어 대상을 있는 그대로 볼 수 있을 만큼 충분한 평정심과 자기 통제력을 갖추었을 때, 우리의 정신적 표상이 더 강력하고, 견고하며, 일관되고, 효과적으로 바뀐다는 사실을 발견했다.

데카르트가 발견한 것은 인간 신체의 본질적 특징이었다.

데카르트의 글에서 시각적 어휘가 두드러지게 사용된다는 점은 이 대목에서 특히 인상적이다. 그가 진리를 '명확하고 뚜렷한 것'이라고 정의할 때, 거의 신경학적 개념을 제시하고 있다고 해도 과언이 아니다. 데카르트의 방법은 서스턴과 벤 언더우드의 방법을 떠올리게 한다. '보는 법'을 배우는 방법 말이다.

의심을 제대로 활용하면, 데카르트가 그랬던 것처럼 우리에게도 놀라운 통찰과 깊은 이해의 순간이 찾아온다. 이런 경험은 사람을 완전히 변화시키는 만큼 충분히 시도해볼 만한 가치가 있다.

의심은 데카르트가 위대한 업적을 이룬 비결일 뿐만 아니라, 그의 놀라운 대담함의 원천이기도 하다. 이런 관점에서 보면 《방법서설》은 자기 확신에 관한 최고의 교본이라 할 수 있다. 데카르트가 제시한 이성은 구체적이고 개인적이며, 인간의 가장 깊은 열망에 뿌리를 두고 있다. 그 핵심은 우리를 더 강하게 만드는 데 있다. "이 '확신'은 이런 사고방식의 한쪽 면이고, 그 반대편에는 '의심을 향한 열린 태도'가 있다. 실수를 두려워하지 않는 호기심 가득한 태도, 실수를 발견하고 끊임없이 바로잡을 수 있게 해주는 태도다."

이 마지막 인용문은 그로텐디크의 《추수와 파종》에서 발췌한 것으로, 데카르트의 근본적인 교훈을 완벽하게 요약하며 수학적 정신에 내재된 독특한 측면을 잘 보여준다.

반박을 즐기는 오만한 사람들, 자신이 틀렸음이 증명될 때 미소 짓는 허세꾼들, 순식간에 생각을 바꿀 준비가 되어 있는 독단적인 사람들. 내 경험상 이런 독특한 태도는 정말 뛰어난 수학자들에게서만 볼 수 있었다.

경외감과 마법

수학자들의 사고 과정이 눈에 보인다면, 그들의 연구소는 유리 벽으로 지어질 것이다. 지나가던 사람들이 마치 카이트서핑이나 암벽 등반을 구경하듯 멈춰 서서 바라볼 테니까 말이다. 어쩌면 고등학교에서는 스케이트보드보다 수학이 더 인기 있을지도 모른다.

모방의 가능성을 잃으면 단순한 학습 방법만이 아닌 훨씬 더 많은 것을 잃는다. 그리고 동시에 가장 중요한 욕망의 원천도 잃게 된다.

어릴 때는 누가 자전거를 타라고 부추기지 않는다. 장차 인생에 도움이 될 거라고, 또는 이력서에 멋지게 보일 거라고 일부러 꼬실 필요가 없다. 이런 생각들은 아예 떠오르지도 않았다. 그러다 우연히 다른 아이들이 자전거를 타는 모습을 봤고, 그게 좋아 보여서 타고 싶었다.

자전거의 움직임을 지배하는 물리학 원리는 1687년 아이작 뉴턴이 《자연철학의 수학적 원리 Philosophiae Naturalis Principia Mathematica》를 발표하면서 알려지게 되었다. 이 획기적인 저서에서 뉴턴은 만유인력과 관성의 법칙을 모두 소개했다. 하지만 자전거는 2세기가 지나서야 발명되었다. 만약 뉴턴의 생일에 자전거를 선물했다면 그는 자전거를 타지 않았을 것이다. 아마 자전거라는 개념 자체가 어리석고 위험하다고 생각했을 것이다. 심지어 자전거에서 균형을 유지하는 게 물리적으로 불가능하다는 것을 증명하려 했을 수도 있다. 하지만 누군가가 직접 자전거 타는 모습을 보여줬다면 뉴턴은 분명 흥미를 느꼈을 것이다.

수학적 열망을 부르는 비법

내 머릿속에서 벌어지는 수학적 사고 과정을 보여줄 수 있다면, 많은 사람이 흥미를 느낄 것이다. 하지만 그걸 보여줄 방법이 없으니 그런 말은 해봤자 소용이 없다.

사람들에게 수학에 관한 관심을 불러일으킬 때, 나는 다르게 접근한다. 개인적 흥미를 말하기보다는 누구나 쉽게 접근할 수 있는 주제를 고르고, 그 과정에서 느끼는 감정적 여정을 재현하는 데 집중한다. 애초에 내가 수학에 빠져든 계기도 그랬다. 누군가가 내게 아주 유치한 감정적 자극, 이를테면 "너 그거 풀 줄 알아?"라고 도발했고, 나는 겁먹은 티를 내고 싶지 않았다.

처음으로 카이트서핑을 봤을 때 느꼈던 기분이 아직도 생생하다. 내 눈앞에 펼쳐진 광경이 도무지 믿기지 않았다. 하지만 동시에 누군가는 해내고 있었다. 그래서 나는 한참을 넋 놓고 바라봤다.

내가 수학에 빠진 것도 비슷했다. 처음엔 너무 어렵고, 추상적이고, 도저히 이해할 수 없을 것만 같았다. 사람이 할 일이 아니라는 생각도 들었다. 그럼에도 누군가는 해내고 있었다.

수학의 난해함, 즉 처음에 받는 충격은 감정적 여정의 시작일 뿐이다. 그 단계를 지나면 깊이 이해하며 느끼는 경이로움이 찾아온다. 불가능해 보였던 일이 사실은 아주 쉽다는 걸 깨닫는 순간이다. 처음부터 쉬웠지만 내가 그걸 몰랐던 것뿐이다.

경외감과 마법, 이것이 바로 수학적 열망을 불러일으키는 가장 강력한 비법이다. 교과서 속 깔끔하게 정리된 수학만으로는 결코 느낄 수 없는 감정이다. 수학은 겁 많은 사람을 위한 학문이 아니다. 수학이 주는 두려움을 숨기면 오히려 그 매력이 반감된다. 경외감이 없다면 마법도 존재하지 않는다.

무한을 재기

수학을 대중적으로 알리는 좋은 주제는 복잡한 전문 용어나 공식에 얽매이지 않고도 경이로움과 마법 같은 순간을 경험할 수 있게 해주는 것이다. 그런 점에서 게오르크 칸토어 Georg Cantor, 1845~1918년의 발견만큼 완벽한 주제는 없다.

무한이라는 개념은 인류의 역사만큼이나 오래됐고, 수천 년 동안 상상조차 할 수 없는 어떤 것을 상징했다. 사람들은 무한에 대해 장황하게 이야기할 수 있었지만 항상 근엄한 표정과 거창한 말투로만 다루었다. 심오하게 들리지만 그저 공허한 말장난이었다. 무한은 편안하고 명확하게 이야기할 만한 개념이 아니었다. 무한을 숫자 5나, 원과 두 점에서 만나는 직선을 설명하듯 다루는 건 상상도 할 수 없는 일이었다.

무한을 쉽고 정확하게 논의하는 일은 마치 달에 가는 것처럼 인간이 절대 이룰 수 없는 일의 대표적인 예였다. 그러다 어느 날 칸토어가 방법을 찾아냈다. 더욱 놀라운 점은 이렇게 경이로운 방법이 발견된 지 100년이 훨씬 넘었는데도 여전히 사람들은 그 방법을 들어본 적조차 없다는 것이다.

무한의 크기가 다양하다는 사실을 모르는 사람을 만날 때면 5 이상의 숫자를 셀 줄 모르는 사람과 만난 것 같은 기분이 든다. 덕분에 나는 그 신기한 사실을 전할 기회가 생긴다.

무한히 뻗어 있는 격자를 생각해보자. 나는 그 일부만 그릴 수 있지만, 이게 무슨 뜻인지 곧 알게 될 것이다. 이 격자는 모든 방향으로 끝없이 펼쳐진다.

이 무한 격자에는 무한히 많은 흰색 칸이 있다. 이 그림은 누구나 직관적으로 쉽게 이해하고 구체적으로 떠올릴 수 있다.

마찬가지로 무한대로 뻗은 직선 위에도 무한히 많은 점이 있다. 이 역시 누구나 명확하게 이해하고 머릿속에 그릴 수 있다.

15 경외감과 마법

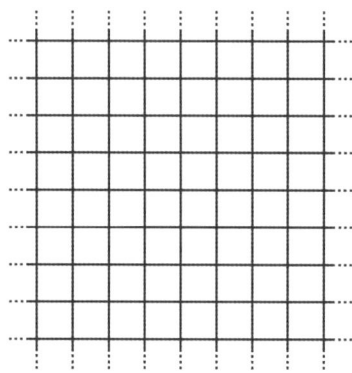

격자 칸도 무한하고 직선 위 점도 무한하다면, 어느 쪽이 더 많을까? 아니면 둘 다 같은 개수일까? 혹시 직선 위 점이 격자 칸보다 더 많을까?

어떤 이들은 이런 질문을 비웃는다. 그들은 무한을 말하는 건 신비주의자나 신학자들이 하는 일이라고 생각한다. 그래서 "애초에 말이 안 되는 질문"이라거나 "무한은 존재하지 않아"라고 말한다.

하지만 이렇게 모순된 태도를 보일 수는 없다. 무한이 존재하지 않는다면, 직선도 존재하지 않고 직선 위 점도 유한할 것이다. 수학에서 다루는 추상적 개념은 일상에서 다루는 다른 추상적 개념과 다르지 않다. 빨간색이 정말 존재할까? 전자가 정말 존재할까? 정의나 자유는 진짜 존재할까? 18장에서 이야기하겠지만, 실용적이고 구체적인 개념인 코끼리조차 어떤 의미에서는 진짜 존재하지 않는다고 할 수 있다. 그렇다고 해서 코끼리에 관해 이야기하거나 코끼리에 대한 구체적인 질문을 던지고 답을 찾지 못하는 건 아니다.

칸토어는 집합이라는 언어를 활용하면 무한에 대한 이런 질문에 명확하게 답할 수 있다는 사실을 깨달았다.

집합이라는 개념은 아주 오래전부터 있었다. 고대부터 사람들은 자연스럽게 그 개념을 사용해왔으며, 그것에 대해 의문을 품거나 깊이 들여다볼 필요조차 느끼지 않았다. "우리 동네에 있는 집의 모임", "내 앞에 있는 사과들의 모임", "자연수 전체의 모임"처럼 말하면 누구나 그 뜻을 이해했다. 집합이라는 말은 일상 언어의 일부였고, 특별한 수학적 개념으로 여겨지지 않았다.

이렇게 직관적으로 받아들여진 집합의 개념을 바탕으로, 칸토어는 아주 간단하면서도 표현력이 뛰어난 수학적 언어를 만들어냈다. 그의 정의는 8장에서 다룬 촉각 이론만큼이나 쉽고 간단하다. 이 새로운 언어 덕분에, 앞서 던진 질문에도 아주 명확하고 놀라운 답을 할 수 있게 되었다.

정리: 직선 위 점의 개수는 격자 칸 수보다 더 많다.

가장 놀라운 점은 최초의 정의부터 정리의 증명에 이르기까지 모든 과정이 궁금한 호기심 많은 초등학생에게도 한 시간 이내에 설명할 수 있다는 사실이다. 한때는 풀 수 없을 뿐만 아니라 생각조차 할 수 없다고 여겼던 문제의 답이 우리 눈앞에 명확하게 있었다. 그 해답은 태초부터 존재해왔으며 불과 한 시간 거리 안에 있었다.

농담이 아니다. 내가 친구 집에 점심 초대를 받아 갔을 때, 커피 한 잔을 마시며 그 집 아이들에게 이 이야기를 실제로 해준 적이 있다. 아이들도 무척 흥미로워했다.

그 증명의 간단한 요지를 불완전하지만 아주 쉽게 풀어 설명해보겠다. 격자에 있는 무한한 칸들은 **셀 수 있는 무한**이다. 모든 칸에 자연수 1, 2, 3…처럼 번호를 붙일 수 있기 때문이다(예를 들어 아무 칸이나 1번으로 정하고, 그 주변을 2번부터 9번까지, 그다음 바깥을 10번부터 25번까지, 이런 식으로 계속 바깥으로 확장하며 무한대로 번호를 붙일 수 있다). 그러나 칸토어에 따르면 직선 위 점들은 **셀 수 없는 무한**이다. 직선 위 점들은 그 수가 너무 많아 정수로 번호를 매길 수가 없다. 이를 증명하기 위해 칸토어는 오늘날 **칸토어 대각선 논법**이라고 불리는 방법을 사용했다.

그 증명의 세부 사항을 글로 확인하기보다는(위키백과를 참고할 수 있다), 직접 설명해줄 수 있는 사람을 찾는 게 더 효과적일 것이다. 6장에서 다룬 것처럼, 직접적인 대화가 읽기보다 놀라울 정도로 효율적이다. 13장의 조언을 따라 머릿속에 떠오르는 모든 어리석은 질문을 두려움 없이 스스로에게 던져보자. 장담하건대 누구에게나 그런 질문이 있을 것이다.

칸토어는 자신이 발견한 사실에 충격을 받았다. 그는 이 개념이 신에게서 직접 전달되었다고 느꼈다. 칸토어는 가장 예상치 못한 결과 중 하나(직선 위 점과 평면 위 점의 개수는 같다)에 대해 친구에게 보낸 편지에서 이렇게 고백했다. "내가 직접 봐도 정말 믿기지 않아!"

칸토어의 발견은 너무나 새롭고 혁신적이라 동시대 사람들의 불신과 비난에 직면해야 했다. 영향력 있는 한 수학자는 그를 "사이비 과학자", "변절자", "청년들을 타락시키는 자"라고 비난하기도 했다. 칸토어가 유명 학술지에 논문을 투고했을 때, 편집장은 "이 논문은 100년이나 앞선 내용"이라며 철회해달라고 간청하기도 했다.

끝없는 논란과 비판에 시달린 칸토어는 결국 깊은 우울증에 빠졌고, 생애 마지막을 요양원에서 보내며 궁핍하게 세상을 떠났다.

하지만 그의 아이디어는 결국 인정받았다. 20세기 초부터 집합의 개념은 수학의 중심이 되었다. 우리 세대에게는 집합 없는 수학을 한다는 건 전기 없는 삶을 상상하는 것만큼이나 불가능한 일이다.

매듭 다루기

수학적 증명이란 무엇인지, 어떤 역할을 하는지, 사고의 힘을 통해 어떤 확고한 결론을 만들어낼 수 있는지 설명하고 싶을 때 나는 흔히 매듭 이론에서 예시를 찾는다.

수학에서 '매듭'이란 끈의 양 끝을 서로 연결해 만든 모양을 말한다. 끈의 양 끝을 서로 엮어서 만든 세잎매듭을 그 대표적인 예로 들 수 있다.

여기서 끈은 신축성이 있고 끊어지지 않는다고 가정한다. 즉 매듭을 풀지 않는 한, 끈을 자유롭게 이리저리 움직여도 매듭의 본질은 변하지 않는다. 앞에서 본 것처럼 세잎매듭을 만든 뒤 끈을 조금씩 움직이면 모양을 바꿀 수 있다.

보다시피 모양만 다를 뿐, 여전히 같은 세잎매듭이다. 만약 첫 번째 모양에서 두 번째 모양으로 어떻게 바뀌는지 바로 이해가 안 되거나 골치가 좀 아파도 걱정할 필요 없다. 그건 아주 정상적인 반응이다. 실제 끈으로 직접 해보면 이해가 더 쉬울 것이다.

끈을 묶는 가장 간단한 방법은 다음 모양처럼 자명한 매듭 또는 풀린 매듭을 만드는 것이다.

어떤 의미에서 풀린 매듭은 매듭의 '영(0)'에 해당한다. 사실상 매듭이 없는 매듭이다. 예를 들면 다음처럼 다르게 만들 수도 있다.

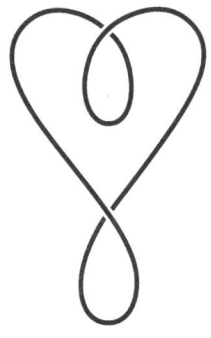

이렇게 단순하게 만들어도 끈이 전혀 꼬여 있지 않다는 것이 한눈에 보이고, 여전히 풀린 매듭이라는 걸 알 수 있다. 그러나 풀린 매듭에는 여러 모양이 있으며, 어떤 경우에는 이게 정말 풀린 매듭인지 전혀 티가 나지 않을 수도 있다. 예를 들어 이런 식으로 만들 수 있다.

끈이나 종이, 펜의 도움 없이 머릿속으로 이 매듭을 풀 수 있을까? 나처럼 매듭을 다루는 훈련이 잘 되어 있는 사람도 머릿속으로 이 매듭을 푸는 데 시간이 좀 걸렸다. 만약 별다른 연습 없이 몇 분 만에 머릿속으로 풀 수 있다면 정말 대단한 일이다! 한 번 방법을 익히면 그다음부터는 훨씬 쉽게 풀 수 있다.

솔직히 이 예시는 내 머릿속에서 상상할 수 있는 한계에 가까운 수준이다. 이보다 훨씬 더 복잡한 풀린 매듭을 머릿속으로 풀어내려면 그 한계를 훨씬 뛰어넘는 난관과 마주치게 된다.

실제로 이런 복잡한 매듭을 머릿속에서만 풀어내고, 이게 그냥 풀린 매듭이라는 걸 '한눈에' 알아볼 수 있는 사람이 과연 있을지 모르겠다. 그 생각만으로도 경악할 노릇이고, 상상만 해도 머리가 띵하다.

이처럼 서로 다른 두 모양이 같은 매듭을 나타내는지 한눈에 알아보기 어렵기 때문에 매듭 이론은 흥미로운 분야가 된다.

조금만 생각해보면 같은 매듭을 복잡하게 혹은 단순하게, 무한히 다양한 방법으로 만들 수 있다는 사실을 알게 된다. 만약 그렇다면 서로 다른 모양의 두 매듭이 실제로도 다르다는 걸 보장할 수 있을까? 그래서 가장 먼저 떠오르는 자연스러운 질문이 하나 있다. 세잎매듭은 풀린 매듭과 정말 다를까?

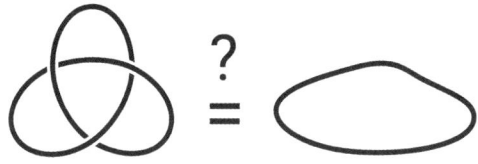

다시 말해, 세잎매듭처럼 묶인 끈을 자르지 않고 이리저리 돌리고 비틀어 매듭을 완전히 풀고, 탁자 위에 원 모양으로 펼칠 수 있을까?

세잎매듭을 직접 풀어보려고 하면 아마 곧바로 불가능하다고 느낄 것이다. 실제로 해보면 세잎매듭과 풀린 매듭은 분명 다른 것처럼 보인다.

이 예시가 흥미로운 이유는 이것이 데카르트적 의심, 그리고 직관적 인상과 수학적 증명 사이의 근본적인 차이를 완벽하게 보여주기 때문이다.

정말로 10분 정도 직접 매듭을 풀어보며 스스로에게 이런 질문을 해보자. "세잎매듭이 풀린 매듭과 정말 다르다는 확신은 어느 정도나 할 수 있을까? 50%? 80%? 99%? 99.99%?" 솔직히 의심의 여지가 전혀 없다고 단언할 수 있을까?

좀 더 직설적으로 묻자면, **진심으로 목숨을 걸 만큼 확신하는가?**

혹시 우리가 모르는 숨겨진 꼼수나 전혀 예상하지 못한 기발한 방법으로 매듭을 풀 가능성이 있는 건 아닐까?

이것은 마치 풀 수 없을 것 같은 퍼즐과도 비슷하다. 해답을 알고 있으면 해답이 있다는 걸 확실히 알 수 있다. 하지만 해답을 모르면 진짜 해답이 없는 건지, 아니면 단지 내가 아직 못 찾은 것인지 알 수 없다.

우리는 모두 세잎매듭과 풀린 매듭이 다르다는 직관이 있다. 하지만 아주 복잡한 풀린 매듭도 있다는 사실은 첫 직관이 항상 믿을 만한 것은 아님을 보여준다. 겉보기에는 끈이 완전히 엉켜 있는 것처럼 보여도 실제로는 전혀 꼬여 있지 않을 수 있다.

어쩌면 아직 아무도 알아내지 못한 엄청나게 복잡한 방법을 거치면 세잎매듭도 풀린 매듭으로 풀 수 있을지도 모른다.

얼핏 봐도 무언가를 100% 확신하는 건 불가능해 보인다. 끈을 뒤틀고 꼬는 모든 가능한 방법, 즉 무한히 많은 경우의 수를 다 고려해야 하기 때문이다. 설령 10억 년 동안 끈을 갖고 실험한다고 해도 실제로 해볼 수 있는 경우의 수는 유한하다.

수학적 사고의 아름다움은 매듭처럼 덧없는 대상을 다루면서도 처음에는 해결이 불가능해 보이는 질문에 100% 확실한 답을 줄 수 있다는 데 있다.

여기서 '덧없는 대상'은 언어로 엄밀하게 다룰 수 없는 것들을 말한다. 매듭이 있는 끈은 정수와 다르다. 방정식으로 나타내거나 언어로도 깔끔하게 표현할 수 있는 대상이 아니다.

세잎매듭을 보면 분명히 끈이 묶여 있고, 자르지 않고는 절대 풀 수 없을 것처럼 느껴진다. 하지만 매듭의 시작이 어딘지 물으면 손가락으로 콕 집어 "여기!"라고 말할 수 있는 특정한 위치가 없다. 매듭이 있다는 느낌은 분명하지만, 그 존재를 실제로 '붙잡는' 것은 불가능하다.

학창 시절 나는 언어를 통해 매듭을 다룰 수 있고 다음과 같은 결과를 100% 확신할 수 있다는 사실을 알고 충격을 받았다.

정리: 세잎매듭과 풀린 매듭은 다르다.

이 정리의 증명은 뒤에 실린 '참고 자료 및 읽을거리'에 요약되어 있다.

오렌지 쌓기

모든 수학적 증명을 비전문가에게 쉽게 설명할 수 있다고 주장하는 건 거짓말이다.

때로는 가장 쉽게 떠오르는 문제가 오히려 가장 풀기 어려운 경우도 많다. 질문 자체는 간단하지만 그 답을 아예 모르는 경우도 많고, 설령 답을 알더라도 해법이 극도로 복잡할 때도 있다. 그리고 이런 문제들은 명확하고 쉬운 해법이 존재하지 않는 것처럼 보이기도 한다.

대표적인 예가 '케플러의 추측Kepler's conjecture'이다. 이 추측은 다음과 같은 질문에 대한 잠정적인 답을 제시한다. 오렌지를 가장 효율적으로 쌓는 방법은 무엇일까?

위대한 천문학자이자 수학자인 요하네스 케플러Johannes Kepler, 1571~1630는 1611년에 이 문제의 해법을 직감적으로 떠올렸지만,

그 답이 수학적으로 옳다는 건 증명하지 못했다. 앞서 이야기했듯이, 참이라고 생각하지만 엄밀한 증명이 없는 명제를 수학에서는 **추측**이라고 한다.

케플러가 살던 시대에는 오렌지가 매우 귀한 과일이었다. 그래서 그는 대포알을 예로 들어 이 문제를 설명했다. 물론 대포알이든 오렌지든 답은 달라지지 않는다.

좀 더 정확히 말하면, 이 문제는 완벽한 구球 모양이고 크기가 모두 같은 오렌지에 관한 것이다. 만약 이런 오렌지로 공간을 빈틈없이 채우려고 한다면, 어떻게 쌓아야 가장 촘촘하게 쌓을 수 있을까?

정육면체라면 빈틈없이 공간을 100% 채울 수 있다. 하지만 구로는 그게 불가능하다.

시장의 과일 가게를 보면 오렌지가 피라미드 모양으로 쌓여 있다. 이 방식으로 오렌지를 쌓으면 전체 공간의 약 74.05%만 오렌지로 채워지고, 나머지 약 25.95%는 오렌지 사이의 빈 공간으로 남는다. 케플러의 추측은 이 방식이 가장 촘촘하게 쌓는 방법이며, 이보다 더 높은 밀도로 오렌지를 쌓는 방법은 없다는 주장이다.

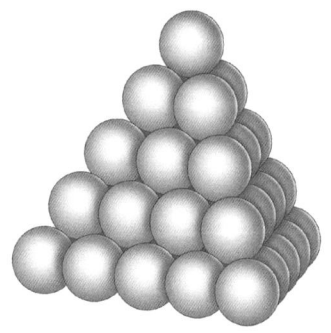

직관적으로 생각하면 충분히 그럴듯하게 보인다. 하지만 '그럴듯하다'는 것만으로는 수학에서 말하는 증명이 될 수 없다.

이 문제는 200년이 넘도록 아무런 진전이 없었다. 그러다 1831년 가우스가 첫 돌파구를 마련했다. 가우스는 원자의 결정 구조처럼 규칙적이고 반복되는 패턴으로 오렌지를 배열할 경우, 과일 판매상들의 방식이 가장 촘촘하다는 것을 수학적으로 증명했다.

이것만 해도 대단한 성과였지만 케플러의 추측을 완전히 증명한 것은 아니었다. 이 증명은 오렌지를 규칙적으로 쌓는 경우만 다룬 터라 혹시라도 전혀 규칙성이 없는 아주 기묘한 방식으로 수십조 개의 오렌지를 쌓아 더 높은 밀도를 얻을 가능성까지는 배제하지 못했다.

나 역시 이런 문제에 어떻게 접근해야 할지 전혀 감이 오지 않는다. 생각만 해도 머리가 아플 정도다.

가우스의 돌파구 이후 케플러의 추측이 완전히 해결되기까지는 다시 150년이 더 걸렸다. 최초의 완전한 해법은 1998년에 1958년생 미국 수학자 톰 헤일스Tom Hales가 제시했다.

따라서 케플러의 추측은 무려 387년 동안 미해결 문제로 남아 있었다. 오랜 세월 동안 익숙해진 탓에, 오늘날에도 여전히 이 결과를 '케플러의 추측'이라고 부르는 사람들이 많다. 하지만 사실 이제는 '헤일스의 정리'라고 부르는 게 더 정확하다.

나는 헤일스의 증명을 초등학생은 물론 그 누구에게도 쉽게 설명할 자신이 없다. 사실 그 증명을 자세히 들여다본 적도 없고, 이해하려면 몇 년은 더 연구해야 한다.

1998년 9월, 톰 헤일스는 자신의 증명이 담긴 글을 세계적으로 권위 있는 수학 학술지 「수학연보 Annals of Mathematics」에 투고했다. 보통 과학 논문 한 편은 익명의 심사위원 1~2명이 검토하지만, 헤일스의 증명은 너무 난해해서 무려 12명의 심사위원으로 구성된 심사위원회가 따로 꾸려졌다.

심지어 이 증명을 분석하기 위한 국제 학술대회까지 열릴 정도였다. 4년간의 검토 끝에 심사위원장은 증명의 타당성에 '99% 확신'이 있다고 밝혔지만, 100% 확신이 필요한 수학적 정리로 인정받기에는 아쉬운 결과였다. 결국 이 논문은 투고 후 거의 7년이 지난 2005년 8월에야 마침내 학술지에 게재됐다.

헤일스의 증명에서 특이점 중 하나는 부분적으로 컴퓨터를 활용했다는 것이다. 일반적인 경우는 추상적인 수학적 논리로 증명할 수 있었지만, 일부 유한한 예외적인 경우들은 별도로 분석해야 했다. 이 수백만 가지의 특별한 경우들은 오직 컴퓨터로 무차별 대입하는 브루트 포스 brute force 계산법밖에 없었다. 이처럼 깊이 있는 수학적 논리와 방대한 컴퓨터 계산을 결합했기 때문에 이 증명을 검증하기가 매우 어려웠다. 오늘날까지도 오직 인간의 사고력만으로 케플러의 추측을 완전히 증명한 사람은 없다.

케플러의 추측은 3차원 공간에 구를 쌓는 문제지만, 사실 구를 가장 촘촘하게 쌓는 문제는 어떤 차원에서든 제기될 수 있다. 9장에서 언급했듯이, n이 어떤 자연수이든 n차원 공간에서 기하학을 다룰 수 있다.

2차원에서는 이 문제가 비교적 쉽게 풀린다. 2차원의 구는 곧 원이기 때문이다. 따라서 이 문제는 동전들을 탁자 위에 가장 촘촘하게 배열하는 방법으로 바뀐다. 최적의 배열은 다음 그림과 같다.

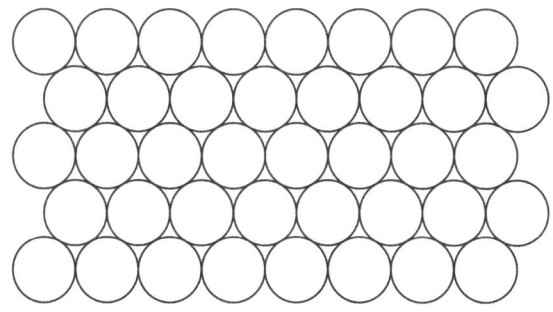

이 결과는 실제로 3차원의 경우보다 훨씬 쉽게 증명된다.

물론 3차원을 넘어 더 높은 차원에서도 생각해볼 수 있다. 고차원 기하학을 한 번도 접해본 적이 없다면, 이런 복잡한 문제에 도전하는 사람들이 있다는 사실 자체가 압도적으로 느껴질 수 있다.

3차원에서조차 이 문제를 푸는 데 거의 400년이 걸렸으니, 더 높은 차원에서의 해답을 보려면 훨씬 더 오래 기다려야 할 것처럼 보일 것이다.

실제로 4차원에서는 아직 그 해답이 밝혀지지 않았고, 5차원, 6차원, 7차원에서도 마찬가지다.

바로 이런 이유로 1984년생 우크라이나 출신 수학자 마리나 비아조브스카Maryna Viazovska의 성과는 전 세계에 큰 충격을 안겼다. 2016년 비아조브스카는 새롭고 매우 우아한 기법을 사용해 8차원에서 이 문제를 해결했다. 이 자체만으로도 엄청난 성과였다. 그리고 불과 3개월 뒤, 네 명의 동료 연구자들과 함께 비슷한 방법을 이용해 24차원에서도 이 문제를 해결했다. 이 혁신적인 업적으로 비아조브스카는 2022년 필즈상을 수상했다.

현재까지 3차원보다 더 높은 차원에서 해결된 경우는 8차원과 24차원뿐이다.

그렇다면 왜 4차원이나 5차원에서는 풀리지 않은 문제가 8차원과 24차원에서는 풀릴 수 있었던 걸까? 그 이유는 바로 8차원과 24차원에서만 일어나는 특정 현상 때문이다. 이 두 차원에는 오직 해당 차원에서만 존재하는 예외적인 수학적 구조가 있어서 구를 믿기지 않을 만큼 촘촘하고 조화롭게 쌓을 수 있다. 예를 들어 24차원에서는 1개의 구가 무려 196,560개의 이웃 구와 접촉할 수 있을 정도로 밀도가 극대화된다.

이번 장은 경외심과 마법에 관해 이야기하며 시작했다. 24차원에서 구를 가장 촘촘하게 쌓는 방법을 사람이 실제로 밝혀냈다는 소식을 들었을 때의 내 감정을 한마디로 표현하자면 경외심이라는 말이 가장 잘 어울릴 것 같다. 아직 그 증명을 온전히 이해하는 **마법**을 경험한 건 아니지만, 누군가가 그 경지에 도달했다는 사실만으로도 무척 기뻤다.

어쩌면 24차원이라는 개념 자체만으로도 이미 현기증에 시달릴 수 있다. 하지만 수학의 아름다움은 바로 이런 현기증마저 극복할 수 있다는 데 있다.

24차원이 실제로 무엇을 의미하는지, 그리고 이런 공간에서 기하학을 공부하는 것이 얼마나 유용한지를 이해하는 데는 아무런 제약이 없다. 실제로 24차원에서 구를 쌓는 기하학은 NASA가 태양계 밖으로 보낸 탐사선 보이저 1호와 2호의 데이터 전송 프로토콜 개발에 활용된 바 있다. 고차원 기하학의 기본 개념은 누구나 충분히 이해할 수 있다. 몇 주만 투자하면 배울 수 있다. 가장 어려운 일은 그저 두려움을 극복하는 것뿐이다.

물론 톰 헤일스나 마리나 비아조브스카처럼 정리를 직접 증명하는 것은 아무나 할 수 있는 일이 아니다. 하지만 그 과정에서 느껴지는 경외심과 마법 같은 감동은 생각보다 훨씬 쉽게 경험할 수 있다. 약간의 노력을 들이기만 하면 경외감과 마법 같은 감동을 누구나 깊이 느낄 수 있다.

24차원에서 구를 쌓는 문제는 또 다른 중요한 점을 일깨워준다. 얼마 전까지만 해도 여성은 생물학적으로 기하학에 서툴다는 편견이 퍼져 있었다. 공간에서 사물을 시각화하는 능력이 부족해 지도조차 제대로 읽지 못한다는 식의 비난도 흔했다. 앞으로는 이런 편견을 들으면 마리나 비아조브스카의 업적을 당당히 꺼내도 좋다.

극도의 명확성

　　　　　　　무언가를 상상하려고 일부러 끊임없이 애썼던 가장 오래된 기억은 일곱 살 때로 거슬러 올라간다. 어느 날 밤, 침대에 누워 불을 끄고 눈을 감은 뒤 약간만 노력하면 내가 가장 좋아하는 만화를 머릿속으로 그려볼 수 있다는 사실을 깨달았다.

　나는 이 경험을 누구에게도 말하지 않았다.

　어제 일처럼 생생하게 기억나는 건 그때 느꼈던 놀라움과 그 현상을 스스로 묘사했던 말이다. "머릿속에서 TV를 볼 수 있을 것 같아."

　나는 한 번도 본 적 없는 이미지와 장면도 머릿속으로 그려볼 수 있었고, 심지어 새로운 에피소드까지 상상할 수 있었다. 이 경험은 내게 큰 인상을 남겼고, 너무 재미있어서 계속 그 일을 반복했다.

잠에서 깨어나는 순간 또는 잠들기 직전의 몽롱한 경계에 있는 상태는 그 이후 내 지적 성장에 중요한 역할을 해왔다. 새로운 프로젝트를 시작할 때면 마음이 일단 진지해졌고, 특히 그 일이 정말 흥미롭고 도전적이라면 항상 그런 경계의 공간이 등장하곤 했다.

내가 처음으로 진지하게 글쓰기에 도전한 순간은 꿈을 기록하기 시작했을 때였다. 일곱 살 무렵 꿈을 기록하는 일에 흥미를 갖기 시작했다. 처음에는 꿈을 바로 글로 옮기는 게 너무 어려워 말로 녹음하는 방법을 시도했다. 내 목표는 마치 일기장이나 사진첩을 모으듯 꿈을 수집하는 것이었다.

하지만 예상치 못한 일이 벌어져 결국 이 프로젝트를 포기할 수밖에 없었다.

매일 밤 꿈을 기억하려 애쓰며 글로 남기려고 노력한 결과, 내 꿈은 점점 더 풍부해지고 정교해졌다. 나는 점차 더욱 생생하고 복잡한 꿈을 꾸게 되었고, 그 정도가 심해지자 오히려 성가시게 느껴지기 시작했다.

처음에는 단편적인 기억이나 몇몇 조각난 장면만 떠올랐다. 하지만 2~3주가 지나자 하루에 5~6개의 서로 다른 꿈이 각각 완전한 이야기로 수많은 세부 묘사까지 기억나 글로 쓰거나 녹음하면 몇 장 혹은 몇 분을 채울 수 있을 정도가 되었다.

그러다 이 모든 게 너무 벅차게 느껴졌다. 꿈의 기억들이 내 머릿속과 일상에서 너무 많은 공간을 차지했고 이 자기 성찰적 훈련이 결국 나를 집어삼킬 것만 같았다.

하지만 녹음을 중단한 후에도 나는 꾸준히 꿈을 기록했다. 꿈에서 어떤 의미를 찾으려 했던 게 아니라 꿈을 글로 옮기는 기술을 익히고 싶었을 뿐이었다.

내게 글쓰기의 본질은 바로 여기에 있다. 이미지와 감각에서 시작해서 그것을 글로 표현하고, 명확하고 견고하게 만드는 방법을 찾는 것. 상황을 기록하고, 핵심 요소를 파악하며, 사람과 사물이 공간 속에서 어떻게 배치되어 있는지 그들의 행동과 움직임을 생생하게 묘사하는 것. 보고 느끼는 것을 최대한 단순하고 충실하게 기록하는 것. 기분, 음악, 냄새, 질감을 기록하는 것. 그렇게 할 수 있다면 무엇이든 기록할 수 있다.

내 경험상 꿈을 기록하는 일은 수학적 글쓰기에 가장 가까운 작업이다.

나는 꿈을 전혀 기억하지 못한다고 말하는 사람이 생각보다 많다는 사실에 늘 놀라곤 한다. 어떤 이들은 아예 꿈을 꾸지 않는다고 말하기도 한다. 하지만 그건 당연히 불가능하다. 우리는 모두 매일 밤 꿈을 꾼다.

꿈을 기억하는 능력은 타고나는 게 아니다. 연습을 통해 길러지는 능력이다. 시작하는 방법도 있고, 더 잘 기억하는 방법도 있다. 눈앞에 펼쳐진 것을 충실하게 기록하는 방법을 익힐수록 점점 더 많은 것을 볼 수 있게 된다.

오랫동안 나는 침대 머리맡에 노트와 펜을 두고 밤사이 떠오른 꿈과 생각들을 모두 적어두곤 했다. 펜을 책갈피 삼아 노트 한가운데에 꽂아두기도 했고, 심지어 완전히 어두운 상태에서도 글씨를 쓸 수 있도록 연습하기도 했다.

꿈을 기록하는 습관을 멈추면 꿈을 기억하는 능력도 금세 사라진다. 하지만 다시 억지로라도 꿈을 적기 시작하면, 한두 단어만 써도 그 능력이 서서히 되살아난다. 때로는 몇 주 동안 꾸준히 해야 효과가 나타난다. 가장 어려운 일은 오랜만에 다시 꿈을 기록하려고 할 때 첫 장면을 붙잡아내는 것이다.

어른이 된 지금은 잠들기 직전의 특별한 정신 상태를 나만의 방식으로 활용하고 있다. 이전에는 머릿속을 떠나지 않는 생각에 집중하려 애썼다면, 이제는 그 생각들이 자연스럽게 내 안을 채우도록 그냥 내버려둔다. 이 둘은 미묘하지만 본질적으로 다르다. 집중한다는 것은 해답을 찾으려고 머리를 짜내는 것이고 오히려 잠을 방해한다. 반면 무언가를 채우는 것은 목표 없이 한 발짝 떨어져서 무심하게 그 생각을 바라보는 것이다. 꿈을 꾸는 것과 거의 비슷하다.

내가 틀릴 수도 있지만, 이런 식으로 잠드는 습관을 들이면 다음 날 아침 흥미로운 아이디어가 떠오를 확률이 높아지는 것 같다.

다른 시점에서 보면

내가 즐겨 하는 기하학적 상상 훈련 중 가장 좋아하는 것은 잠들기 직전에 하는 훈련이다.

나는 침대에 누워 눈을 감은 채 지금까지 잠을 잤던 모든 방을 하나하나 떠올려본다. 실제로 그 방에 있는 것처럼 상상하며 침대의 크기와 방향, 벽과 천장의 위치, 문과 창문의 위치까지 세세하게 떠올린다. 과거에 머물렀던 방 중 한 곳에 누워 있었던 감각도 다시 떠올려본다. 온몸으로 그 공간을 경험하려 애쓴다. 가장 먼저 떠오르는 방을 골라 상상하고, 그다음엔 다른 방, 그다음엔 또 다른 방을 순서 없이 영감이 이끄는 대로 떠올린다. 오랫동안 잊고 지냈던 방이 문득 떠오를 때가 가장 흥미롭다.

이 훈련이 좋은 이유는 쉽고 평화롭기 때문이다. 초보자에게도 아주 좋은 상상 훈련이다.

1장에서 말했듯이 나는 어릴 때부터 공간과 기하학에 대한 직관적 감각을 키워왔지만, 그게 학교에서 배우는 수학과는 전혀 관련이 없다고 생각했다.

너무 오래전 일이라 정확히 언제부터 시작했는지는 기억나지 않는다. 눈을 감고 집 안을 돌아다니며 벽과 사물의 위치를 외우던 시기와 밤마다 침대에서 만화를 상상하던 시기가 겹친다.

그때의 내 마음 상태도 꽤 또렷하게 기억난다. 나는 유치원 때부터 근시 때문에 안경을 써야 했다. 어린 마음에 근시는 결국 완전히 앞을 못 보게 되는 첫 단계라고 믿었다. 그래서 언젠가 시력을 완전히 잃게 될 날을 대비해 눈을 감고 집 안을 걸어 다니는 연습을 했다.

이렇게 나는 시각화하는 능력을 키웠고, 그것이 내 기하학 공부의 시작이기도 했다. 나중에는 이 시각화 능력을 활용해 언제든지 원하는 순간에 다른 시점에서 세상을 바라보는 훈련까지 하게 되었.

여기서 '다른 시점에서 본다'는 말은 정말 말 그대로의 의미다.

열두 살 때 미술 선생님이 필통을 그려보라고 하셨다. 나는 내 필통을 안에서 바라본 시점으로 그렸다. 펜들은 거대해 보였고, 원근법 때문에 모양이 변형되어 있었다. 그 당시 누구에게도 원근법을 배운 적은 없었지만, 나는 그저 머릿속에 떠오르는 대로 그리는 게 자연스러웠다.

나는 그 그림이 꽤 자랑스러웠고, 실제로 그 그림은 내 친구들에게도 큰 인상을 남겼다.

열다섯 살쯤 되었을 때 학교에서 입체도형, 즉 3차원 공간에서의 기하학을 배웠다. 그제야 비로소 내 시각화 능력이 친구들과 다르다는 사실을 깨달았다. 내 학창 시절을 통틀어 가장 비현실적으로 느껴졌던 기억 중 하나다.

수업 내용과 연습 문제들이 내게는 너무 쓸모없고 의미 없는 것처럼 느껴졌다. 마치 유치원 시절로 돌아간 듯한 기분이었다. 선생님이 손가락 하나를 들어 올려 이게 몇 개로 보이냐고 물으면, 우리가 "하나요"라고 대답하는 것과 다를 바 없어 보였다.

나는 어떻게 이걸 모를 수 있는지 이해하지 못한 채 최고 점수를 받았다. 하지만 친구들에게는 입체도형이 두렵고 어려운 과목이었다. 그들은 이 과목이 너무 어려워 그 사실을 말하는 것조차 부끄러워했다.

시점을 자유롭게 바꾸는 내 능력이 그렇게 특별하리라고는 전혀 의심하지 못했다. 내 기하학적 상상력이 그토록 훈련되어 있다는 사실도 전혀 자각하지 못했다.

시점을 바꾸는 연습을 해보고 싶다면, 다음과 같은 방법이 효과적일 것이다.

① 주변에서 임의의 기준점을 하나 정한다. 예를 들어 방 안이라면 맞은편 구석, 길을 걷고 있다면 어느 집의 창문 같은 곳이 될 수 있다.
② 그 기준점에서 내가 있는 쪽을 바라본다면 무엇이 보일지 상상한다.

이 연습은 할 수 있는 사람과 '할 수 없는 사람'으로 나뉘는 이분법적 과정이 아니다. 누구에게나 어려운 훈련이다. 처음에는 아무것도 떠오르지 않을 것 같지만, 실제로는 반드시 뭔가를 보게 된다. 희미한 형태, 그림자나 빛의 얼룩, 혹은 어렴풋하고 순간적인 이미지일 수도 있다. 처음에는 그렇게 시작하는 게 중요하다. 이 연습의 목표는 그 이미지를 점점 더 또렷하고 선명하게 만드는 동시에, 가능한 한 오래 머릿속에 유지하는 것이다.

나는 이 연습을 다양한 방식으로 시도해봤다. 때로는 완전히 터무니없는 불가능한 도전도 재미 삼아 해본 적이 있다.

한때 파리에서 라로셸까지 자주 기차를 탔던 나는 그때마다 항상 같은 쪽(서쪽) 창밖으로 보이는 시골 풍경 전체를 시각적으로 기억해뒀다가 그 장면을 머릿속에서 하나의 거대한 이미지로 재구성해보려 했다. 그렇게 완성된 이미지는 정말 거대해야 했다. 높이 48미터에 길이 480킬로미터에 달하는, 높이에 비해 폭이 만 배나 더 넓은 풍경 전체를 머릿속에 가득 채워야 했다.

물론 나는 끝내 완성하지 못했다.

보이지 않는 것을 보기

상상력을 이용해 세상을 다른 시점에서 '본' 이후로, 나는 눈에 보이지 않더라도 그 자리에 있을 법한 모든 것을 체계적으로 '보려는' 습관이 생겼다.

비눗방울을 예로 들어 설명해보겠다.

비눗방울은 본질적으로 풍선과 같다. 비눗물이 탄력 있는 막을 형성하면 그 안에 공기가 들어가 부풀게 된다. 비눗방울이 구 모양인 이유는 일정한 공기 부피를 최소한의 표면적으로 감싸는 가장 효율적인 형태가 구이기 때문이다.

비눗방울이 만들어질 때, 완전한 구 모양이 되기 전 몇 초 동안 표면이 살짝 출렁인다. 이 출렁임을 통해 비눗방울 표면이 탄력적이라는 사실을 쉽게 '느낄' 수 있다. 물이 들어 있는 풍선처럼 비눗방울은 천천히 물결치며 움직인다. 이런 움직임에 익숙한 우리는 그 순간 비눗방울의 물리적 성질이 눈에 '보이는' 것처럼 느껴진다.

비눗방울이 완전한 구 모양이 된 뒤에도 나는 그 표면의 탄성을 계속 '볼' 수 있도록 스스로 훈련했다. 또한 비눗방울 안의 공기 압력이 바깥보다 더 높다는 것도 '볼' 수 있게 연습했다.

여기서 '본다'는 말에 따옴표를 붙인 이유는, 실제 내 눈으로는 그걸 볼 수 없다는 걸 알기 때문이다. 이 경험은 시각적이면서도 동시에 진짜 시각적이라고 할 수 없다. 물론 그림으로 그릴 수도 없다. 그저 내 시야 한가운데에 뭔가가 강조된 듯한 이상한 감각일 뿐이다. 어떤 의미에서는 일종의 환각이라고도 할 수 있다. 하지만 이 환각은 내가 지식과 경험으로 만들어내고 통제하는 훈련된 환각이다.

다리를 볼 때도 마찬가지로 나는 그 구조에 작용하는 응력 선을 '본다.' 그래서 어떤 부분이 압축되고, 어떤 부분이 잡아당겨지는지 느껴본다.

이런 감각들은 약간 집중만 하면 언제든 불러올 수 있다. 그리고 이 능력은 세상을 더 깊이 경험하고 이해하는 데 큰 도움이 된다.

누구나 비슷한 감각을 갖고 있다. 예를 들면 밧줄이 너무 팽팽하게 당겨져 곧 끊어질 것 같다거나, 풍선이 지나치게 부풀어 곧 터질 것 같다는 것을 '볼' 수 있다. 이런 식으로 우리는 사물의 긴장감을 증강현실의 또 다른 층처럼, 시야에 덧입혀진 보조 정보로 '보는' 법을 익혀왔다. 색깔처럼 보이지만 현실의 또 다른 층에 존재하는 정보를 느끼는 것이다.

이 예시들이 너무 평범하게 느껴질 수도 있다. 점점 더 많은 것들을 보려고 스스로 훈련하는 일이 어쩌면 유치하고 쓸데없어 보일 수도 있다. 하지만 나는 이 방식을 평생 꾸준히 실천해온 것이 내 과학적 이해를 확고하게 다지고 독창적인 수학 연구를 할 수 있었던 핵심이라고 생각한다.

실제로 존재해야 한다는 사실을 알고 있더라도 직접 '보고' '느낄' 수 없는 개념들은 내게 특별한 의미로 남는다. 언어를 통해 얻는 외부 정보를 무시하진 않지만, 완전히 믿기보다는 하나의 가설로 받아들인다.

어떤 개념이 왜 참인지 보이지 않으면 나는 쉽게 믿지 않는다. 그런 정보들은 오랫동안 내 안에서 중간 상태로 머무르곤 한다. 몇 시간, 며칠, 몇 주, 몇 년, 심지어 수십 년 동안 그럴 수도 있다.

가끔은 어린 시절에 배웠지만 그때부터 쭉 중간 상태에 머물러 있던 것들을 문득 '완전히 이해하는' 순간이 찾아오기도 한다.

고등학교 지리 시간에 산림 파괴가 토양 침식을 일으킨다는 사실을 배웠다. 이 정보는 시각적 이미지 없이 말로만 들었기에 내게는 전혀 와닿지 않았다. 흥미도 없었고 설득력도 없었다.

10년쯤 뒤에야 나는 이 사실을 이해하게 됐다. 그때의 순간이 아직도 또렷하다. 수학 학회에 참석한 나는 도무지 이해할 수 없는 발표를 들으며 지루해하고 있었다. 문득 창밖을 내다보니 나무들이 보였고, 그 풍경 전체를 시각적으로 그려보려고 했다. 나무의 뿌리까지 포함해 나무 전체를 머릿속으로 상상했다. 그러자 갑자기 모든 게 명확해졌다.

시각적으로 아주 인상적인 순간이었다. 나무뿌리의 그물망이 철근 콘크리트의 철근처럼 흙과 돌을 단단히 잡아주는 구조를 만들고 있었다. 이 구조 덕분에 흙이 비탈길을 따라 미끄러져 내려가지 않는다는 사실이 이해됐다. 그리고 예전에 내가 직접 보고 놀랐던 또 다른 사실, 나무 그루터기를 뽑는 일이 얼마나 힘든지에 대한 이유도 함께 깨달았다.

또 다른 예를 들어보자. 비행기가 날 수 있다는 사실을 알고 있어도 한편으로는 왠지 믿기지 않았다. 비행기가 난다는 게 자연스럽게 느껴지지 않았고 어떻게 가능한지 직관적으로 이해할 수 없었다.

이런 생각은 내가 비행기에 앉아 활주로를 달릴 때마다 고개를 들었다. 이륙 직전, 내 안의 작은 목소리가 이렇게 속삭이곤 했다.

'이건 말도 안 돼. 이 무거운 쇳덩어리가 어떻게 날 수 있겠어? 절대 뜨지 못할 거야.'

아마 누구나 인생에서 한 번쯤은 이런 속삭임을 들어봤을 것이다. 하지만 바보처럼 보일까 봐 이런 생각을 쉽게 털어놓지 못한다.

우리는 비행기가 나는 게 당연하다고 여기도록 사회적으로 학습되어 있다. 누군가가 그 사실을 의심하면 오히려 웃음거리로 치부한다. 하지만 실제로 비행기가 어떻게 나는지 제대로 아는 사람은 얼마나 될까?

비행기의 이륙을 의심하는 건 결코 어리석은 일이 아니다. 오히려 이는 건전한 상식과 독립적 사고 능력이 있다는 증거일 뿐이다.

비행기에 대한 의심을 품었다고 해서 탑승을 포기한 적은 한 번도 없다. 눈앞의 현실을 부정하지는 않았다. 비행기가 하늘을 나는 모습을 직접 봤으니 어쩔 수 없이 받아들일 수밖에 없었다. 선택의 여지가 없었기 때문에 마지못해 받아들인 거나 다름없다. 현실적인 관점에서는 인정했지만, 감각적으로는 받아들이지 못했다.

물론 이런 방식으로 받아들여야만 하는 것들이 진심으로 이해할 수 있는 것들보다 훨씬 더 많다.

비행기가 날 수 있다는 사실을 온전히 받아들인 것은 불과 몇 년 전의 일이다. 나는 비행이 어떻게 가능한지 물리적으로 느끼는 법을 배워야 했다. 그러기 위해서는 공기의 밀도와 양력 현상을 직접적으로 느끼는 연습이 필요했다. 비행기가 보기보다 훨씬 가볍다는 사실도 알아야 했고, 날개가 어떻게 위로 힘을 받고 휘어지는지, 그 내부 구조는 어떤지, 동체에 어떻게 붙어 있고 왜 부러지지 않는지도 하나하나 이해해야 했다.

결국 이 모든 것이 내 직관에 자연스럽게 녹아들었고, 이제는 비행기를 내 몸의 일부처럼 자연스럽게 느낀다.

내 몸에 새겨진 감각

난해한 수학적 주제들과 마주하며 그 분야에서 경력을 쌓아온 덕분에 나는 내 기하학적 직관에 강한 확신을 갖게 되었다.

이 직관은 대다수 사람이 기하학과는 무관하다고 생각하는 주제에서도 특히 빛을 발한다. 예를 들면 호모 플로레시언시스Homo floresiensis와 데니소바인Denisovans처럼 현존 인류와 비슷한 시기에 살았던 멸종 인류 종들이 발견됐다는 소식을 들었을 때, 나는 별로 놀라지 않았다. 이런 반응은 내 안에 자리한 '생명의 나무 기하학'이나 '화석 발견의 기하학' 같은 직관 때문이었다. 내게는 오히려 당연하게 느껴졌다.

그렇다고 내가 마법사는 아니다. 내 직관 역시 인간적이고 언제든 틀릴 수 있다. 나는 단지 우리 모두에게 본래 존재하는 능력을 극한까지 밀어붙여본 것뿐이다.

수학이 내게 가르쳐준 교훈은 어린 시절의 순수한 호기심을 잃지 않으면서 현실적이고 분명한 것에 의존하는 태도로도 앞으로 나아갈 수 있다는 사실이었다.

이런 사실은 내게도 놀라운 것이었다. 나는 시각화와 상상력 훈련을 그저 재미 삼아 시작했을 뿐, 그것이 내 삶에 이렇게 큰 영향을 미칠 줄은 몰랐다.

수학에서, 그리고 많은 다른 분야에서도 창의성은 이해의 궁극적인 형태라고 할 수 있다. 그리고 그 이해란 결국 우리 정신 활동의 자연스러운 산물이다. 두렵거나 어렵게 느껴지는 것을 끝까지 바라보고 마침내 그것이 익숙하고 당연하게 느껴질 때, 창의성은 자연스럽게 솟아난다.

수학을 이해하는 방법은 정말 다양하다. 우리는 저마다 각자의 강점과 약점을 가지고 수학을 접한다. 나는 어릴 때부터 기하학이 강점이었고 시각적 상상력도 풍부했다.

물론 나에게는 약점도 있다. 나는 숫자 자체에는 별로 흥미가 없었고, 숫자에 대해 깊이 생각해본 적도 그리 많지 않았다. 그렇다고 숫자에 완전히 익숙하지 않은 건 아니다. 반복과 습관을 통해 어느 정도 친숙해지긴 했고 일정 수준까지는 이해할 수 있다. 하지만 정수론이나 산수에서 창의적인 능력을 발휘할 수 있다고 느껴본 적은 없다. 마치 백핸드가 약한 테니스 선수가 항상 포핸드로 공을 치려는 것처럼 되도록 숫자를 다루는 상황을 피하고, 수량적인 명제도 기하학적으로 해석하려는 습관이 생겼다.

내 주된 관심사가 숫자였다면 나는 분명 숫자와 더 깊은 개인적 유대감을 쌓았을 것이다. 그 직관이 시각적일 수도 있고 전혀 다른 형태였을 수도 있다. 하지만 그런 직관은 그리 중요한 게 아니다. 모든 수학자는 직관적으로 수학적 대상을 다루지만, 그 직관의 형태는 사람마다 매우 다양하다.

나의 가장 큰 약점은 수학적 표기법에서 길을 찾지 못하고, 복잡한 기호와 수식이 많이 등장하는 추론을 막힘없이 따라가지 못한다는 것이다. 그래서 특히 해석학처럼 그런 요소가 많은 수학 분야는 자연스레 흥미를 잃어갔다. 시간이 지날수록 인내심도 줄어 이 문제는 점점 더 심해졌다.

하지만 처음에 어려움을 겪은 몇몇 분야도 나중에는 조금씩 나아질 수 있었다. 예를 들어 스무 살 때 접한 대수학의 추상적 구조가 무척 힘들었지만, 나만의 독특한 감각적 직관을 개발해 그 난관을 극복했다.

감각적 직관은 굉장히 강렬하지만, 말로 표현하기가 거의 불가능하다. 나는 일부 수학적 개념을 비시각적인 방식, 말하자면 몸의 긴장감이나 힘의 흐름 등 몸으로 느끼는 감각을 통해 이해한다. 마치 내가 그 대상 안으로 들어가서 그 자체가 되어보는 듯한 느낌이다.

때로는 이런 수학적 감각을 목이나 척추에서 느끼기도 한다.

이게 정확한 표현은 아니라는 걸 알지만 더 적절한 말을 찾기가 어렵다. 이런 분야에서 실력을 키울 때 도움을 준 상상력 훈련이 하나 있다. 예를 들어 욕실에 놓인 샴푸 병을 바라보며 이런 질문을 스스로에게 던지는 것이다. 내 몸이 샴푸 병처럼 생겼다면 내 몸은 어떤 느낌일까?

수학적 대상에도 똑같이 이런 상상력 훈련을 적용하면서 비로소 그 개념들을 깊이 이해하기 시작했다. 서른다섯 살 무렵에는 이 방법 덕분에 내 인생에서 가장 창의적인 시기를 맞이하기도 했다.

모든 건 아주 우연한 관찰에서 비롯됐다. 어느 날 8차원의 특정

꼬임에 관한 기하학을 고민하던 중, 그 질문을 범주론의 언어로 쉽게 옮길 수 있다는 사실을 깨달았다. 전혀 다르다고 생각했던 두 가지 직관 사이에 뜻밖의 연결고리가 생기자 오랫동안 풀지 못했던 문제들을 완전히 새로운 시각으로 바라볼 수 있게 되었다.

그동안 서로 소통하지 않던 내 뇌 속의 두 영역 사이에 다리가 놓인 것 같았다. 큰 깨달음이 한 번 찾아오더니 그 뒤로도 작은 여진처럼 여러 번의 통찰이 이어졌다. 하지만 그건 시작에 불과했다. 내 수학적 상상력은 완전히 새롭게 재구성되는 변화를 겪고 있었다.

매일 아침 눈을 뜰 때마다 새로운 아이디어가 떠올랐다. 그중 일부는 내가 풀고자 했던 (1970년대부터 이어져온) 추론과 직접적으로 관련이 있었지만, 또 다른 아이디어들은 전혀 예상치 못한 방향으로 나를 이끌었다. 그 아이디어들이 너무 아름다워 다 쫓아가보고 싶었지만, 동시에 여러 갈래를 탐구하기엔 역부족이었다. 너무 많은 생각이 한꺼번에 밀려와 버거울 정도였다. 떠오르는 아이디어를 적어보려 했지만, 내 이해 속도가 필기 속도를 훨씬 앞질렀다.

이렇게 극도로 명확한 상태는 6주나 계속되었고, 마침내 내 추론을 완벽하게 증명해낼 수 있었다.

나는 잠을 거의 잘 수 없을 만큼 완전히 탈진해 있었다. 한번은 새벽 4시에 문득 10년 전에 사두고 거의 펼쳐보지 않았던 책(데이브 벤슨 Dave Benson 의 《표현과 코호몰로지 Representations and Cohomology》 2권)이 떠올랐다. 책장을 뒤져 그 책을 꺼낸 뒤 바닥에 앉아 단숨에 100쪽을 읽어 내려갔다. 마치 만화책을 읽듯 술술 읽혔다. 수학책을 그렇게 읽어본 건 처음이었다. 그렇게 빨리 읽을 수 있었던 이유는 이미 그 내용이 내 머릿속에 들어 있었기 때문이었다. 방금 꿈에서 본 내용을 다시 확인하는 것 같았다.

그 6주 동안, 박사과정을 시작한 이래 지난 12년 동안 배운 것보다 더 많은 새로운 수학을 이해하고 있다는 느낌이 들었다. 그 속도가 너무 빨라 멀미가 날 정도였고 육체적으로도 감당이 안 될 만큼 압도적이었다. 더 이상 버틸 수 없을 만큼 괴로웠고 그 과정이 잠시라도 멈춰 내가 쉴 수 있기를 바랐다. 하지만 멈추지 않았다. 내 의지와 상관없이 수학이 내 머릿속을 장악하고 그 안에서 스스로 생각을 이어가는 것 같았다.

그때 처음으로 극단적 수준의 수학은 위험한 스포츠와도 같다는 걸 깨달았다.

우주를
통제한다는 것

　　　　　　전형적인 젊은 수학 천재라고 하면 어떤 이미지가 떠오르는지 대략 짐작이 간다.
　아마도 친구들과 파티를 즐기고 반에서 분위기를 띄우는 학생은 아닐 것이다. 대인관계가 원만하고, 적응력도 뛰어나며, 누구와도 잘 지내는 그런 타입도 아닐 것이다. 물론 인생을 대충 즐기며 살아가는 사람도 아닐 것이다.
　아마 그 대신 테드 카친스키 Ted Kaczynski 와 같은 인물이 떠오를 것이다.
　테드 카친스키는 1942년 시카고에서 태어났다. 그의 뛰어난 수학적 재능은 일찍부터 학교에서 주목받았다. IQ 테스트에서 167점을 받자 곧바로 월반했고, 몇 년 후 또 한 번 월반했다. 열여섯 살에

하버드 대학교에 입학해 1967년 수학 박사학위를 마친 뒤 버클리 대학교에서 최연소 조교수가 되었다.

하지만 학문적 성공과 달리 테드는 외롭고 쓸쓸한 삶을 살았다. 테드를 어릴 때 알던 사람들은 그가 감정적으로 미성숙하고 소통이나 진정한 관계 맺기에 서툴렀다고 회상한다. 하버드에서 함께 기숙사 생활을 했던 학생들은 한밤중에 트롬본을 연주하던 습관과 방 안에서 풍기던 썩은 음식 냄새를 기억하기도 했다.

테드는 열다섯 살 때 또래 친구들과 어울리지 않고 여덟 살이었던 남동생 데이비드의 친구들과 노는 걸 더 좋아했다.

데이비드 카진스키는 형의 비범한 지능에 감탄했지만, 그의 이상한 행동에 놀라움을 감추지 못했다. 테드는 왜 친구를 사귀지 못했을까?

어느 날, 여덟 혹은 아홉 살이었던 데이비드가 엄마에게 이렇게 질문했다. "엄마, 테디 형 어디 아파요?"

특이함의 스펙트럼

이 책의 처음부터 나는 수학과 수학자에 대한 고정관념을 넘어서야 한다고 말해왔다. 그 생각에는 변함이 없다. 하지만 그렇다고 해서 이 고정관념이 존재하지 않는다는 의미는 아니며 그것이 아무 이유 없이 생겨나는 것도 아니다.

널리 알려진 사실이지만, 수학계 사람들과 어울리다 보면 가장 눈에 띄는 점 중 하나가 '특이한' 인물이 많다는 것이다. 여기서 '특이하다'는 말은 꽤 점잖은 표현이다. 특이함에도 정도가 있다. 어떤 수학자는 조금 특이한 정도고, 어떤 이는 솔직히 매우 특이하다. 또 어떤 이는 경이로울 정도로 특이하다. 때로는 그 특이함을 넘어서는 무언가도 존재한다. 그 순간에는 적절한 단어가 딱 한 가지 있다. 바로 광기다.

이런 이야기는 수학자들 사이에서 종종 화제가 된다. 누구나 이런 일화가 여러 개쯤 있을 것이다. 때로는 그 이야기들이 엄청 재밌지만, 너무 극단적이라 믿기 어려운 경우도 있다.

내가 직접 경험한, 진짜 있었던 일화 하나를 소개하겠다. 한번은 쓰레기봉투에 기차 시간표를 가득 담고 다니는 수학자와 나란히 저녁 식사를 한 적이 있다. 그 수학자는 기차 시간표를 모두 외우고 있었다. 그와 대화를 시작하는 가장 좋은 방법은 일요일 오후에 뉴헤이븐에서 필라델피아까지 가려면 어떤 기차를 타야 하는지 묻는 거였다.

고정관념을 넘어서려면 대다수 수학자는 이런 모습과 다르다는 사실을 기억해야 한다. 최고 수준의 수학을 하면서도 '정상적'일 수 있다. 사회적으로 원만하고 따뜻하며 타인에게 열린 사람일 수도 있다. 심지어 카리스마 넘치는 지도자일 수도 있다. 사실 특이함보다는 유머 감각이 수학자들에게서 흔히 볼 수 있는 특징이다.

그렇다고 특이함이 없는 건 아니다. 오히려 역사상 가장 뛰어난 수학자들 중에는 그 특이함이 유난히 두드러지는 경우도 많다. 7장에서 살펴본 알렉산더 그로텐디크의 극단적 고독과 금욕주의가 대표적인 예다.

또 하나의 인상적인 예가 바로 그리고리 페렐만이다. 10장에서 이미 언급했듯이, 1966년 상트페테르부르크에서 태어난 페렐만은 1904년 푸앵카레가 제시한 난제를 2003년에 증명해낸 것으로 유명하다. 이 업적은 감히 상상하기 힘들 만큼 엄청난 일이다.

페렐만은 필즈상뿐만 아니라, 2010년 클레이 수학 연구소에서 푸앵카레 추측을 해결한 대가로 수여한 100만 달러의 상금도 거절했다(푸앵카레 추측은 수학의 미래를 좌우할 가장 어렵고 중요한 7대 밀레니엄 문제 가운데 하나였다).

2005년 페렐만은 스테클로프 연구소에서 사임한 뒤 언론 인터뷰도 일절 하지 않은 채 은둔 생활을 이어가고 있어 그의 내면을 정확히 아는 사람은 드물다. 페렐만의 독특한 성격과 삶은 사람들의 호기심을 자극했고, 인터넷에는 몰래 찍은 사진과 가짜 인터뷰, 황당한 소문까지 떠돌고 있을 정도다.

흔히 "내가 이미 우주를 통제할 수 있는데 100만 달러가 무슨 소용이 있겠는가"라는 말을 페렐만이 했다고 알려졌지만, 그가 실제로 이런 말을 했을 가능성은 없다. 다만 신뢰할 만한 출처에서 나온 페렐만의 실제 발언은 다음과 같다. "돈과 명예에는 관심 없다. 동물원에 전시된 동물처럼 되고 싶지 않다. 나는 수학 영웅도 아니고, 사실 그렇게 대단한 사람도 아니라서 모두가 날 주목하는 게 불편하다."

페렐만의 창의적 지능, 놀라운 정신력, 흔들림 없는 집념, 절대 타협하지 않는 고결함은 누구라도 감탄하지 않을 수 없다.

하지만 동시에 그의 이야기는 어딘가 마음을 불편하게 하는 구석이 있다. 뭔가 잘못된 것 같은 느낌이 들기도 한다. 천재란 원래 이런 모습이어야 하는 걸까? 꼭 이렇게 끝나야 하는 걸까? 다른 사람들과 소통하며 살아가는 게 정말 불가능한 일일까?

우리는 어쩔 수 없이 뭔가 잘못됐다고 느끼게 된다. 페렐만이 손톱을 자르지 않고 환갑이 다 되어가도록 상트페테르부르크의 작은 아파트에서 어머니와 함께 사는 이유도, 어쩌면 그에게 어떤 문제가 있기 때문이 아닐까라고 생각하게 된다.

물론 그럴 수 있다. 하지만 우리가 과연 무슨 말을 할 수 있을까? 페렐만은 이 시대에서 가장 뛰어난 두뇌를 가진 인물 중 한 명이다. 누구에게도 해를 끼친 적이 없고, 자기가 원하는 방식대로 살아갈 권리도 있다. 우리가 그를 함부로 판단할 입장은 아니다.

그렇다면 수학이 사람을 '특이하게' 만드는 걸까? 물론 나는 그렇게 생각하지 않는다. 오히려 수학은 본래 조금 '특이한' 사람들에게도 열린 분야라고 본다.

수학은 사회에 잘 어울리지 못하는 사람도 위대한 업적을 남길 수 있는 매우 드문 분야다. 이미 조금 '특이하거나', '다르거나', 사회에 잘 적응하지 못하는 사람들에게는 오히려 사회화와 자기실현을 위한 길이 될 수도 있다(나 역시 이 부류에 속한다고 생각한다).

사람들에게 수학은 그리 위험한 게 아니다.

하지만 한 가지 치명적인 주의점이 있다. 역사적으로 반복되는 사례들을 보면, 수학이 특정한 정신적 질환, 특히 편집증을 자극하고 증폭하는 경우가 있는 것 같다.

어둠의 심연

특이함의 스펙트럼에서 보면 테드 카친스키는 가장 극단에 가까운 인물이다. 하지만 수학적 창의성이 특이함의 정도에 비례하지 않을뿐더러 어린 시절의 영재성이 반드시 빛나는 경력을 보장하는 것도 아니다. 사실 테드 카친스키는 위대한 수학자가 아니었다. 그의 학문적 업적은 미미했고, 딱히 주목할 만한 업적도 없다.

1969년 6월 30일, 스물일곱 살이던 테드는 아무 설명도 없이 버클리 교수직을 갑자기 사직했다. 그리고 2년 뒤, 몬태나의 외딴 숲속에 직접 지은 오두막에서 혼자 살아가기 시작했다.

테드는 전기도 수도도 없는 완전히 고립된 삶을 선택했다. 1971년부터 시작된 그의 일기를 보면 범행 의도가 솔직하게 드러난다. "내 동기는 개인적인 복수다. 철학적이거나 도덕적인 명분을 내세울 생각은 없다."

시간이 지나면서 그의 담론이 조금씩 바뀌었다. 나중에는 자신이 혁명을 일으키고 싶었다고 말하기도 했지만, 일관되게 드러난 감정은 과학계와 관료주의에 대한 본능적 증오였다. 테드는 그들이 자신의 자유, 나아가 세상의 자유 자체를 침해한다고 여겼다. "내 야망은 과학자, 기업가, 정부 관료 같은 사람을 죽이는 것이다. 공산주의자도 마찬가지다."

수년 동안 테드는 몸과 하나가 된 듯한 숲속을 홀로 거닐며 자신만의 복수 계획을 구체화해 나갔다. 산업사회가 자신에게 안긴 고통, 그리고 새로운 도로를 내기 위해 무자비하게 나무를 베어내는

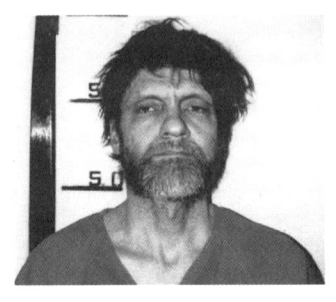
폭력성을 향한 복수였다.

치밀하고 집요했던 테드는 상상할 수 없는 살인의 덫에 점점 더 깊이 빠져들었다. FBI 역사상 가장 길고 비용이 많이 든 수사가 17년 넘게 이어졌고, 최대 150명의 전담 요원이 투입되었는데도 그는 1996년에 이르러서야 체포되었다.

1998년, 테드 카친스키는 미국에서 가장 보안이 엄격한 콜로라도 플로렌스의 슈퍼맥스 교도소에서 가석방 없는 8회 연속 종신형을 선고받고 복역을 시작했다. 그와 함께 수용된 인물로는 9·11 테러범 중 한 명인 자카리아스 무사위Zacarias Moussaoui, 멕시코 마약왕 엘 차포El Chapo 등이 있었다.

테드는 2023년 스스로 생을 마감한 것으로 보인다.

테드 카친스키의 이야기는 어둡고 비극적이지만 반드시 전해져야 한다. 이 이야기는 이성에 대한 근본적인 교훈을 준다. 즉 이성이 지닌 힘과 한계, 위험성, 그리고 그 이성을 선하게 또는 악하게 사용할 때 어떤 결과가 따르는지에 대해 깊이 생각하게 한다.

연쇄 소포 폭탄테러범

1979년 11월 15일, 아메리칸 항공 444편이 시카고를 떠나 워싱턴 D.C.로 향하던 중이었다. 비행 도중 승객들은 갑자기 둔탁한 소리를 들었고, 객실 안은 매캐한 연기로 가득 찼다. 산소마스크가 떨어졌지만, 연기가 너무 심해 마스크 안까지 스며들 정도였다.

다행히도 조종사는 비상착륙에 성공했으나 연기를 들이마신 승객 12명이 병원으로 옮겨졌다. 조사 결과, 비행기 안에 폭발물이 있었던 것으로 드러났다. 폭탄이 제대로 작동했다면 비행기는 공중에서 산산조각 났을 것이다.

곧이어 시카고 인근 노스웨스턴 대학교 캠퍼스에서 발견된 2개의 트랩 장치와 이번 사건이 연관이 있음이 밝혀졌다.

이 일은 이후 오랜 기간 이어질 연쇄 폭탄 사건의 시작이었다.

1980년 6월 10일, 시카고 교외 레이크 포레스트에 사는 유나이티드항공 사장 퍼시 우드는 집으로 배달된 소포 폭탄에 크게 다쳤다. 1981년에는 유타 대학교 캠퍼스에서 폭탄이 발견돼 해체되기도 했다.

폭탄 테러는 1995년까지 이어졌다. 총 16개의 폭탄이 사용되어 3명이 목숨을 잃고 23명이 상해를 입었다. 주로 대학교(특히 버클리에서는 한 건물에서 두 차례나 폭탄이 발견됐다)와 항공, 산업, 기술 관련 기업이 공격 대상이었다(보잉 사무실, 전자제품 판매장, 목재 산업 로비스트 등).

이처럼 실마리가 거의 없는 연쇄 테러 사건을 담당한 수사관들은 아주 작은 단서라도 놓치지 않고 추적했다. 폭발물 중 일부에는 FC라는 머리글자가 새겨져 있었는데, 나중에 이 글자는 '자유 클럽Freedom Club'의 약자임이 밝혀졌다. 하지만 FBI는 일관되게 단 한 명의 범인이 모든 사건의 배후라고 확신했다.

수사관들은 범인의 심리 분석을 통해 대학과 항공 운송에 극심한 증오를 가진 인물이라고 추정했다. 또 그는 나무와 숲에 집착하는 경향도 있었다. 실제로 이런 집착은 공격 목표(목재 산업, 퍼시 우드Wood, 레이크 포레스트Forest 등)뿐만 아니라 폭탄을 제작하는 과정에서도 나타났다. 일부 폭탄 재료에는 나무껍질 조각이 포함되어 있었으며 통나무처럼 위장된 부품도 있었다.

FBI와 언론은 범인을 일컬어 '대학교University와 항공사Airline를 겨냥한 폭탄범Bomber'의 줄임말인 '유나바머UNABOMBER'라고 명명했다.

폭탄 자체도 수사에 큰 걸림돌이었다. 보통은 현장에 남은 아주 작은 파편 하나, 예를 들어 못 하나만 분석해도 제조사나 유통 경로를 추적할 수 있다. 즉 작은 조각조차도 중요한 단서가 될 수 있다.

그런데 유나바머가 사용한 못은 모두 수제품이었다. 따라서 추적할 만한 단서도 지문도 찾을 수 없었다. 폭탄의 모든 부품은 사포로 꼼꼼하게 다듬어져 있었다.

범인은 무엇이든 처음부터 직접 만들 만큼 인내심과 치밀함을 갖춘 인물이었다.

수사는 오랫동안 교착상태에 빠져 있었고, 1995년에 이르러서야 돌파구가 열렸다. 그해, 유나바머는 타이핑된 원고와 함께 「뉴욕타임스」, 「워싱턴포스트」, 「펜트하우스」에 편지를 보내, 자신의 글이 신문에 실리면 공격을 멈추겠다고 밝혔다. FBI의 권고에 따라 「뉴욕타임스」와 「워싱턴포스트」는 1995년 9월 19일 해당 글을 게재했다.

유나바머의 선언문인 "산업사회와 그 미래Industrial Society and Its Future"는 논리적으로 치밀하게 구성된 글이었다. 총 232개 항목으로 구성된 이 선언문은 현대사회와 기술이 인간의 삶을 지배하는 방식에 대한 급진적인 비판이었다. 유나바머는 이 글을 통해 현대의 체제는 구제할 가치가 없으니 완전히 무너뜨려야 한다고 주장했다.

이 선언문에는 설득력 있는 주장도 있었지만, 한편으로는 황당한 내용도 섞여 있었다. 특히 일반적인 테러범의 사고방식과는 동떨어진 관심사가 드러나는 문장이 있었다. "과학적 지식의 기초와 객관적 현실의 개념이 과연 정의될 수 있는지에 대해 진지한 질문을 던질 수는 있다. 하지만 현대 좌파 철학자들이 단순히 냉철한 논리학자로서 지식의 기초를 체계적으로 분석하는 것은 분명 아니다."

"냉철한 논리학자"라는 표현에 눈길이 간 데이비드 카친스키는 형 테드가 예전에 쓴 편지에서 똑같은 표현을 사용했던 것을 떠올렸다. 그는 형이 미국에서 가장 쫓고 있는 지명 수배범일지도 모른다는 의심에 괴로워했다. 형을 신고해 사형선고를 받게 할 위험을 감수해야 할까, 아니면 이대로 침묵해 새로운 희생자의 죽음에 공범이 될 위험을 떠안아야 할까? 오랜 고민 끝에 데이비드는 FBI에 알리기로 결심했다. 그리고 1996년 4월 3일 테드 카친스키가 체포됐다.

진리에 대한 조잡한 근사치

 1996년 초, 뜻밖의 제보를 받은 수사팀은 그 신빙성을 검토하기 시작했다. 하지만 뭔가 마음에 걸렸다. 테드 카친스키의 이력은 그들이 상상하던 유나바머의 모습과 달랐다. 생존주의적 생활방식 등 일부 특징은 일치했지만, 수학자로서의 높은 학력과 경력은 예상 밖이었다.

 이런 혼란을 해소하기 위해 FBI는 당시 버클리 수학 연구소 소장이던 빌 서스턴에게 비밀리에 조언을 구했다. 유나바머의 선언문을 읽은 서스턴은 곧바로 수학자가 쓴 글이 맞다고 확신했다.

 서스턴이 어떤 근거로 그런 결론을 내렸는지는 정확히 알 수 없다. 하지만 내가 분석했을 때도(물론 사건의 결말을 알고 있기에 훨씬 쉬웠지만), 마지막 단락에서 특히 인상적인 부분을 발견했다. 수십 쪽에 걸쳐 확신에 찬 주장들을 쏟아낸 테드 카친스키는 25년 동안 쌓아온 이 광기 어린 논리의 허점을 마지막에 가서야 스스로 인정하는 듯한 모습을 보였다.

마지막 단상
231쪽. 이 글 전반에 걸쳐 우리는 부정확한 진술을 했고… 일부는 완전히 틀렸을 수도 있다…. 물론 이런 논의에서는 직관적 판단에 크게 의존해야 하며, 그것 역시 때로는 틀리기도 한다. 따라서 이 글이 진리에 대한 조잡한 근사치 이상을 담고 있다고 주장할 수는 없다.

진리의 개념은 카친스키의 핵심 관심사였다. 그는 현대 철학자들이 '진리와 현실에 대한 공격'을 주도했다고 비난한다.

하지만 진리란 무엇일까? 카친스키는 자신의 선언문을 조잡한 근사치에 불과하다고 말하면서도 어떻게 그 진리의 이름으로 살인을 저지를 수 있다고 여겼던 걸까? 선언문에는 다 적지 않았지만, 자신만은 진리에 접근할 수 있다고 믿었던 걸까?

카친스키는 자신의 논리적 약점을 스스로 인식하면서도 자신만이 옳고 세상은 틀렸다고 굳게 믿었다. 자신의 주장을 완벽하게 증명하지 못했지만, 그 사실에 전혀 개의치 않았다. 그의 눈에는 모든 게 명확해 보였다. 그는 자기만의 진리와 확신을 날조하고, 타인과 다른 의견이 끼어들 틈이 없는 완결된 논리 체계를 세웠다.

언론을 통해 자신의 폭탄으로 처음으로 사람이 사망하고 시신이 산산조각 났다는 소식을 접했을 때, 카친스키는 일기장에 이렇게 썼다. "훌륭하다. 인간적인 방식으로 누군가를 제거했다. 그는 아무런 고통도 느끼지 못했을 것이다."

이 모든 이야기에서 불편한 의문이 떠오른다. 카친스키가 수학자의 논리적 사고법을 극단적으로 잘못 이용해서 이렇게 위험한 자발적 급진주의에 빠진 게 아닐까?

우리의 직관을 재구성하는 논리적 사고법이 잘못 쓰이면 위험할 수 있다는 건 놀라운 일이 아니다. 부엌칼이나 감자 깎는 칼을 잘못 사용해도 응급실에 실려 갈 수 있다.

재판 전 정신감정을 맡았던 정신과 의사는 카친스키가 망상형 조현병을 앓고 있다고 진단했다. 하지만 카친스키는 이 진단을 정치적 탄압이라고 주장하며 자신은 정신적으로 아무 문제가 없다고 믿었다. 변호인단은 심신미약을 주장하자고 했지만, 그는 이를 거부하고 유죄를 인정했다.

편집성 망상과 수학적 추론은 어딘가 닮아 있다. 어쩌면 악마 쌍둥이처럼 가까운 관계일지도 모른다. 실제로 둘을 구분하지 못하는 사람들도 있다. 하지만 이 둘을 확실히 구별하는 방법이 분명히 존재한다. 이에 대해서는 곧 다시 이야기할 것이다.

수학자는 무엇을 해야 하나

세상을 떠나기 2년 전인 2010년, 빌 서스턴은 여전히 테드 카친스키의 비극적인 운명을 깊이 고민하고 있었던 듯하다.

그는 수학 커뮤니티 사이트 매스오버플로우에 올라온 한 질문에 장문의 답변을 남겼다. 질문자는 무아드$_{Muad}$라는 별칭을 쓰는, 아직 자신감이 부족한 젊은 학생으로 보였다. 그 학생의 질문은 "수학자는 무엇을 해야 할까요?"였다.

무아드는 자신이 수학에 어떤 도움을 줄 수 있을지 고민했다. 그는 "수학은 가우스나 오일러 같은 천재들이 만드는 것 같다"라며, 그들의 업적을 이해하려고 노력해도 정작 그 이해가 새로운 발견으로 이어질 것 같지 않다고 털어놓았다. '특별한 재능'이 없는 평범한 사람에게는 발견할 가치가 있는 새로운 대상이 남아 있지 않은 것 같은 불안감도 드러냈다.

사실 수학을 전공하는 학생들 대부분은 한 번쯤 비슷한 감정을 경험한다. 그러나 서스턴의 답변은 이런 관점을 완전히 뒤집었다.

수학의 산물은 정리 자체가 아니라 명확성과 이해입니다.
세상은 명확성과 이해가 넘쳐나는 곳이 아니에요(오히려 부족하죠).
수학을 공부하며 느끼는 진정한 만족감은 타인과 나누고 배우는 과정에서 찾아옵니다. 다들 몇 가지만 확실하게 이해하고, 나머지는 어설프게 알고 있을 뿐이에요. 명확하게 다듬어야 할 개념은 무궁무진합니다.

서스턴은 수학을 영원한 진리를 찾는 작업이 아니라 이해와 나눔을 중심으로 사람들이 함께 만들어가는 협력 활동으로 정의한다. 사람들의 이해가 없다면 아무리 대단한 정리도 아무 가치가 없다는 뜻이다. 누가 어떤 결과를 먼저 증명했는지는 별로 중요하지 않다. 진짜 중요한 건 그 결과에 부여하는 의미다. 진정한 수학은 우리 각자의 내면에 살고 있다.
서스턴의 답변은 얼핏 평범하게 들릴 수 있지만, 사실 2,000년 넘게 이어져온 수학의 방식에 근본적인 문제를 던지는 것이다. 물론 이 책의 핵심 메시지 중 하나이기도 하며 앞으로 다룰 내용이기도 하다.
서스턴은 이렇게 덧붙였다.

우리는 매우 사회적이고 본능적인 존재예요. 따라서 우리의 행복도 이성적으로 설명하기 어려운 많은 행동에 달려 있습니다. 순수한 이성만으로는 길을 잘못 들기 쉽지요. 우리 중 누구도 오직 머리로만 모든 것을 완벽하게 이해할 만큼 아주 똑똑하거나 현명하지 않습니다.

바로 이 지점, 길을 잘못 들기 쉽다는 부분에서 서스턴은 테드 카친스키에 관한 위키백과 페이지의 링크를 참고로 추가한다.
"순수한 이성만으로는 길을 잘못 들기 쉽다"라는 말은 언뜻 평범하고 흔한 조언처럼 들리지만, 너무 막연하고 딱히 특별하지도 않아 그저 그런 이야기로 치부될 수 있다. 하지만 그저 그런 이야기가 아니다. 서스턴은 아주 진지하다. 자신의 말뜻을 정확히 알고 있으며, 아주 분명한 의도를 담아 이야기하고 있다.

14장에서 모든 과학과 철학을 근본부터 다시 세우려 했던 데카르트의 프로젝트를 이야기했다. 데카르트는 인간에게 진리를 분명하게 인식할 수 있는 타고난 능력, 이성이 있다고 믿었다. 하지만 이런 합리주의적 접근에는 데카르트가 예상하지 못했던 한계가 있었다.

서스턴이 "우리 중 누구도 아주 똑똑하거나 현명하지 않다", "순수한 이성만으로는 길을 잘못 들기 쉽다"라고 말한 것은 바로 이 문제를 지적하는 것이다.

그렇다면 수학적 사고는 왜 이토록 강력한 힘을 지니고 있을까? 그러나 그 힘에는 어떤 한계가 있으며, 이성의 한계는 어디까지일까? 우리는 어떻게 수학적 이성과 망상적 사고를 구분할 수 있을까?

이 질문들에 대한 답은 수학 자체가 아니라 수학과 언어, 그리고 지성의 내적 작용 사이의 밀접한 관계에서 찾을 수 있다.

   이 주제가 바로 이 책의 마지막까지 우리와 함께할 이야기다.

방 안의 코끼리

우리는 이성에 문제가 있다는 사실을 안다. 이성은 문명의 기초라고 한다. 적어도 학교에서는 그렇게 가르친다. 하지만 실제로는 논리적이고 체계적으로 생각하라고, 타당한 추론과 그렇지 않은 것을 구분하라고, 논리적이지 않거나 일관성 없는 것은 무시하라고 배운다.

물론 그 이야기를 곧이곧대로 믿는 사람은 거의 없다. 우리는 그냥 그런 척할 뿐이다. 수업이 끝나고 학교 문을 나서는 순간, 우리는 그 모든 게 중요하지 않은 듯 살아간다.

언젠가 완전히 이성적인 인간으로 살 거라는 믿음은 언젠가 달고 기름진 음식을 완전히 끊을 수 있다는 믿음만큼 순진한 발상이다. 그런데도 우리는 여전히 비밀스러운 이성에 기대곤 한다.

걱정할 일이 생겼을 때, 어려움에 부닥쳤을 때, 일이든 집안일이든 문제가 생겼을 때, 우리는 본능적으로 수학자들이 쓰는 방식을 떠올린다.

밤에 잠자리에 누워 문제를 곱씹고, 머릿속에서 기억과 상상 속 이미지를 끄집어내어 레고 블록처럼 이리저리 맞춰본다. 그 이미지들을 정리하고, 연결하고, 뭔가 의미 있고 말이 되는 구조로 조합하려 애쓴다.

가끔은 모든 게 한꺼번에 이해되는 듯한 순간이 찾아온다. 머릿속에서 여러 생각이 퍼즐처럼 딱 맞아떨어지고, 예전에 겪었던 일도 전혀 새로운 시각으로 해석하게 된다. 그동안 보지 못했던 작은 단서나 새로운 사실이 눈앞에 확 드러나기도 한다.

이제야 모든 게 명확해진 것 같고, 마치 큰 비밀을 알아낸 것처럼 신나서 누군가에게 꼭 이 이야기를 털어놓고 싶어진다.

그래서 가장 친한 친구에게 신나게 이야기하지만, 곧 친구의 표정에서 뭔가 이상함을 느낀다. 친구는 살짝 짜증이 나 보이더니 걱정스러운 눈빛으로 쳐디보며 결국 한마디를 던진다. "너무 머리로만 생각하지 마."

더 씁쓸한 건, 그 말이 맞다는 걸 스스로도 안다는 사실이다. 누군가가 모든 게 완벽히 들어맞는 논리를 펼칠 때, 나 역시 어딘가 수상하다고 느낀다. '저 사람, 너무 깊이 파고들었네. 뭔가 좀 불안한데?'

예를 들어, 어떤 사람이 20년 동안 산속 오두막에 틀어박혀 문명의 모든 문제를 뿌리부터 분석해 232개 항목으로 정리된 선언문을 내놓았다고 해보자. 그 안의 내용이 너무 그럴듯하게 맞아떨어진다면 오히려 더 불안해진다. '이 사람 말이 다 맞을지도 몰라'라고 생각하기보다는 '이 사람, 친구가 별로 없겠구나'라는 생각이 먼저 든다.

만약 이성에 대한 의심이 단지 게을러서, 또는 충분히 노력하지 않아서라면 그리 큰 문제가 아닐 것이다. 남들이 대신 고민해주면, 우리는 그들의 지혜를 빌리면 된다.

하지만 진짜 문제는 이성이 내놓는 결과 자체에 신뢰가 가지 않는다는 데 있다. 알다시피 생각하고 논리적으로 따지는 과정이 항상 진실에 다가가는 건 아니다. 오히려 어떤 경우에는 이성적 사고가 진리에서 멀어질 때도 있다.

이건 결코 작은 문제가 아니다. 엄청나게 큰 문제다. 마치 방 안에 코끼리가 떡하니 앉아 있는데도 아무도 그 존재에 대해 말하지 않는 것처럼, 우리 삶의 중심에 있으면서도 쉽게 꺼내지 못하는, 엄청난 무게와 결과를 지닌 문제다.

인류가 현재 직면한 막대한 도전 과제들을 조금이라도 극복할 가능성이 있다면, 적어도 데카르트의 방법이 실제로 효과가 있는지부터 합의하는 게 더 낫지 않을까?

모래와 진흙

데카르트가 과학과 철학을 근본부터 새롭게 재구성하려 했던 이유는 쉽게 짐작할 수 있다.

그는 최고의 학자들이 가장 기본적인 주제조차 합의하지 못하는 점을 지적했다. 그들의 이른바 지식이라는 것도 실제로는 '모래와 진흙 위에 세운 웅장한 궁전'에 불과한 경우가 많았다. 하지만 수학은 단단한 암반 위에 세워져 있었다. 데카르트가 주목한 부분도 바로 그 점이었다. "그토록 확실하고 견고한 토대 위에 더 숭고한 것이 세워지지 않았다는 사실에 깜짝 놀랐다."

수학자들이 사용하는 방법이 매우 효과적이고 수천 년이 지나도 그 진리가 변하지 않는다면, 이 방법을 수학 외의 분야에도 적용해 흔들림 없는 진리를 만들어낼 수 있지 않을까?

이 질문에 대한 답은 아쉽게도 '아니요'다. 아니, 정확히 말하면 부분적으로는 그렇고, 부분적으로는 그렇지 않다.

수학자들이 사용하는 방법은 수학 밖의 분야에도 적용할 수 있다. 그렇지 않았다면 나는 이 책을 쓰지 않았을 것이다. 데카르트의 방법은 세상을 이해하는 데 정말 강력한 도구이고, 실제로 우리를 더 똑똑하게 해줄 수 있다. 게다가 이만한 효과를 내는 다른 방법도 없다.

하지만 이 방법을 수학이 아닌 분야에 적용할 때는 주의해야 한다. 오직 수학 안에서만 이 방법이 흔들림 없는 진리를 만들어내기 때문이다.

그렇다고 생각을 멈추라는 뜻은 아니다. 주의를 기울인다는 건 혼란스럽거나 우유부단해지라는 뜻도 아니고, '평생 자신 있게 살아가는' 태도를 거부하라는 말도 아니다. 오히려 그 반대다. 이성적으로 사고하고 이해할 수 없는 것에 대한 설명을 찾으려는 노력은 매우 가치 있는 일이다. 일부러 무지하게 살아가려는 사람이 있을까?

주의를 기울인다는 것은 데카르트의 방법이 우리의 정신적 표상과 직관을 변화시키고 점차 그 내부적 일관성을 강화한다는 점을 염두에 두라는 뜻이다.

사실 이것이 이 방법의 핵심이다. 반박할 수 없는 증거와 철저한 논리적 추론에 근거해 신념을 세우면, 그 신념은 시간이 지날수록 철근 콘크리트처럼 단단해질 수 있다.

다만 이렇게 굳어진 신념도 때로는 틀릴 수도 있다.

넘을 수 없는 벽

우리는 모든 닭이 달걀에서 나오고, 그 달걀은 또 다른 닭이 낳았다는 사실을 너무나 당연하게 여긴다. 논리적으로 엄밀히 따져보면, 닭이나 달걀이 처음 등장한 순간은 없고 태초부터 항상 함께 존재해왔다는 결론에 이른다. 결국 닭과 달걀은 지구가 생기기 전부터 존재했다.

어처구니없는 예시처럼 보이지만 그래서 더 중요하다. 이처럼 단순한 추론조차 이렇게 엉뚱한 결론에 도달한다면, 어리석기는커녕 오히려 정교하고 지적으로 보이는 논리들은 얼마나 확신할 수 있을까?

닭과 달걀의 수수께끼는 흔히 '역설', 즉 인간의 이해로는 도저히 넘을 수 없는 일종의 벽처럼 보인다. 그래서 그 앞에서는 어쩔 수 없이 고개를 숙일 수밖에 없다.

하지만 사실 역설이라는 것도 원래부터 직관에 반하는 진리나 단순한 요령만큼 드문 일이다. 결국은 늘 임시적인 상태일 뿐이고 언젠가는 풀릴 수 있다. 어떤 문제를 구조적으로 역설적이라고 말하는 건 아직 그 문제를 못 풀었다는 사실을 그럴듯하게 포장하는 것에 불과하다.

닭과 달걀의 수수께끼에 대한 피상적 해답은 진화론에서 찾을 수 있다. 눈앞에 있는 닭의 어미는 역시 닭이지만, 첫 번째 닭과 약간 다르다. 두 번째 닭의 어미는 조금 더 다르다. 여기까지는 괜찮다. 우리는 여전히 닭과 달걀, 즉 닭처럼 보이는 동물과 달걀에 관해 이야기하고 있다.

하지만 1억 5,000만 년 전으로 거슬러 올라가 보면, 닭의 어미, 그 어미의 어미…를 만나게 된다. 그 어미는 이제 닭이 아닌 공룡처럼 보인다. 더 멀리 거슬러 올라가면, 아예 알을 낳지 않는 동물들까지 만나게 된다. 그 동물들이 정확히 어떻게 생겼는지 알 수 없지만, 적어도 닭이 지구가 생기기 전부터 존재했던 건 아니라는 게 분명해진다.

이런 식으로 닭과 달걀의 수수께끼를 풀면, 정작 이 문제의 가장 중요한 부분을 놓치게 된다. 애초에 왜 이런 수수께끼가 생겼을까? 모두가 인정하는 참된 가정에서 출발해 논리적으로 아무 하자 없는 추론을 거쳤는데도 어떻게 명백한 거짓 결론에 도달했을까?

이것이야말로 닭과 달걀의 진짜 수수께끼이며, 사실 이 해답은 이미 거의 한 세기 전부터 알려져 있었다. 하지만 그 해답이 너무나 충격적이고 불편하며 파장이 크기 때문에 학교에서도 일부러 가르치지 않고 조용히 덮어두고 있다.

이런 수수께끼가 생겨난 배경은 이렇다. 인간의 언어는 본질적으로 논리적 사고와 완벽하게 맞아떨어지지 않기 때문에 언어로 표현하고 논리적으로 도출해낸 진리라 할지라도 무조건 100% 확신할 수 없다.

이는 공식적인 과학에서 비롯된 '진리'뿐만 아니라, 우리가 일상적으로 사용하는 소소한 논리적 추론에도 똑같이 적용된다. 논리적인 말로 생각을 전개하든, 머릿속에서 이미지를 조작하든, 혹은 의식적으로 사고를 하든, 직관에 따라 행동하든 모두 마찬가지다.

슬프게도 데카르트의 주장과는 달리 우리가 '아주 명확하고 뚜렷하게 이해한다고 생각하는 것들'이 항상 참은 아니라는 것이다.

데카르트는 아주 중요한 사실을 놓치고 말았다. 아무리 탄탄한 논리적 추론이라 해도 모든 추론은 일상에서 멀어질수록 무너지게 된다. 논리의 엄밀함이 부족해서가 아니라 우리의 언어 자체가 애초에 모래와 진흙 위에 세워져 있기 때문이다.

유일한 예외는 수학적 추론, 그것도 수학의 공식 언어로 표현되는 경우뿐이다. 이 인공적인 언어가 인간적이지 않고 우리의 평소 사고방식과 잘 맞지 않는 이유는 단 하나, 오직 논리적 추론과만 호환되도록 설계되어 있기 때문이다.

우리가 일상의 구체적 경험에서 멀리 벗어나고 싶을 때, 논리적 형식주의는 중요한 길잡이가 되어준다. 이것만이 아무런 제약이나 금기 없이 마음껏 이성적으로 사고할 수 있도록 도와주는 유일한 도구다.

하지만 수학을 벗어나면 우리의 이성적 사고는 언어의 취약성과 세상을 인식하는 방식 때문에 끊임없이 위협받는다.

코끼리는 없다

6장에서 이미 살펴봤듯이, 수학의 공식 언어인 논리적 형식주의는 인간에게 외국어와도 같다. 이를 설명하기 위해 다음과 같은 예를 들었다. 수학에서는 코가 긴 동물이 코끼리의 정의라면, 코가 짧은 코끼리는 더 이상 코끼리가 아니게 된다.

이렇게 기이하게, 때로는 지나치게 엄격하게 단어의 의미를 다루는 태도가 바로 수학적 접근법의 핵심이다. 그래서 수학 초보자들은 종종 당혹스러워한다. 하지만 여기에는 분명한 이유가 있다. 이런 엄격함이 없다면 어떤 언어도 논리적 추론과 호환될 수 없기 때문이다. 다소 답답하겠지만, 현실이 그렇다.

코끼리는 코가 길다는 사실을 바탕으로 논리를 전개했다면, 코가 짧은 코끼리가 단 하나라도 발견되는 순간 그 논리는 무너진다.

8장에서 사전의 한계를 이야기할 때 이와 비슷한 주제를 다룬 적이 있다. 멀리서 보면 사전은 모든 단어를 정확하게 정의해주는 것처럼 보인다. 우리는 늘 자신이 쓰는 단어의 정의가 명확하고, 자신이 말하는 문장의 의미도 정확하다고 믿고 싶어 한다. 하지만 조금만 깊이 들여다보면 결국 정의가 빙빙 돌며 서로를 설명하는 순환 논리에 빠진다는 걸 알게 된다.

사전을 만드는 사람들이 제 역할을 못 해서 그렇다거나, 우리가 쓰는 단어를 더 똑똑하고 정확하게 정의할 방법이 따로 있으리라 생각한다면 그건 오해다.

하지만 사전의 정의가 부실한 데는 깊은 구조적 이유가 있다. 우리 언어에서 단어를 완벽하게 정의하는 건 원칙적으로 불가능하며, 우리가 세상과 맺는 관계 역시 생각만큼 단단하지 않기 때문이다.

평소에 쓰는 단어를 하나 골라 그 정의를 애써 다듬고 결국 그 일이 거의 불가능에 가깝다는 사실을 깨닫는 건 당혹스럽지만 유익한 경험이며 살면서 한 번쯤은 꼭 해볼 만하다.

코끼리를 예로 들어보자. 나는 사전에서 이런 정의를 발견했다. "몸집이 크고 일반적으로 매우 거대하며 거의 털이 없는 초식성 포유류로, 근육질 코가 길게 발달해 있고 위턱에는 2개의 앞니가 있다. 특히 수컷의 앞니는 길게 자라 상아가 된다."

이 정의의 장점은 실용적이다. 즉 코끼리에게서 기대할 수 있는 여러 특성을 나열하고 있다. 하지만 이 정의 역시 순환적이다. 사전은 '코끼리 코'를 어떻게 정의할까? '상아'는 어떻게 설명할까?

순환성 문제 외에도 이 정의는 동물 종이라는 본질적 개념에 대해서는 함구하고 있다는 결함이 있다.

모두가 알다시피 동물들은 각각 따로 떨어진 개체가 아니라 종이라는 범주로 묶을 수 있는 존재다. 코끼리라는 단어를 만든 것도 우리 눈앞의 코끼리가 모두 어떤 공통점을 가지고 있다고 느꼈기 때문이다. '코끼리'라는 말은 바로 그들 사이에 공통으로 존재하는 특성, 즉 종을 가리키는 표현이다.

실제로 코끼리는 하나의 종이 아니라 2개의 종으로 이루어져 있다. 바로 아프리카코끼리와 아시아코끼리다.

그보다 더 복잡한 사실도 있다. 20년 넘게 생물학자들은 아프리카코끼리가 2개의 뚜렷한 종으로 나뉜다는 사실을 알고 있었다. 하나는 사바나 코끼리(학명은 록소돈타 아프리카나Loxodonta africana)이고, 다른 하나는 숲 코끼리(학명은 록소돈타 키클로티스Loxodonta cyclotis)다. 아시아코끼리는 세 번째 종인 엘레파스 막시무스Elephas maximus에 속한다.

코끼리라는 단어를 순환적이지 않고 진지하게 과학적인 방식으로 설명하고 싶다면, "세 가지 종의 대표 개체들을 일컫는 일반 명칭은 록소돈타 아프리카나, 록소돈타 키클로티스, 엘레파스 막시무스다"와 같이 정의하는 게 더 적절할 것이다.

하지만 이제는 록소돈타 아프리카나, 록소돈타 키클로티스, 엘레파스 막시무스라는 세 종의 의미를 진지하게 정의해야 한다. 놀랍게 들릴지 모르셌지만, 사실 아무도 그 정의를 내릴 수 없다.

실제로 생물학에서는 종을 정의할 때, 기준 표본이라 불리는 특정 개체를 기준점으로 삼는다. 록소돈타 아프리카나의 경우, 이미 오래 전에 죽은 특정 코끼리 한 마리가 기준 표본으로 지정되어 있다. 이 개체가 바로 '코끼리 제로elephant zero'로, 해당 종을 대표하는 기준 표본이다. 과학적으로 보면 록소돈타 아프리카나는 '코끼리 제로'와 같은 종에 속하는, 살아 있거나 죽은 모든 개체의 집단일 뿐이다. 이제 남은 일은 '같은 종에 속한다'는 말이 정확히 무엇을 의미하는지 정의하는 것이다. 그런데 바로 여기서 문제가 복잡해진다.

동물 종을 정의할 때는 어미와 자식이 같은 종에 속한다고 말할 수 있어야 한다. 하지만 한쪽에서는 코끼리 제로의 어미의 어미의 어미…를 계속 거슬러 올라가고, 다른 한쪽에서는 우리의 어머니의 어머니의 어머니…를 거슬러 올라가다 보면, 결국 1억 5,000만 년 전쯤 공룡과 함께 살던 멸종된 포유류의 한 암컷에서 두 계보가 만나는 지점이 나온다. 결국 닭과 달걀 문제와 똑같은 딜레마에 빠진다. 논리적으로 따지면 우리 역시 코끼리라는 것이다.

이런 문제를 피하려면 한계를 정해야 한다. 즉 우리는 어머니와 같은 종이고, 또 어머니의 어머니와도 같은 종이지만, 계보를 무한정 거슬러 올라갈 수는 없다.

그렇다면 그 한계는 어떻게 정할까? 공식적인 해법은 **상호 교배 가능성**이라는 개념에 의존하는 것이다. 위키백과에서도 '종' 항목을 다음과 같이 정의한다. "생물학에서 '종'은 보통 적절한 성별 또는 번식 유형을 가진 개체가 상호 교배를 통해 생식 능력이 있는 자손을 남길 수 있는 가장 큰 집단을 말한다."

이 생식 능력이 있는 자손의 문제는 특히 당나귀와 말의 경우에서 두드러진다. 이 둘은 교배하여 자손(노새)을 낳을 수 있지만, 노새는 생식 능력이 없다. 그래서 말과 당나귀는 서로 다른 종으로 분류된다.

이쯤 되면 이제야 종의 정의가 완성된 것처럼 보이지만 실상은 그렇지 않다. 이 정의에 따르면 생식 능력이 없는 개체는 그 자체로 하나의 종이 된다. 예를 들어 고양이를 중성화하면 그 고양이는 종이 바뀐다. 분명 터무니없는 이야기지만, 정의를 엄격하게 적용하면 이런 결과가 나온다.

더 심각한 문제가 있다. 자손 대부분에게는 생식 능력이 없지만, 아주 드물게 번식이 가능한 경우다. 실제로 생식 능력이 있는 노새가 보고된 사례도 있다. 그렇다면 어디서 경계를 정해야 할까? 생식 능력이 있는 자손이 나올 확률이 1% 미만이면 두 집단은 서로 다른 종이라고 임의로 기준을 정해야 할까?

상호 교배 가능성이라는 개념은 본질적으로 모호하고 문제가 많다. 두 종이 분리되는 바로 그 순간, 즉 이 정의가 가장 필요할 때 오히려 제대로 통하지 않게 된다. 이 문제는 우리 종의 기원과도 관련이 있다. 인간의 DNA에는 네안데르탈인과의 생식 가능한 교배 흔적이 남아 있다. 그렇다면 일반적인 생각과 달리 호모 사피엔스와 네안데르탈인은 사실상 같은 종이라고 해야 할까?

이런 이론적 모순 외에도 생물학적 종 개념은 실용적인 면에서도 심각한 문제를 낳는다. 만약 내가 사바나 코끼리인지 알고 싶다면, 암컷 독소돈타 아프리카나와 교배해서 생식 능력이 있는 자손이 태어나는지 확인해야 한다. 그런데 암컷이 교배할 기분이 아니라면 어떻게 할까? 아니면 번식 시기가 맞지 않아 임신이 안 된다면? 그렇다면 몇 번의 교배를 시도해야 할까?

생물학자는 수학자보다 현실 감각이 더 뛰어나다고 한다. 그렇다면 그들은 이런 문제를 어떻게 해결할까?

어렴풋이 아는 것

이 모든 이야기에서 가장 신기한 건 코끼리를 100% 엄밀하게 정의하지 못하는데도 정작 코끼리라는 개념은 우리의 직관에 매우 뚜렷하게 다가온다는 사실이다.

코끼리라는 단어를 들으면, 우리는 그 의미를 아주 잘 알고 있다고 느낀다. 실제로 코끼리를 보면 바로 알아볼 수 있고, 코끼리가 무엇인지에 대해 완벽하고 명확한 개념을 알고 있다고 생각한다.

문제는 첫 번째 정의가 지닌 약간의 모호함을 구체적으로 밝히려 할 때, 그리고 그 정의를 논리적 추론과 맞추려 할 때 드러난다. 우리의 사고를 명확히 하려는 시도는 일관성을 잃어 결국 모순에 부딪히고, 그 모순을 새로운 과학적 발견으로 해결하려 하면 또 다른 모순에 빠진다.

이처럼 단순하고 구체적이며 누구에게나 명백해 보이는 개념조차도 언어로 정확히 담아내는 게 불가능해 보인다.

이 특이한 현상은 코끼리라는 개념에만 국한된 것이 아니다. 이는 인간의 뇌 구조와 사고방식에서 비롯된 보편적인 현상이다. 이 주제는 다음 장에서 다시 다루겠다.

단어의 의미를 정확하게 정의하지 못하는 우리의 한계를 가장 극적으로 보여주는 사례는 1859년 찰스 다윈 Charles Darwin 이 《종의 기원 Origin of Species》 2장 첫머리에 남긴 글에서 찾을 수 있다. "나는 여기서 '종'이라는 용어에 대한 여러 가지 정의를 논하지 않을 것이다. 지금껏 모든 자연학자가 만족할 만한 정의는 없었다. 하지만 모든 자연학자는 종이라는 말을 쓸 때 그게 뭔지 어렴풋이 알고 있다."

시대를 초월한 과학적 명저의 핵심에서 솔직하게 한계를 인정하는 모습은 많은 것을 시사한다. 그만큼 이 문제는 근본적인 것이며 우리가 할 수 있는 일은 많지 않다.

다윈조차도 종의 의미를 어렴풋이 알 뿐이었지만, 그럼에도 그는 종에 관한 위대한 책을 집필했다.

두 가지 언어, 두 가지 규칙

결국 수학이란 무엇이고 왜 과학 곳곳에 스며 있는지 진정으로 이해하고 싶다면, 먼저 우리가 사용하는 언어의 취약성에서 출발해야 한다.

수학은 우리가 이성을 추구해온 만큼이나 오래된 학문이며 그 본질은 단어의 의미를 확실하게 하고 안정적으로 만드는 데 있다. 수학은 정리나 방정식 같은 기술적인 측면을 넘어 근본적으로는 언어를 사용하는 또 다른 방식이자 단어에 의미를 부여하는 독특한 체계다.

인간의 언어와 수학적 언어는 수천 년에 걸쳐 나란히 발전해왔다. 지금은 이 둘이 아주 밀접하게 얽혀 있어 그 차이를 분명하게 구분하기조차 어려울 지경이다. 우리는 일상적인 대화에서도 두 언어 방식을 자연스럽게 오가며 사용하고 있다.

두 가지 언어, 두 가지 규칙

	인간의 언어	수학적 언어
단어를 정의하는 방식	공유된 인식	공리적 정의
강점	현실과 직접적인 관계, 단어의 의미가 직관적으로 이해됨	논리적 일관성, 정밀함, 의미의 안정성, 보이지 않는 개념을 명확하게 표현
약점	모호함, 일관성 부족, 의미의 취약성	인간적이지 않음, 직관적으로 100% 정확히 해석하는 것은 불가능
논리적 추론과의 호환성	불가능	가능
논리적 사고의 결과물	설명적 가설, 이론, 예측	정리
검증 방법	현실과 대조	논리적 증명

심지어 수학을 싫어한다고 생각하는 사람들조차 마찬가지다. 학력이나 배경에 상관없이 누구나 수학적 사고방식에 어느 정도 익숙해 있고, 그 덕분에 일상에서도 수학적 사고를 자주 활용한다.

하지만 아무도 이 두 언어가 어떻게 작동하는지 제대로 설명해주지 않았기 때문에 우리는 자주 혼란에 빠진다. 서로 완전히 다른 논리를 가진 두 언어를 오가면서도 그 차이를 잊곤 한다. 때로는 이런 혼동이 심각한 결과로 이어지기도 한다.

두 언어는 각각 고유의 역할과 규칙, 강점과 약점을 지니고 있다. 그리고 모두 우리에게 없어서는 안 될 소중한 도구다.

단어를 있는 그대로 받아들이기

인간의 언어와 수학적 언어는 종종 같은 단어를 사용하지만, 그 단어에 의미를 부여하는 방식은 완전히 다르다.

예를 들어 **구**라는 단어를 생각해보자. 누군가가 "지구는 구형이다"라고 말하면 한 번에 그 의미가 머리에 쏙 들어온다.

나처럼 그 말이 맞다고 생각한다면, 아마 **구**라는 단어를 인간의 언어처럼 직관적이고 대략적인 의미로 받아들이기 때문이다.

하지만 수학적 언어로 보면 이 표현은 명백히 틀렸다. 구에는 산이 존재할 수 없다.

수학에서는 단어가 '공리적으로', 즉 엄격한 공식적 정의로 규정된다. 수학에서 구는 '3차원 공간에서 한 점으로부터 같은 거리에 있는 모든 점의 집합'이다. 여기서 어느 한 점을 빼거나 점의 위치를 살짝 바꿔도 더 이상 구가 아니다.

흥미롭게도 '구'라는 단어의 사전적 정의는 수학적 정의와 똑같다. 달라지는 건 우리가 그 정의를 받아들이는 태도다.

인간의 언어에서는 누구도 단어를 사전적 정의 그대로 말하지 않는다. 구의 경우에도 직관적으로 그렇게 느끼는 대상을 실제로 구라고 부른다. 어떤 모양을 구라고 부를 때는 어느 정도 허용되는 오차가 있다. 오렌지는 구라고 할 수 있고, 사과는 대체로 구에 가깝지만, 키위는 구라고 하긴 어렵다. 평소 느끼는 구의 정의에서 어디까지 구로 인정할 수 있는지 그 기준을 명확하게 적어보라고 하면 아마 난감할 것이다.

합리주의 vs. 경험주의

더 흥미로운 점은 그 반대도 가능하다는 것이다. 즉 우리가 인간의 언어에서 쓰는 단어를 수학적 언어처럼 엄밀하게 다루는 척할 수도 있다. 사실 우리는 논리적으로 사고할 때마다 그런 방식을 자연스럽게 사용하고 있다.

이 과정은 조금 복잡해 보이지만 누구나 무의식적으로 아주 능숙하게 해낸다. 인간의 언어로 시작하지만, 논리를 전개할 때는 수학적 언어의 엄격함을 빌리고, 결론을 내릴 때 다시 인간의 언어로 돌아온다. 가설을 세우고 결론을 도출할 때마다 이 과정은 반복된다.

이런 일상적인 활동이 바로 우리가 흔히 거창하게 말하는 과학적 접근이다. 다소 단순하지만, 이 과정을 잘 보여주는 간단한 예로 설명해보겠다.

코끼리의 정의가 "록소돈타 아프리카나, 록소돈타 키클로티스, 엘레파스 막시무스 중 하나에 속하는 동물이다"라고 가정해보자. 이 정의가 절대적인 진리라고 믿는다면, 이를 바탕으로 논리적인 결론을 끌어낼 수 있다.

사전적 정의가 바로 이런 역할을 한다. 단어의 의미를 임시로 고정해 그 의미를 바탕으로 논리적으로 사고할 수 있도록 돕는 일종의 수학적 모형이다.

눈앞에 있는 코끼리가 록소돈타 아프리카나도 아니고 엘레파스 막시무스도 아니라면, 논리적으로 록소돈타 키클로티스임이 분명해진다. 수학적 모형에서는 이런 추론이 100% 확실하다. 그래서 전혀 의심하지 않는다. 말 그대로 '수학적 추론'을 했기 때문이다.

하지만 이런 추론이 실제 현실에서도 항상 통할까? 그건 수학적 모형을 얼마나 신뢰하는지에 달려 있다. 어쩌면 운이 나쁘게도(혹은 엄청나게 운이 좋게도) 지금까지 알려지지 않은 네 번째 코끼리 종을 마주치게 될 수도 있다.

인간의 언어에서는 어떤 것도 100% 확실하지 않다. 우리는 끊임없이 새로운 사실에 놀라곤 한다. 과학적 이론이 항상 예측을 기반으로 하며, 그 예측이 경험을 통해 검증되거나 반박되는 이유가 바로 여기에 있다. 검증되면 그 이론은 신뢰를 얻고, 반박되면 모형을 수정해야 한다.

모형 자체에는 옳고 그름이 없다. 예를 들어 지구는 구형이라는 말도 산이 없다고 단정 짓지만 않는다면 충분히 괜찮은 모형이다. 우리가 누리는 첨단 기술의 성공만 봐도 과학적 접근이 얼마나 잘 작동하는지 알 수 있다. 과학은 절대적 진리를 주지는 않지만, 현실과 충분히 가까운 예측을 통해 실질적인 도움을 주는 강력한 사고 도구다.

결국 이성은 최종적인 판단 기준이 아니라 올바른 길을 안내해주는 나침반처럼 쓰여야 한다. 머릿속 확신보다는 눈앞의 현실에 더 많은 주의를 기울여야 한다. 합리주의는 훌륭하지만 경험주의 역시 중요한 의미를 지닌다.

이성을 지나치게 신뢰하고 인간의 언어를 수학적 언어처럼 다루는 건 위험할 수 있다. 즉 단어가 완벽하게 정의된다고 믿거나 모든 세부 사항이 논리적으로 해석될 가치가 있으며 논리적 타당성만으로 결론의 신뢰성을 보장할 수 있다고 여기는 건 망상적 사고의 특징이다. 아무런 안전장치 없이 수학적 논리를 무분별하게 적용하면 오히려 병적인 집착이 될 수 있다.

찢어진 거미줄

아주 오래전부터 집착한 과도한 사고 습관은 진리라는 개념을 둘러싼 엄청난 오해의 원천이 되어왔다.

여기서 말하는 '진리'란 수학자들이 말하는 절대적이고 영원한 진리, 어떤 이들은 Truth 또는 TRUTH 혹은 더 강조해서 **TRUTH**라고까지 쓰는 바로 그 진리를 말한다.

이런 종류의 진리는 본질적으로 수학적 개념이며, 숫자 5나 삼각형, 사각형 같은 방식으로 존재한다. 사실 진리라는 개념은 수학의 역사에서 가장 먼저 등장한 발명품이자 우리 문화에 가장 큰 영향을 끼친 아이디어라고 할 수 있다.

수학적 '진리'는 '구'처럼 인간의 언어에도 대응되는 개념이 있다. 하지만 인간의 언어에서 '진리'는 훨씬 더 문제가 많다. 운송 과정에서 쉽게 상하는 과일처럼, 진리라는 개념도 언어의 번역 과정에서 크게 훼손된다. 구는 살짝 찌그러져도 여전히 구처럼 보일 수 있지만, 진리는 훼손되면 더 이상 진리로 보이지 않게 된다.

게다가 인간의 언어에서는 어떤 문장이 완전히, 절대적으로 '진리'이길 기대하지 않는다. 우리는 그저 그 말이 명확하고 잘 전달되며, 흥미롭고 정직하고 진실하고, 세상에 대해 유익한 의미 있는 무언가를 알려주길 바랄 뿐이다.

누군가가 무언가를 '진리'라고 말할 때, 보통 우리는 그 의미를 문자 그대로 받아들이지 않는다. 사실은 여러 가지 의미를 대신해 편의상 진리라는 단어를 사용하는 것뿐이다. 그렇지 않다면 이 단어를 쓸 이유가 없다.

이런 상황은 답답할 수밖에 없다. 우리는 세상이 더 명확하고 안정적이길 바라기 때문이다. 진리가 더 견고하고 우리 관점에 덜 의존하길 바라기도 한다.

오스트리아의 철학자 루트비히 비트겐슈타인Ludwig Wittgenstein, 1889~1951년은 이런 답답함을 아주 잘 표현했다. "실제 언어를 더 자세히 들여다볼수록 인간의 요구와 언어 사이의 갈등은 점점 더 커진다."

논리가 제대로 작동하려면 단어의 정의가 명확하고, 완벽하게 정밀하며, 시간에 따라 변하지 않아야 한다. 하지만 엄청난 노력을 기울였어도 수학을 제외한 분야에서는 이런 정의를 만들어내는 게 불가능했다. 비트겐슈타인은 이런 시도를 무모한 도전이라고 말했다. "찢어진 거미줄을 맨손으로 엮으려는 것 같다."

비트겐슈타인은 언어의 본질적 한계를 인정하며 20세기 철학에서 중요한 전환점을 만들어냈다. 이로써 그는 수천 년 동안 형이상학이 지배하던 전통에서 벗어날 수 있었다. 그 전통을 따르는 철학자들은 닭이 먼저냐 달걀이 먼저냐 같은 일상 경험과 동떨어진 문제들까지 이성으로 해결할 수 있다고 믿었다. 하지만 이런 문제들은 결국 언어가 현실과의 연결고리를 잃었을 때만 나타났다.

놀랍게도 비트겐슈타인의 철학은 전문 분야를 제외하면 그다지 널리 알려지지 않았다. 하지만 그의 사상에는 우리 삶에 매우 실용적인 교훈이 담겨 있다. 우리는 한 걸음씩 천천히 나아가며 그때그때 언어를 명확히 다듬고, 예상치 못한 일에 놀라는 경험을 자연스럽게 받아들여야 한다. 이것이야말로 망상이나 집착에서 벗어날 수 있는 효과적인 해독제다.

비트겐슈타인이 남긴 또 하나 중요한 교훈은 수학을 가르치는 방식에 관한 것이다. 이 교훈은 "수학의 산물은 정리 자체가 아니라 명확성과 이해다"라는 서스턴의 말과도 일맥상통한다.

수학이 영원한 진리를 만들어내는 데만 유용했다면, 우리 삶에 아무런 쓸모가 없었을 것이다. 인간의 경험에는 영원한 진리가 들어갈 자리가 없기 때문이다(우리의 언어는 그것을 허용하지 않는다).

그런데도 우리는 여전히 수학을 배우고 가르친다. 어떤 식으로든 수학이 여전히 우리에게 유용하다고 믿는다. 그렇다면 수학이 좋은 이유는 무엇일까?

이 질문에 답하려면, 또 수학이 실제로 어떻게 작동하고 어떤 영향을 미치는지 제대로 이해하려면, 수학의 가장 현실적인 측면을 더 이상 간과해서는 안 된다. 수학은 우리의 사고방식에 직접 작용해 세상을 보는 방식을 근본적으로 바꿔주는 도구다.

추상적이고
모호한 세계

혹시 이 착시 현상을 아는가? 가장 오래되고 유명한 착시 현상 중 하나다.

무엇이 보이는가?

자세히 들여다보라.

사람들은 대부분 코끼리가 보인다고 말한다. 누구든 그렇게 보일 것이다.

하지만 혹시 다른 게 보이진 않을까?

시간을 들여 천천히 살펴보자.

다음으로 넘어가기 전에 스스로 한 번 더 생각해보자.

―――――

이 착시 현상에서 가장 놀라운 점은 한 번 코끼리가 보이기 시작하면 그 이미지를 지우기가 꽤 어렵다는 것이다. 아무리 애써도 코끼리는 안 보일 수가 없다. 하지만 다시 한번 자세히 들여다보면, 사실 이 그림은 코끼리가 아니라 그저 잉크로 그린 선들만 있을 뿐이다.

잉크로 그린 선과 진짜 코끼리 간에는 엄청난 차이가 있다. 그런데도 우리는 왜 이 잉크 자국뿐인 곳에서 코끼리를 보게 되는 걸까?

오늘날에는 이런 착시 현상을 **그림**이라고 부른다. 물론 그림은 단순한 착시 이상이다. 그림에는 고유한 개성과 예술적 가치뿐만 아니라 형태만으로 정의할 수 없는 메시지와 상징성, 문화적 의미까지 담겨 있다.

우리가 언어도 관습도 종교도 전혀 알 수 없는 구석기 시대 사람들의 동굴 벽화 속 매머드를 바로 알아보는 이유는 그 그림이 문화적 규범을 뛰어넘는 무언가를 담고 있기 때문이다. 설령 우리가 그

규범을 모르더라도 그림만으로 바로 이해할 수 있다. 우리 뇌는 그림 속 동물과 실제 동물을 저절로 연결한다. 이처럼 그림은 우리 눈을 실제로 속이는 진짜 착시다.

그림을 이해하는 시각적 능력은 아주 어린 시절부터 자연스럽게 발달하며 그것에 특별한 교육은 필요하지 않다. 아기들은 말을 배우기도 전에 그림을 이해하고 그림을 통해 어휘를 익힌다. 만약 그림이 단순한 문화적 규범에 불과했다면, 아이들은 언어를 먼저 배우고 나서야 그림을 이해할 수 있었을 것이다.

흥미롭게도 일부 동물도(포유류뿐만 아니라 다른 동물들까지도) 별도의 학습 없이 그림 속 사물을 인식할 수 있다고 알려져 있다. 엄격하게 따지면 그림을 이해하는 능력은 인간만의 특권이 아니다.

그림 속에서 보이는 착시는 정말 놀랍다. 이 장의 첫 부분에 등장했던 작은 스케치에서 얼마나 많은 정보를 읽어낼 수 있는지 한번 생각해보라. 코끼리는 어릴까, 나이 들었을까? 위협적일까, 온순할까? 화가 났을까? 자신감이 넘칠까? 여러분은 친근함을 느끼는가, 경계심이 드는가?

그림을 해석하는 방법을 정식으로 배워본 적이 없어노 이런 질문에 자연스럽게 즉각적으로 답할 수 있다. 단 몇 줄의 선으로 이루어진 그림만으로도 많은 정보를 읽어낼 수 있다.

어째서 이런 기적 같은 일이 생물학적으로 가능할까?

현대 과학이 밝힌 설명을 살펴보면 우리의 학습 과정이 어떤 원리로 이루어지는지, 그리고 이 책에서 계속 다뤄온 정신적 가소성이 실제로 어떻게 작동하는지 더 명확히 알 수 있다.

시각의 신비

시각은 광학, 생화학, 신경과학이 모두 얽혀 있는 매우 복잡한 현상이다. 시각 기관에는 눈뿐만 아니라 시신경, 그리고 무엇보다도 뇌가 포함된다.

알다시피 눈의 역할은 비교적 단순하다. 쉽게 말해 눈은 일종의 카메라다. 이 비유가 완벽하진 않지만 대체로 맞는 설명이다. 물론 눈이 어떻게 작동하는지, 배아 단계에서 어떻게 발달하는지, 진화적으로 어떻게 생겨났는지에 대한 많은 과학적 의문이 여전히 풀리지 않은 채 남아 있다. 이 의문들은 타당하면서도 매우 난해한 과제다. 그러나 우리는 이미 눈에 관해 잘 알고 있으므로 적어도 눈 자체가 신비롭다고 주장하는 건 우스꽝스럽다.

시신경은 눈과 뇌를 연결하는 일종의 케이블로 볼 수 있다. 이 비유도 어느 정도는 맞아떨어진다(물론 시신경이 신호를 어느 정도 미리 처리하기도 한다).

하지만 시신경을 지나 시각 정보가 뇌의 시각 피질에 도달한 이후 벌어지는 일들은 오랫동안 과학자들의 이해를 비껴간 매우 흥미로운 현상이다. 어쩌면 과학사에서 오래도록 풀리지 않은 가장 큰 수수께끼 중 하나라고 해도 과언이 아닐 것이다.

카메라는 픽셀로 이미지를 구성한다. 픽셀은 각각의 작은 칸마다 빨강, 초록, 파랑의 특정 밝깃값이 정해져 있는 격자 구조다. 시각의 신비는 뇌가 시신경을 통해 전달된 원시정보를 어떻게 처리해 '의미를 파악'하고 이미지 속에 무엇이 있는지 '인식'하는 데 있다.

이 문제는 이렇게 바꿔볼 수 있다. 각 픽셀의 밝기와 색상 정보만으로 그 이미지 어딘가에 코끼리가 있다는 걸 어떻게 알아챌 수 있을까?

'코끼리다움'의 개념

우리가 코끼리를 너무 쉽게 알아본다는 사실은 더욱 골치 아픈 일이다. 앞서 살펴본 것처럼 정작 코끼리가 무엇인지는 명확하게 정의하기 어렵기 때문이다.

이건 결코 우연이 아니다. 우리는 코끼리를 인식하는 방식 그대로 정의하고 싶어 한다. 그 정의가 우리에게 가장 자연스럽게 다가온다는 이유에서다. 하지만 뇌가 코끼리를 알아보는 방식은 놀라울 만큼 효율적이면서도 동시에 말로는 도저히 설명할 수 없을 정도로 복잡하다.

사실 그 효율성은 믿기 힘들 정도다.

일단 코끼리를 알아보는 능력은 보는 각도에 거의 영향을 받지 않는다. 앞에서 보든, 뒤에서 보든, 옆에서 보든, 비스듬히 보든, 서서 보든, 누워서 보든, 코끼리가 크든 작든, 우리가 움직이든 코끼리가 움직이든, 우리는 바로 코끼리임을 알아챈다. 게다가 코끼리가 평소와는 전혀 다른 모습이더라도, 예를 들어 흰둥이거나 기하학무늬가 있거나 알록달록한 줄무늬가 있더라도 여전히 그 동물이 코끼리임을 단박에 알아본다.

하지만 순전히 시각적인 관점, 즉 원본 이미지의 픽셀 밝기와 색상 정보만 놓고 보면 이런 예외적 상황들은 공통점이 거의 없다.

이게 전부가 아니다. 이전에 코끼리 사진을 본 적도, 이름을 들어본 적도 없다고 해도, 아이는 코끼리를 처음 본 순간 우리가 코끼리를 가리키며 "저게 코끼리야"라고 말하면 그 말을 바로 알아듣는다.

이게 생각만큼 당연한 일이 아니다. 아이는 어째서 우리가 가리키는 **코끼리**를 왼쪽 앞다리나 코, 혹은 코의 일부분, 아니면 코에 앉아 있는 파리라고 오해하지 않을까?

아이들이 바로 이해하는 이유는 이미 코끼리를 전체적으로 인식하고 있기 때문이다. 우리가 설명해주기 훨씬 전부터 아이는 코끼리를 단번에 눈여겨보고, 이름을 붙일 만한 특별한 존재로 인식했을 것이다. 어쩌면 "저건 뭐야?"라고 묻기 직전이었을지도 모른다.

이런 인식 능력이 없다면 언어라는 것 자체는 존재하지 않았을 것이다. 보나마나 단어가 가리키는 대상을 서로 설명할 수 없었을 것이다.

더 놀라운 점도 있다. 아이가 처음 접한 코끼리가 실제 동물이 아니라 만화처럼 우스꽝스럽게 그려진 그림이었다고 해도 마찬가지라는 것이다. 아이는 코끼리 그림만 봐도 코끼리가 어떤 동물인지 잘 안다고 확신하게 된다. 나중에 **실제 코끼리**를 처음 보게 되면 그 크기에 놀라거나 겁을 먹을 수는 있지만, 이미 알고 있던 그 동물임을 한눈에 알아볼 것이다.

결국 우리 뇌는 시신경을 통해 끊임없이 들어오는 원초적인 시각 정보 속에서 **코끼리**라는 보편적인 개념을 저절로 뽑아내는 것처럼 보인다. 그리고 우리는 이렇게 만들어진 코끼리의 추상적 개념 덕분에 현실에서 정말 다양한 모습으로, 일일이 설명하는 게 무의미할 만큼 다채롭게 나타나는 코끼리들을 한눈에 알아볼 수 있게 된다.

별다른 노력 없이, 마치 마법처럼, 코끼리가 등장하는 장면을 여러 번 접하기만 해도 '코끼리다움'을 파악하는 신기할 만큼 확실한 감각을 갖게 되는 것이다.

이 과정의 초반에는 묘하게도 코끼리에 대한 인상이 익숙하면서도 낯설다. 분명 동물이지만 코가 놀라울 만큼 길고, 다리는 나무 기둥처럼 굵으며, 귀는 부채처럼 크다. 하지만 이 동물은 우리가 아는 어떤 동물과도 닮지 않았다. 그래서 우리는 강한 호기심을 느끼고, 이름을 붙여줘야 할 만큼 특별한 존재처럼 여긴다.

코끼리라는 개념은 이렇게 막연한 인상으로 우리의 시각 피질에 처음 등장한다. 코끼리를 반복해서 관찰할수록 그 이미지는 점점 또렷해지고 머릿속에 안정적으로 자리 잡는다. 이 과정을 거치고 나면 코끼리는 우리에게 너무나 익숙하고 자연스러운 존재가 되어 마치 예전부터 알고 있었던 것처럼 느껴진다.

그런데 여기서 문득 의문이 생긴다. 개념이란 과연 무엇일까? 왜 우리는 개념을 통해 생각할까? 개념은 현실의 어떤 차원에 존재하는 걸까? 개념은 무엇으로 이루어져 있고, 우리는 어떻게 그것을 인식할 수 있을까?

이런 질문들은 철학의 역사에서 가장 오래된 수수께끼 중 하나다. 오랜 세월 동안 아무도 명확한 답을 내리지 못한 난제이기도 하다. 사실 이 질문들은 우리 뇌의 작동 방식을 묻는 거나 다름없다.

흥미롭게도 시각의 신비는 추상적이거나 혼란스러운 언어적 표현 없이 이 질문들을 새롭게 조명한다. 다시 말해, 우리 지능의 내적 활동을 탐구하는 아주 직관적이고 실용적인 방식이다.

최악의 비유

우리 뇌는 종종 컴퓨터에 비유된다. 이 비유는 두 가지 측면에서 맞다. 뇌와 컴퓨터 모두 복잡한 정보 처리 작업을 해낼 수 있고, 둘 다 전기 신호를 사용한다.

하지만 그 외 부분에서는 완전히 잘못된 비유다. 사실 이런 비유는 우리 뇌를 제대로 이해하는 데 방해가 된다.

컴퓨터는 시스템 2의 전형이다. 즉 엄청난 속도로 긴 논리적 명령을 실수 없이 일률적으로 처리할 수 있는 기계다. 이런 일은 인간의 뇌가 도저히 따라갈 수 없다.

컴퓨터는 계산을 담당하는 중앙 처리 장치 CPU 와 정보를 저장하는 메모리 장치로 구성된다. 이 두 장치 간의 정보는 빠르게 오가지만, 그 과정에서 정보 자체는 변형되지 않는다. 하지만 뇌에서는 전혀 다르다. 우리 뇌에서는 정보가 느리게 이동하고, 이동 단계마다 형태가 바뀐다. 기억, 처리, 전달이 따로 분리되어 있지 않고 모두 하나로 얽혀 있다.

컴퓨터는 1초에 수십억 번씩 똑딱거리는 내부 시계의 박자에 따라 순서대로 명령을 내린다. 반면 뉴런 사이의 연결이 활성화되는 데 걸리는 시간은 1,000분의 1초다. 즉 뇌의 기본 연산 속도는 컴퓨터보다 수백만 배 느리다. 하지만 뇌는 순차적으로 처리하지 않고 동시에 수십억 개의 연산을 병렬 처리한다.

또한 컴퓨터의 실리콘 회로는 한 번 만들어지면 변하지 않는 고정된 구조인 반면, 우리 뇌는 끊임없이 스스로를 재구성하는 살아있는 조직이다.

지각 체계

뇌의 본질을 이해하려면 계산 체계가 아닌 지각 체계로 이해해야 한다. 우리 뇌는 세상을 인식하는 중심 기관이다. 눈앞에 코끼리가 있다는 사실을 알아차릴 수 있는 것도 뇌 덕분이다.

뇌를 이루는 각각의 뉴런도 그 자체로 작은 지각 체계라 볼 수 있다. 뉴런은 해부학적으로 세 부분으로 이루어진다.

① 수상돌기: 신경세포에서 나뭇가지처럼 여러 갈래로 뻗어 나온 짧은 돌기. 뉴런의 수신부 역할을 한다.
② 세포체: 뉴런의 중심에 있는 뉴런의 본체. 핵이 들어 있다.
③ 축삭돌기: 세포체에서 줄기처럼 길게 뻗어 나온 가지. 여러 갈래로 나뉘어 '축삭 말단axon terminal'에서 끝난다. 여기서 다른 뉴런에게 신호가 전달된다.

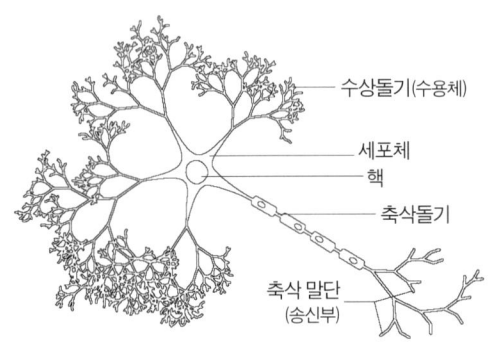

    뉴런은 매우 특정한 방식으로 서로 연결된다. 한 뉴런의 수상돌기가 다른 뉴런의 축삭 말단에 연결되어 정보를 수집한다. 이렇게 맞닿은 연결을 **시냅스**라고 부른다.

    뉴런은 모 아니면 도의 방식으로 작동한다. 휴식 상태일 수도 있고, 갑자기 완전히 '활성화'될 수도 있다. 한번 활성화되면 전기적 **활동전위**action potential가 축삭돌기를 따라 축삭 말단까지 전달되고, 그곳에서 **신경전달물질**이라는 분자의 시냅스로 방출된다. 방출된 신경전달물질은 다음 뉴런의 수상돌기가 감지하게 된다.

    뉴런은 활성화 여부를 결정할 때 일종의 투표를 진행한다. 수상돌기들이 상위 뉴런들의 활성화를 감지하면 해당 뉴런도 활성화된다. 이 뉴런들은 다시 하위 뉴런들의 활성화를 유도한다.

    뉴런은 아주 좁은 시야를 가진 지각 체계라 할 수 있다. 바로 위에 연결된 상위 뉴런들의 활동만 인식할 수 있고, 휴식 상태를 유지하거나 활성화되는 것 말고는 할 수 있는 일이 없다.

창발적 특성

뉴런의 작동 방식을 처음 들었을 때는 솔직히 별 흥미를 느끼지 못했다. 그 설명이 어디로 이어지는지도 잘 몰랐다. 뉴런이 그렇게 단순하다면 지능은 어떻게 생기는 걸까?

지능의 메커니즘을 뇌의 특정 영역에서 찾는다면 이해하기 어렵다. 지능이란 창발적 특성이기 때문이다. 각각의 뉴런은 아주 단순하고 제한적이지만 수많은 뉴런이 모여 거대한 무리를 이루면 개별 뉴런에서는 볼 수 없는 놀랍고 복잡한 행동들이 저절로 '부상한다.' 바로 이런 집단적 행동이 우리가 말하는 지능이다.

이 현상은 교통 체증과도 비슷하다. 자동차를 20년 동안 연구한다고 해서 교통 체증이 생기는 이유까지 아는 건 아니다. 하지만 교통 체증이라는 현상은 분명히 존재하고 결국 자동차들이 모여서 만들어낸다.

개별 뉴런의 행동과 뇌 전체의 작동 방식 사이에는 엄청난 격차가 존재한다. 이 격차가 너무 커서 한동안 과학자들조차 그 차이를 도지히 이해할 수 없다며 좌절하곤 했다.

이제는 상황이 많이 달라졌다. 우리가 어떻게 사물을 보는지에 관한 비밀은 이제 대부분 풀렸다고 할 수 있다. 물론 아직도 모르는 부분이 많지만, 지금까지 밝혀진 내용만 해도 충분히 구체적이고 논리적이어서 어떤 이들에게는 더 이상 신비롭게 느껴지지 않는다(물론 여전히 깊이 탐구해야 할 많은 의문이 남아 있다).

우선 신경과학의 발전 덕분에 이제는 뇌 전체의 구조와 뉴런의 연결망을 훨씬 더 잘 이해하게 되었다. 또한 인간과 동물의 개별 뉴런이나 특정 뇌 영역의 활동을 실시간으로 추적하는 일도 가능해졌다.

하지만 이것만으로는 뇌의 신비를 완전히 풀 수 없다. 뇌 영상 기술은 뇌 전체의 활동을 완벽하게 파악할 만한 해상도를 아직 갖추지 못했다. 예를 들어 우리가 코끼리를 인식할 때 작동하는 모든 뉴런의 활동을 동시에 추적하는 일은 아직 불가능하고, 이런 뉴런들의 평생 학습 과정을 따라가는 건 더더욱 어렵다.

가장 눈에 띄는 혁신은 사실 다른 분야, 바로 컴퓨터 과학에서 나왔다. 1950년대부터 심리학자들과 컴퓨터 과학자들은 인간의 뉴런이 작동하는 방식과 대뇌 피질의 구조에서 영감을 받아 **인공지능** 시스템을 개발해왔다. 이 시스템은 우리의 뇌 구조를 모방하기 때문에 그 작동 방식을 관찰하면 우리 뇌 안에서 일어나는 현상을 더 잘 이해할 수 있다.

프랭크 로젠블랫Frank Rosenblatt, 1928~1971년은 인공지능 분야의 선구자 중 한 명으로, 최초로 뉴런의 수학적 모형을 제작하고 이를 실제로 구현한 컴퓨팅 장치도 개발했다. 하지만 복잡한 신경망의 행동을 모형화하여 인간의 시각 능력을 시뮬레이션하는 문제는 전혀 다른 차원의 과제였다. 이 기술은 수십 년 동안 시행착오를 겪으며 더디게 발전했고 수많은 기복을 겪었다. 한때 인공지능 연구자들 사이에서는 인공 신경망 기술이 막다른 골목에 이르렀다는 회의론이 퍼지기도 했다. 그러나 제프리 힌턴Geoffrey Hinton, 얀 르쿤Yann LeCun, 요슈아 벤지오Yoshua Bengio 등 세 명의 과학자는 끝까지 이 기술을 믿고 연구를 이어갔다. 그리고 역사는 그들의 믿음이 옳았음을 증명했다.

2000년대 말에는 이들이 만든 '딥 러닝 deep-learning' 알고리즘이 눈에 띄게 발전해 코끼리와 같은 특정 대상을 식별하는 등 고도의 인식 문제까지 척척 해결해냈다.

효과적인 비유

2010년 무렵 딥 러닝 알고리즘을 접했을 때, 처음으로 내 경험과도 잘 맞아떨어지는 '이해의 과정'을 설명하기 위한 새로운 방법을 만나서 무척 설렜다.

이 책의 앞부분에서도 이야기했듯이, 수학자로 살아온 나를 당혹스럽게 했던 강력하고 신비로운 여러 현상, 예를 들면 정신적 가소성, 인간 언어의 불가피한 모호성, 이해를 위해 필요한 시간과 시행착오, 때로는 바보 같은 질문을 던지는 용기, 그리고 나중에야 느껴지는 '아, 이거였구나' 하는 깨달음 등을 고민해왔다.

그러나 딥 러닝을 알게 되면서 훨씬 구체적이고 현실적으로 이해의 과정을 설명할 수 있게 되었다. 어떤 마법적 요소에 기댈 필요가 없어진 것이다.

이 주제에 너무 매료된 나는 결국 수학자로서의 경력을 정리하기로 결심했다. 마침 대수학과 기하학 분야의 주요 연구를 한 단계 마무리한 참이었고, 그동안의 경험을 새롭게 해석할 수 있는 전혀 다른 주제를 탐구하고 싶었다. 나는 가장 실질적인 방법을 선택했고,

대학을 떠나 인공지능 스타트업을 창업했다.

지능의 본질과 사고의 원리를 설명하는 데 있어 딥 러닝은 내가 아는 최고의 비유다.

코끼리 뉴런

딥 러닝이 처음으로 풀어준 신비는 바로 개념의 탄생에 관한 것이다. 다시 말해, 수천 년 동안 형이상학에서 가장 치열하게 논의된 문제가 소프트웨어 영역에서 환생하여 논쟁의 여지가 없는 실험적 현실로 우리 앞에 나타났다. 수많은 이미지처럼 아무 구조가 없는 방대한 데이터를 방대한 인공 뉴런에 입력하면, 그 안에서 저절로 개념적 사고가 생겨난다는 사실이 확인된 것이다.

시각의 맥락에서 간단히 설명하면 이 과정은 다음과 같이 이루어진다. 딥 러닝 알고리즘은 우리의 대뇌 피질을 여러 층이 있는 신경망으로 모형화한다. 첫 번째 층은 원본 이미지, 즉 픽셀을 나타내는 뉴런의 행렬이다. 두 번째 층은 첫 번째 층의 뉴런과 연결된 수상돌기가 있는 뉴런들로 구성된다. 세 번째 층은 두 번째 층의 뉴런과 연결되며 이런 방식으로 층이 계속 쌓인다. 이렇게 여러 층이 겹겹이 쌓이므로 '딥deep' 러닝이라고 부른다.

앞서 뉴런의 작동 방식을 설명하면서 한 가지 중요한 부분을 생략했다. 뉴런은 수상돌기의 작동 여부를 투표로 결정하지만, 그 투표 방법이 그리 민주적이지 않다. 신경망의 각 연결에는 '가중치'라는 값이 있는데 이 값에 따라 각 신호가 투표에 미치는 영향력이 달라진다.

수많은 원본 이미지가 신경망에 노출되면 신경망은 잠시 후 설명할 어떤 메커니즘에 따라 모든 연결의 가중치를 조금씩 조정한다. 이렇게 가중치가 조정되는 과정을 통해 신경망은 '학습'을 하게 되고 점점 '지능'을 갖추게 된다.

딥 러닝 알고리즘을 오랜 시간 동안 실행하면, 예를 들어 인터넷에서 무작위로 모은 수백만 장의 사진을 학습하게 두면, 각 뉴런이 점차 특정 '개념'을 찾아내는 데 특화되는 것을 알 수 있다.

첫 번째 층의 뉴런들이 감지하는 개념은 매우 단순하지만, 더 깊은 층으로 갈수록 훨씬 더 복잡하고 정교한 개념을 다룬다.

예를 들어 두 번째 층의 어떤 뉴런은 이미지 왼쪽 아래 구석에 있는 수직선을 감지하는 데 특화되거나, 이미지의 특정 영역에서 미세하게 변하는 밝기를 감지할 수도 있다. 이 뉴런은 오직 그 요소가 이미지에 있을 때만 활성화된다.

세 번째 층으로 가면 뉴런이 감지하는 개념이 조금 더 복잡해진다. 예를 들어 어떤 뉴런은 이미지의 특정 영역에 있는 두 선분 사이의 특정 각도를 감지한다.

신경망의 층이 깊어질수록 뉴런이 감지하는 개념은 점점 더 풍부하고 추상적으로 변한다. 말하자면 개념이 점점 더 '깊어진다.' 예를 들어 다섯 번째 층에 있는 어떤 뉴런은 삼각형이나 특정 곡선을 감지하는 데 특화될 수 있다.

스무 번째 층쯤 되면, 실제든 그림이든 코끼리를 인식하는 뉴런이 생기기도 한다.

물론 이런 방식의 설명은 일부러 단순화한 것이다. 실제로는 이보다 훨씬 더 복잡하며, 개별 뉴런과 개념 간의 대응 관계가 꼭 이렇게 직접적인 건 아니다. 몇몇 실험 결과에서는 특정 배우가 화면에 등장할 때마다 반응하는 뉴런이 실제로 존재한다는 결과가 있었다(자세한 내용은 '참고 자료 및 읽을거리' 참조). 하지만 일부 과학자들은 개별 뉴런이 아니라 뉴런 집단 전체가 개념을 형성한다고 생각한다. 컴퓨터 시뮬레이션에서는 일부 개별 뉴런이 코끼리처럼 고차원적 대상을 감지하는 역할을 맡기도 하지만, 또 어떤 경우에는 특정 뉴런이 아닌 여러 뉴런이 함께 작동해 대상을 인식하기도 한다.

비록 딥 러닝 방식이 다소 단순하긴 하지만, 우리의 인지 과정 중 가장 핵심적인 부분들을 잘 포착하고 있다. 우리 뇌에 코끼리 전용 뉴런이 실제로 있다고 말하는 건 다소 과장된 표현이어도 개념을 이해하는 데는 매우 유익하다. 그래서 앞으로는 실제로 그런 뉴런이 있다고 가정하고 설명을 이어가겠다.

100조 개의 필라멘트

우리의 코끼리 뉴런에는 수천 개의 수상돌기가 있다. 코끼리를 정의하는 기준은 수천 가지로, 보통 '동물이다', '코가 길다', '귀가 크다', '회색이다', '크다', '트럼펫 소리를 낸다', '상아가 있다', '피부가 거칠다', '특이하게 걷는다' 등과 같은 고차원적이고 추상적인 수

많은 속성으로 이루어져 있다.

이 각각의 속성은 나름의 중요도에 따라 고유한 가중치를 갖는다. 예를 들어 '코가 길다'는 속성은 매우 중요한 특징이므로 높은 가중치를 차지할 가능성이 크다. 코끼리 뉴런은 활성화된 속성들의 가중치를 모두 더해 '코끼리 점수'를 계산한다.

이 점수가 일정 기준선을 넘으면, 뉴런은 그 동물이 코끼리임을 인식한다. 기준선 아래에는 코끼리인지 확신할 수 없는 회색지대(이 구간은 사람마다 다를 수 있다)가 있고, 그보다 점수가 낮은 구간에서는 코끼리가 확실히 아닌 것으로 판단한다.

이처럼 수많은 기준이 동시에 작용하기 때문에 코끼리에 대한 인식 체계는 매우 견고하고 신뢰할 만하다. 코끼리 점수는 다양한 상황과 예상치 못한 변수도 감당할 만큼 매우 폭넓게 산출된다.

정확한 정의를 글로 완벽히 표현하는 건 사실상 불가능하다. 한 권의 책으로도 부족하고, 설령 쓴다 해도 적절한 단어를 찾기가 어렵다. 100조 개의 신경이 얽힌 이 복잡한 연결망은 비트겐슈타인이 말한 '거미줄'과도 같다. 따라서 이 연결망을 완전히 풀어내는 건 상상조차 할 수 없다. 하지만 이 모든 것을 풀어내지 못하면 어떤 것도 정의할 수 없다.

딥 러닝 알고리즘이 아무리 강력하고 정교하더라도 우리 뇌 구조를 크게 단순화한 모형에 불과하다. 우리의 대뇌 피질은 층으로 구성되어 있기는 하지만, 컴퓨터 모형처럼 엄격하고 명확하게 구분되어 있는 건 아니다. 예를 들면 우리의 '코끼리' 뉴런이 '긴 코' 뉴런의 신호를 인식하고 이와 동시에 '긴 코' 뉴런 역시 '코끼리' 뉴런의 신호를 인식하는 식으로 상호작용한다. 결국 정의의 순환성은 피할 수 없다.

우리 뇌가 완벽하게 서로 격리된 전문 영역들로만 구성되어 있다는 생각도 지나치게 단순한 해석이다. 시각적 인식은 더 넓은 맥락 속에서 이루어지며, 무엇보다 우리가 생각하는 코끼리의 정의는 순전히 시각적 요소만으로 이루어지지 않는다.

학습의 유기적 과정

이제 학습 과정 자체를 설명할 차례다. 뉴런은 다른 뉴런과의 연결 강도, 즉 '가중치'를 어떻게 결정할까?

다시 코끼리 뉴런의 예로 돌아가보자. 이 뉴런은 끊임없이 상위 뉴런들의 상태를 분석해 자신의 활성화 여부를 결정한다. 말하자면 실시간으로 세상을 관찰하며 코끼리를 찾는 것이다(엄밀히 말하면 '실시간'이라는 표현은 부정확하다. 실제로는 어떤 시스템도 완벽한 실시간 처리가 불가능하며, 뉴런 하나가 활성화되는 데도 약 0.5밀리초가 걸린다).

11장에서 이처럼 직관적이고 즉각적인 사고를 시스템 1이라고 정의했다. 번개같이 빠르게 생각하는 것처럼 느껴지는 바로 그 과정이다.

이와 동시에 또 다른 현상이 배후에서 일어난다. 이 현상은 속도가 훨씬 느릴뿐더러 쉽게 알아차릴 수조차 없을 만큼 미묘하다. 그래서 번개가 아니라 유기적 성장이라는 비유가 더 잘 어울린다. 이

것이 바로 학습이라고 부르는 과정이다. 이 과정은 우리가 세상을 인식하는 방식을 점진적으로 바꿔 나가는 능력, 즉 시스템 3의 기반이 된다.

만약 어느 날 코가 길지 않은 코끼리와 마주친다면, 우리는 분명 깜짝 놀랄 것이다.

'놀란다'는 건 무슨 뜻일까? 코가 짧은 코끼리에 놀라는 이유는 우리의 세계관이 그런 존재를 예상하지 못했기 때문이다. 그렇다고 코끼리로 인식하지 못하는 건 아니다. 여전히 코끼리로 보이는 건 맞지만, 뭔가 심각하게 잘못됐다는 느낌에 불편할 것이다.

딥 러닝 알고리즘을 수학적으로 모형화하면 특정 상황에서의 '혼란도'를 수치로 정의할 수 있다. 학습하는 시스템이란 이 혼란도를 줄이기 위해 스스로 가중치를 조정해 나가는 시스템이다.

직관적으로 말해 혼란도란 바로 이런 감각이다. 코끼리를 판단할 때 '코가 길다'는 기준은 매우 큰 비중을 차지한다. 코끼리는 대부분 코가 길기 때문이다. 만약 코가 짧은 코끼리를 '보게' 되면, 다른 여러 기준 덕분에 여전히 코끼리로 인식할 수는 있지만 뭔가 비정상적인 상황으로 판단한다. 그래서 의식하든 못하든, **몸으로는** 그 어색함을 느끼게 된다.

이때 우리의 코끼리 뉴런은 혼란을 겪는다. 코끼리로 인식은 했지만 중요한 특징인 긴 코가 없기 때문이다. 뉴런은 이 새로운 경험을 반영해 관련 가중치를 약간 줄인다. 앞으로도 계속 코가 짧은 코끼리를 본다면, 결국 '코가 길다'는 기준은 점점 덜 중요해질 것이다.

사실 이렇게 극단적인 경우가 아니더라도 뉴런은 자극이 생길 때마다 아주 조금씩 가중치를 조정하고 있다. 이런 변화는 시냅스 연결이 강화되거나 약해지는 현상과 맞닿아 있다. 새로운 연결이 생기기도 하고, 불필요한 연결은 사라지기도 한다. 우리의 뇌 회로는 이렇게 끊임없이 스스로를 재구성하고 있다.

정신적 가소성은 결국 각 뉴런이 자신만의 기준을 일관성 있게 유지하려고 개별적으로, 독립적으로 작동하는 과정일 뿐이다.

가장 놀라운 점은 뉴런의 연결과 가중치가 무작위로 정해진 상태에서 출발했음에도, 아주 단순한 원리만으로도 코끼리와 같은 고차원적인 추상 개념이 점진적으로 형성된다는 사실이 딥 러닝 알고리즘을 통해 완벽하게 입증되었다는 것이다.

우리는 '코끼리 뉴런'을 가진 채로 태어나지 않았다. 따라서 처음 코끼리를 마주했을 때 몹시 혼란스러웠다. 그러다 '동물'이라는 뉴런이 반응했고, '엄청나게 크고 눈길을 끄는 존재'라는 뉴런도 활성화되었으며, 그 밖에도 코끼리의 다양한 특징을 인식하는 여러 뉴런이 동시에 작동했다. 하지만 이 강렬하고 복잡한 인상에는 아직 이름이 없었다. 우리는 그 코끼리를 유심히 바라보며 머릿속에 새기고 배우기 시작했다.

우리 뇌 속의 코끼리는 처음에 100조 개의 뉴런이 동원되는 복합적인 존재였다. 그런데 첫 만남에서 활성화된 뉴런 중 하나가 특별한 운명을 맞이한다. 시간이 지나고 경험이 쌓이면서 이 뉴런은 서서히 가중치를 조정하며 코끼리에 점점 더 특화되어간다. 그리고 마침내 코끼리의 개념을 전담하는 코끼리 뉴런이 탄생한다.

딥 러닝 네트워크에서는 단순히 세상에 노출되는 것만으로도 개념이 저절로 형성된다. 개념은 말 그대로 무無에서 시작한다. 마치 바람이 잔잔한 바다에 작은 물결을 만들어내는 것처럼 처음에는 물 표면에 미세한 변동이 생길 뿐이지만, 피드백 메커니즘을 통해 점차 증폭되면서 복잡한 패턴이 만들어진다. 미시적 차원에서는 비교적 단순한 물리 법칙을 따라도 규모가 커지면 놀랍도록 복잡한 창발적 현상을 저절로 만들어낸다.

추상적이고 모호한 세계

이 모든 것의 과학적, 기술적, 철학적 함의는 너무나 광범위해서 이 책 한 권에 담아내기는 어렵다. 우리에게 필요한 부분만 요약하자면 다음과 같다.

우리 뇌는 모든 동물의 뇌와 마찬가지로 끊임없이 추상화를 만들어내는 지각의 기계다. 우리는 얽히고설킨 신경 연결망을 통해 물질세계를 구성하고 그 표상을 머릿속에 유지한다. 세상에 대한 이 표상은 수많은 추상화가 층층이 쌓여 이루어진 것이며 그 본질은 철저히 개념적이다.

개념적 사고는 인간만의 특권이 아니다. 언어나 문화에서 비롯된 것도 아니다. 여기서 사고의 뜻을 폭넓게 확장하면 지능을 이루는 모든 신경학적 과정을 의미한다. 모든 사자도 개념적으로 사고하며 머릿속에 코끼리를 떠올리는 뉴런을 갖고 있다.

언어의 한계는 결국 우리의 신경 구조에서 비롯된다. 우리가 단어에 부여하는 의미는 지각을 바탕으로 하며, 코끼리를 보고 인식할 수는 있지만 그것을 명확하게 정의하기는 어렵다.

  모든 정의는 완벽하지 않다. 단어의 의미는 끊임없이 변화하며 애매하고 유동적이다. 명확한 경계란 존재하지 않는다. 우리의 머릿속 세계는 본질적으로 추상적이고 모호하다.

수학적 깨달음

　　　　　　나는 수학을 공부하는 내내 수학 자체를 좋아하고 그 과정에서 큰 즐거움을 느끼면서도 진짜 도전은 다른 곳에 있다는 느낌을 늘 받았다.

내게 정말 중요한 것, 나를 계속해서 앞으로 나아가게 한 동기는 내가 증명할 수 있는 정리들이 아니었다. 그런 정리들은 몇몇 전문가만이 관심을 가질 뿐이었고, 내가 찾고 있던 무언가는 훨씬 더 깊고 보편적인 것이었다.

심지어 믿을 수 없을 만큼 중요해 보이기까지 했다. 하지만 그게 정확히 무엇인지 설명할 수도, 이름 붙일 수도 없었다.

이 고민은 오랫동안 나를 괴롭혔다. 창의적인 수학자라면 공감할 무언가 설명되지 않는 일이 내 안에서도 벌어지고 있다는 묘한 느낌이 있었다. 그게 무엇인지는 전혀 몰랐지만, 인간의 이해와 관련이 있다는 것만은 알 수 있었다. 그래서 어느 방향으로 나아가야 할지 대략적인 감을 잡을 수 있었다.

수학 연구는 그 답에 다가가는 가장 좋은 방법인 것 같았다. 지도 위 희미하게 그려진 미지의 대륙을 찾아 떠나는 탐험가처럼 무엇을 발견하게 될지는 전혀 알 수 없었지만, 처음부터 분명했던 건 결국 나 자신을 찾는 과정이라는 사실이었다.

이 책은 바로 그 모험담이다. 그 여정을 직접 겪었기에 이렇게 나눌 수 있게 되었다.

수년이 흐른 지금, 그때는 너무 낯설고 모호하게만 느껴졌던 그 무언가를 마침내 말로 표현할 수 있게 되었다. 그게 바로 마지막 장에서 다룰 주제다.

하늘에서 뚝 떨어진 걸까?

박사과정 시절, 누군가가 내 연구의 실용성에 관해 물으면 이렇게 농담으로 넘기곤 했다. "천 년 뒤쯤 물리학에 쓰이겠죠."

당시만 해도 나는 현대 수학 연구의 실용성에 회의적이었다. 하지만 지난 20년 동안 내 생각은 완전히 바뀌었다.

우리가 일상에서 사용하는 모든 기술적 산물은 첨단 수학을 바탕으로 설계되고 만들어진다. 정보를 기록하거나 멀리 전송하는 일도 정교한 수학적 과정을 거쳐야 가능하다. 스마트폰을 사용할 때마다 우리는 수많은 수학적 추상화가 층층이 얽힌 세계와 마주한다.

수 세기 동안 수학은 과학과 기술 발전에 중요한 역할을 해왔다. 우리 삶과 세상이 디지털화되면서 그 영향력은 더없이 강력해졌다. 수학이 기술적으로 유용하다는 건 의심의 여지가 없으며, 오히려 그 유용성은 날이 갈수록 확대되고 있다.

실제로 수학은 이미 무섭도록 유용하다.

다만 역사의 긴 흐름에서 바라보면 세상이 수학적으로 변해온 건 비교적 최근의 일이다. 이 현상은 데카르트, 그리고 그보다 앞선 갈릴레오로 거슬러 올라간다. 널리 알려진 바와 같이 갈릴레오는 우주란 "수학의 언어로 쓰인" 책이라고 단언했다.

17세기 이전만 해도 과학은 수학과 별 관련이 없었다. 수학은 실제로 적용되는 분야가 거의 없었고, 데카르트가 한탄했듯이 여전히 "유치하고 쓸데없는" 산술과 기하학적 연습에 머물러 있었다. 그럼에도 고대 그리스인들은 수학을 철학의 전제 조건으로 삼았다.

갈릴레오에게는 미안한 말이지만, 나는 수학이 우주의 언어라는 생각에 별로 공감하지 않는다. 수학이 과학과 기술에 쓰이기 때문에 유용하냐는 주장에도 역시 회의적이다. 이런 식으로 수학을 설명하면 오히려 과학의 역사가 전혀 이해되지 않는다. 수학자들은 어떻게 해서 우주의 언어를 알게 되었던 걸까? 수학이 하늘에서 뚝 떨어진 것일까? 신이 내려준 것일까? 왜 고대 그리스인들은 수학이 우주의 언어라는 사실도 몰랐으면서 굳이 수학을 가르치려 했던 걸까? 실용적인 목적이 거의 없던 수천 년 동안 무엇이 수학의 발전을 이끌었을까?

진짜 수학

 수학을 외부의 도구로 여기면 쉽게 흥미를 잃고 싫어하게 된다. 날카로운 정의와 냉정한 논리, 참을 수 없는 우월함의 기운을 지닌 공식 수학은 좀처럼 애정을 갖기 힘든 대상이다. 하지만 앞서 살펴봤듯이 다른 접근법이 있다.

 이 책에서 나는 수학에서 앞서 나가기 위해 직관을 어떻게 사용했는지 설명했다. 처음에는 적어도 직관을 사용한 줄 알았다. 당시 나는 여전히 공식 수학, 책에 나오는 수학을 중요하게 여겼다.

 하지만 시간이 흐르면서 사실은 그 반대라는 걸 깨달았다. 나는 오히려 수학을 통해 내 직관을 키워가고 있었다.

 수학은 무엇보다도 내면의 도구다. 수학의 진짜 목적은 인간의 인지 능력을 확장하는 것이다. 상상력을 올바르게 발휘하면 수학적 개념을 직관적으로 이해하고 익숙하게 받아들일 수 있는 능력이 생긴다. 자연스럽게 스며든 수학적 개념은 우리 몸의 일부처럼 활용된다.

 진짜 수학은 우리 주변 세계에 대한 직관을 넓혀주는 비공식 수학이다.

 사실 우리는 이미 이 내적 수학에 접근해 있다. 머릿속에서 자유롭게 원을 그려볼 수 있고, 눈앞에 있는 999,999,999라는 숫자를 바로 알아볼 수 있다. 세상을 볼 때는 자연스럽게 숫자와 도형을 인식한다.

 우리 머릿속에서 수학적 개념은 다른 어떤 개념과도 다르게 작동한다. 배우기는 훨씬 어렵지만, 한 번 익히고 나면 그 어떤 것보다도 또렷하고 안정적인 정신적 표상을 만들어준다. 이는 오직 수학적 진리와 논리적 형식주의가 지닌 독특한 특성 덕분이다.

어릴 적 처음 코끼리에 대해 배웠을 때를 떠올려보자. 처음에는 그냥 코끼리라는 동물이 있다는 것만 알다가, 나중에는 귀 크기에 따라 두 종류로 나뉜다는 사실을 알게 된다. 그리고 지금은 코끼리가 서로 다른 세 가지 종으로 나뉜다는 사실을 알고 있다. 내일은 또 몇 종이 될지 아무도 알 수 없다.

하지만 숫자 2와 관련해서는 이런 혼란이 없다. 수학적 진리는 수학적 개념들을 하나로 묶어 유일무이하게 일관되고 안정적인 사고 체계를 만들어준다. 숫자 2가 무엇인지 설명하기는 어려울지 몰라도, 2+2=4라는 사실은 무조건 변하지 않는다는 걸 잘 알고 있다.

수학적 직관은 완벽해질 수 없지만, 논리와 수학적 진리를 통해 끊임없이 다듬고 조정할 수 있다.

설령 수학에 서툴다고 생각하더라도 이미 머릿속에 자리 잡은 수학적 개념의 구조는 세상을 이해하는 가장 견고한 바탕이 된다. 만약 숫자도 없고, 원과 사각형도 없고, 3차원 공간의 점과 궤도도 찾을 수 없고, x와 y도 없고, 거리, 속력, 가속도의 개념도 없고, 직선이 끝없이 이어진다는 개념도 없고, 확률도 없고, 덧셈과 곱셈도 존재하지 않는다면, 논리적 추론과 진리라는 개념 자체가 사라진다면, 주변 세상이 갑자기 흐릿하고 불안정해져서 우리는 뇌 일부를 잃어버린 듯 멍해질 것이다.

수학을 이해하면 현실이 더욱 풍부해지고, 마법처럼 이해의 폭이 넓어진다. 덕분에 세상이 훨씬 또렷하고 선명하게 보인다. 시간이 지나면 머릿속 수학적 개념은 너무나 구체적이고 당연해져서, 너무 '실제'처럼 느껴져서 더는 수학처럼 느껴지지 않는다. 반면 아직 이해하지 못한 개념은 언제나 추상적이고, 터무니없고, '상상 속의 것'처럼 보인다.

하지만 이렇게 분명하고 내면 깊이 자리한 개념도 처음부터 존재했던 건 아니다. 믿기 어렵겠지만, 자연수처럼 단순한 개념조차 인류가 오랜 시간 사고의 힘으로 찾아내야 했다. 처음에는 직관의 안개 속에서 어렴풋이 그 존재를 느꼈고, 그다음엔 언어로 표현하려 애썼다. 그리고 누구나 그 언어를 명확하게 볼 수 있도록 더 쉽고 이해할 수 있는 말로 다듬었다.

오늘날 수학자들의 머릿속에는 우리가 배운 것보다 훨씬 더 방대한 수학적 세계가 존재한다.

수학은 우주의 언어가 아니다. 우리가 손가락으로 콕 짚어 가리킬 수 없는 모든 것을 명확하고 정밀하게 표현할 수 있게 해주는 언어다. 논리적으로 사고하고 과학을 할 수 있게 해주는 언어다. 그리고 좋든 싫든 지금의 우리를 만든 언어이기도 하다.

이처럼 인간의 의식을 확장하고 사고를 재구성하는 기술로 수학을 바라보는 관점은 비교적 최근에 등장했다. 한동안 이런 관점이 세상에 퍼져 있었지만, 최근에 이르러서야 누군가가 명확하게 정리해 대중에게 알리기 시작했다.

수학의 비전은 2011년 서스턴이 쓴 인상적인 문장에서 아름답게 표현된다. "수학은 흔히 보편적 진리, 특정 맥락에 얽매이지 않는 패턴을 추구하는 학문으로 여겨진다. 하지만 더 깊이 들여다보면 수학의 진짜 목표는 인간이 세상을 바라보고 사고하는 방식을 한층 더 넓고 깊게 만들어주는 데 있다. 수학은 우리를 변화시키는 여정이며, 그 진보는 우리가 새롭게 발견하는 외적인 진리보다 우리 내면의 달라진 사고방식으로 더 잘 드러난다."

허구의 작품

이 책에서 가장 중요한 핵심 하나가 아직 남아 있다.

오랫동안 나를 혼란스럽게 했던 그 이상한 감정은 '수학이 어디에 쓰일까?'라는 질문과는 전혀 상관이 없었다.

사실 그런 질문을 던지는 이들은 대부분 수학을 해본 적이 없는 사람들이다. 수학을 하는 사람들은 설령 그게 단순한 즐거움이나 세상이 점점 더 선명해 보이는 그 신비로운 느낌 때문에라도 수학이 분명 쓸모 있다는 걸 잘 안다.

내가 느꼈던 그 이상한 감정은 수학자가 되어가는 실제 경험, 내면에서 느끼는 변화와 더 관련이 있었다. 내 예상과는 전혀 다른 뭔가 아주 기묘한 일이 벌어지고 있었다.

그게 무엇인지 설명하기 전에, 수학의 가장 당혹스러운 측면 몇 가지를 먼저 이야기해야 할 것 같다.

그것은 바로 수학이 실제로 존재하지 않는 것을 끊임없이 다루고, 어쨌든 우리는 그것들을 상상해야 한다는 점이다.

수학을 이해하고 싶은 사람에게 줄 수 있는 가장 간단하고도 핵심적인 조언은, 내가 이 책에서 여러 번 강조했듯이, 그 대상이 정말로 눈앞에 있는 것처럼, 손만 뻗으면 만질 수 있는 것처럼 상상하라는 것이다.

수학을 어려워하는 사람들은 대부분 이 말을 믿지 않는다. 그들은 실제로 존재하지 않는 것들을 상상하는 데 거부감을 느낀다. 그럴 필요성을 못 느낄뿐더러 전혀 말이 되지 않는다고 생각한다.

나 역시 그게 당황스럽다는 걸 인정한다. 하지만 수학을 이해하는 유일한 방법은 수학이 다루는 대상이 실제로 존재한다고 상상하는 것이다. 앞서 인용했듯이, 그로텐디크도 이 점을 아주 솔직하게 말했다. "나는 평생 어떤 수학적 텍스트도, 그 텍스트가 아무리 사소하고 단순하더라도, 수학적 대상에 대한 내 경험에 '의미'를 주지 못하면 읽을 수 없었다. 즉 텍스트가 내 정신적 표상, 생명을 불어넣을 직관을 불러일으키지 않으면 결코 받아들일 수 없었다."

사실 이런 정신적 표상들은 결코 거창하거나 복잡하지 않다. 오히려 늘 유치하고 단순하며, 거의 항상 엄밀한 의미에서는 잘못된 것들이다. 수학자들이 구를 생각할 때도 사람들이 상상하는 모양과 거의 비슷하게 머릿속에 떠올린다.

수학자들도 결국 인간이다. 따라서 오직 인지적 방식, 즉 **불완전한 해석과 근사적 표현**, 수학 용어를 인간의 언어로 옮기는 과정을 통해서만 수학적 대상을 이해할 수 있다.

어쩌면 바로 이 점이 수학이 우리에게 유익한 이유다. 수학은 인간의 어휘와 인간의 지각을 더욱 풍요롭게 한다.

물론 수학자들은 자신의 머릿속 표상이 실제와 다르다는 걸 잘 알고 있다. 그래서 어디서 어떻게 틀렸는지 늘 고민하고 끊임없이 탐구한다.

진짜 구는 어딘가 다른 곳, 마치 평행 우주처럼 우리와는 다른 차원에 존재한다. 그 평행 우주가 실제로 존재하는지 아닌지 따지는 건 무의미한 논쟁이다. 어차피 우리가 접근할 수 없는 세계다. 일부 수학자들은 그 세계가 실제로 있다고 확신하고, 또 어떤 이들은 그렇지 않다고 생각한다. 그리고 나처럼 실제로 있든 말든 별로 상관하지 않는 이들도 있다.

정말 중요한 점은(바로 이 지점에서 당혹감을 느끼게 된다) 바로 이 평행 우주가 '마치' 실제로 존재하는 것처럼 행동해야만 한다는 것이다. 그렇게 하지 않으면 수학은 그저 종이 위에 적힌 알 수 없는 기호들의 나열에 불과하다.

그래서 수학자들은 사람들이 대부분 **수학적 추상**이라 부르는 것을 굳이 **수학적 대상**이라고 표현한다.

실제로 따져보면 수학은 허구와 거의 다르지 않다.

수학을 배운다는 건 순전히 상상력을 사용하는 활동이다. 우리는 사고의 힘으로 수학적 대상을 머릿속에 불러들이고, 그 대상들을 하나로 묶어주는 신비로운 힘 덕분에 그 세계를 꾸준히 유지한다. 그 신비로운 힘이 어떤 면에서는 이 허구적 세계의 진짜 주인공, 즉 수학적 진리다.

수많은 수학적 개념 중에서 진리는 가장 단순하면서도 설명하기 어려운 개념이다. 예를 들어 숫자 2를 설명하려면 오렌지 2개를 보여주면 되고, 삼각형을 설명하려면 세모 모양을 가리키면 된다. 하지만 진리가 무엇인지 설명하려면 수학자들은 무엇을 들어 보이거나 가리켜야 할까?

놀랍게도 이럴 때 허구의 방식이 통한다. 수학자들은 현실을 바라보는 새로운 시각과 사고방식을 끊임없이 개발해왔고, 이 방법들은 오랜 역사 속에서 그 효과가 충분히 입증됐다.

허구 속 수학적 대상들은 구체적이고 직관적인 모습으로 변모하며 우리의 세계를 이해하는 새로운 개념이 된다. 숫자 2가 오렌지 2개를 통해 실재하는 개념이 되듯이, 그 대상들 역시 허구의 세계에서 걸어 나와 '실재'하는 존재가 된다.

현실로 돌아오는 과정에서 모든 수학적 대상은 원래의 완벽함을 잃게 되지만, 허구 속에서 그 대상들을 정의했던 본질적인 특징은 그대로 남아 있다. 오렌지가 진짜 구는 아닐지라도 둥글다는 사실은 여전히 변하지 않는다.

모든 수학적 대상이 현실로 넘어오더라도 단 하나는 예외다. 가장 중요한 존재인 수학적 진리만큼은 여전히 허구의 세계에 갇혀 있다. 현실 세계에는 수학적 진리와 비슷한 무언가조차 존재하지 않기 때문이다.

꿈에서 깨어나는 순간, 수학적 진리는 금세 사라져버린다. 마치 호리병 속으로 다시 쏙 들어가는 지니처럼.

상상 속 친구

내가 느낀 이상한 감정의 정체를 아직 완전히 설명하지는 않았지만, 어쩌면 이 책을 손에 든 이들도 뭔가 살짝 묘한 느낌을 경험하고 있을지 모른다.

사실 솔직히 말하면 수학에는 정말로 이상한 점이 있다. 수학자들이 대개 '이성적인' 사람으로 평가받지만, 그들이 실제로 하는 일은 놀랍도록 기묘하며, 깊이 파고들수록 점점 더 낯설게 느껴진다.

내가 아는 한, 현실과 허구 사이를 이렇게 격렬하게 오가는 인간 활동은 수학 말고는 거의 없는 것 같다. 이런 관점에서 보면 수학이라는 방식 자체가 처음부터 완전히 미친 짓이고 희망도 없어 보인다. 이건 마치 수학자들은 상상 속 친구와 대화를 나누고, 그 친구는 세상의 비밀을 하나씩 알려주는 것 같은 느낌이다. 이런 방식이 정말로 성공할 수 있을까?

이런 본질적인 기묘함 때문에 수학은 오랫동안 제대로 이해받지 못했다.

소위 허수 'imaginary' number 라고 불리는 숫자들은 실수 'real' number 라고 불리는 숫자들보다 더 허구적이지도, 덜 허구적이지도 않으며, 실수 역시 유리수 'rational' number 라고 불리는 숫자들보다 더 현실적이지도, 덜 현실적이지도 않다.

새로운 유형의 수가 등장할 때마다 대중은 물론이고 그 수를 처음 소개한 수학자들조차도 많은 혼란을 겪었다. 19세기에도 여전히 음수는 동화 속에나 나오는 허구에 불과하다고 주장하는 진지한 수학자들이 있었나. 15세기와 16세기에는 음수를 옹호하던 이들조차 터무니없는 수라며 비판했다. 그때 이후로 현실 자체가 변했듯이 입장도 바뀐 것 같다. 예전에는 터무니없다고 여겨졌던 수들이 지금은 너무나 익숙하고 당연한 개념이 되었고, 우리의 일상까지 장악하고 있다. 음수가 허구가 아니라는 걸 확인하려면 은행 계좌만 열어보면 된다.

앞서 살펴본 것처럼, 칸토어는 무한에 대해 침착하고 정확하게 이야기했다는 이유로 '사이비 과학자', '변절자', '청년들을 타락시키는 자'라는 비난을 받았다. 사실 사람들이 그를 진짜로 비난했던 이유는 원래 희미하게만 남아 있어야 할 개념을 너무 구체적으로 만들어버렸기 때문이었다. 신학적 관점에서 보면 수학은 불공정한 경쟁이다.

칸토어는 "수학의 본질은 자유다"라고 선언했다. 수학자들이 누리는 자유는 '허구'의 대상이라도 일단 '참'임이 밝혀지면 실제로 존재하는 대상처럼 다루는 것이다. 심지어는 너무나 '자명한 것'으로 믿기도 한다.

이런 접근 방식은 놀라울 정도로 효과가 있다. 일이 잘 풀리니 수학자들도 멈추지 않았다. 그들은 스스로 만든 구조의 초자연적이거나 기적적인 성질을 즐기며 연구를 이어갔다. '이상$_{ideal}$'이나 '사라지는 스펙트럼' 같은 개념도 자유롭게 다뤘다. 196,883차원에 존재하는 '몬스터$_{Monster}$'라는 대상을 다루는 유명한 '가공할 헛소리 추측$_{monstrous\ moonshine\ conjectures}$'은 '노-고스트 정리$_{no-ghost\ theorem}$'를 이용해 증명되기도 했다. 대수학에는 에일렌베르크 속임

수Eilenberg swindle라는 이름의 독특한 구조도 있다.

수학을 이해하는 과정 자체도 이미 상당히 기이하지만, 새로운 수학적 사실을 발견하는 과정은 그보다 더 기묘하다. 그 경험이 매우 독특하고 놀라워 수학자들의 후일담을 읽다 보면 신비주의자들의 기록을 보는 듯한 느낌이 든다.

가장 놀라운 점 중 하나는 아이디어가 갑자기, 아무런 노력도 들이지 않은 듯 불쑥 떠오른다는 사실이다. 그리고 이런 영감은 거의 항상 예상치 못한 순간에 찾아온다. 그로텐디크의 표현을 빌리자면, "마치 허공에서 끌어모은 것처럼" 아이디어가 툭 튀어나온다.

수학자 밥 토머슨Bob Thomason과 톰 트로보Tom Trobaugh가 쓴 영향력 있는 연구 논문에는 트로보가 이미 세상을 떠난 후에도 토머슨의 연구를 도왔다는 이야기가 등장한다. 토머슨의 꿈에 나타난 트로보는 적절한 접근법을 제시했을 뿐만 아니라, 섣불리 그 아이디어를 포기하지 않도록 용기를 북돋웠다고 한다. "톰의 환영이 너무나 집요해서 내가 그 논증을 끝까지 풀어내기 전에는 편히 잠들 수 없다는 걸 알았다."

내 친구 중에는 이름을 밝힐 수는 없지만 아주 뛰어난 수학자가 한 명 있다. 최근에 그 친구가 자신의 연구 경력에서 가장 위대한 아이디어들은 신이 직접 귀띔해준 것 같다고 내게 고백했다. 무신론자였던 친구는 그 특별한 감흥을 다른 이들에게는 감히 털어놓지 못했다며 머쓱해했다.

나는 그런 경험을 해본 적이 없다. 그저 공중에 떠서 벽을 뚫고 지나갈 수 있을 것 같다는 기분이 들었을 뿐이다.

잘 숨겨진 비밀

참 이상한 일이었다. 내가 수학의 세계에 깊숙이 파고들수록, 그리고 깊이 있는 이해와 창의성을 돕는 기법들을 익힐수록, 수학이 점점 마치 마법이나 흑마술처럼 느껴졌다.

데카르트는 한때 수학자들이 자신의 비밀을 숨기는 이유가 그 비밀이 알려지면 권위를 잃을까 봐 두려워서라고 생각했다. 사람들이 수학에도 나름의 방법이 있고 그게 생각보다 단순하다는 사실을 알게 된다면, 수학자를 신적 존재처럼 떠받들지 않고 그냥 평범한 사람으로 여길 거라 믿은 것이다.

하지만 실제 이유는 훨씬 소박하다. 수학자들은 자신이 미쳤다는 소리를 듣는 게 두려운 것이다.

내가 수학자가 되지 않았다면 나 역시 수학자들이 우주의 언어를 자유자재로 구사하는 특별한 존재라고 믿었을지도 모른다. 하지만 이제는 그게 사실이 아니라는 걸 안다. 내가 어디서 시작했고, 어떻게 실력이 늘었는지 직접 경험했기 때문이다. 내가 한 단계씩 성장할 수 있었던 건 언제나 우연히 새로운 기법을 발견해 내 안의 장벽을 넘거나 상상력을 더 효과적으로 활용하는 방법을 알게 되었기 때문이다.

실제로 수학은 우리가 흔히 생각하는 딱딱한 과학과는 조금 다르다. 오히려 심리학과 더 가까운 면이 많다. 어쩌면 수학은 심리학의 비밀스럽고 실용적인 한 갈래라고 해도 좋을 것이다.

수학적 창조가 마치 마법이나 초자연적인 현상처럼 느껴진다는 건 부정할 수 없는 사실이다. 하지만 그 모든 것 뒤에는 결코 신비롭거나 마법적이지 않은 인간적인 현실이 반드시 존재한다.

내가 계속해서 수학에 매달리며 결국은 쉽게 풀어낼 수 있을 때까지 멈추지 않았던 이유는 소중한 무언가가 헛되이 사라지고 있는 것 같은 엄청난 허탈함 때문이었다.

수학만큼 높은 명성과 지적 권위를 가진 분야는 없다. 수학자들이 자신의 접근법을 설명할 때 마치 주술사처럼 보일 수밖에 없다고 해도 그들이 진짜 주술사인 건 아니다.

그저 적절한 말을 찾지 못했거나, 설명이 완전하지 않을 뿐이다.

손짓의 올바른 방식

수학을 가르치기가 왜 이리 어려울까? 왜 수백 년 동안이나 이 어려움이 계속되었을까? 수학적 지식을 제대로 나누지도, 전달하지도 못하는 이유는 무엇일까? 대체 어떤 점을 놓치고 있는 걸까?

나는 수학을 어떻게 이해할 수 있는지 그 자체가 궁금해서 수학을 공부하게 되었다. 누군가가 그 **이유**와 **방법**을 설명해주길 기대했지만 그런 설명은 끝내 들을 수 없었다. 심지어 그 주제조차 제대로 다뤄지지 않았다.

그렇다고 해서 수학을 포기하지는 않았다. 많은 이들과 마찬가지로 나도 내게 가장 가치 있는 수학에 대해 침묵해야 하는 좌절감을 경험했다.

수학을 가르치거나 연구 주제를 설명하는 상황에 놓일 때마다 나는 항상 두 가지 방식의 화법을 조화롭게 구현하려고 노력했다. 하나는 엄밀한 정의와 정확한 진술로 이루어진 형식적 화법이고, 다른 하나는 적절한 비유와 그림, 목소리의 억양, 손짓 등의 직관적 화법이다.

이 두 가지 화법은 서로를 보완한다. 동기도 없고 직관도 나누지 않는 형식적인 강의는 아무 의미가 없다. 반대로 형식적인 틀 없이 직관만으로 진행되는 설명 역시 그 의미가 퇴색된다. 그래서 수학을 대중에게 전달하려는 시도들이 종종 실패한다. 공식 수학을 배제하면 직관 역시 그 근거를 잃는다.

형식적 정의와 명확한 진술 없이 가르칠 수 있는 수학에는 본질적인 한계가 있다. 결국 형식이 빠지면 더는 수학이 아니라 그저 손짓에 지나지 않는다.

학계를 떠나기 직전, 내 인생에서 가장 흥미로운 강의를 할 기회가 있었다. 프랑스의 명문 대학 파리 고등사범학교École Normale Supérieure에서 문학과 철학 전공생들을 대상으로 한 학기 동안 진행하는 수학 입문 강의였다.

이 강의는 내게 실험적인 기회였던 동시에 아주 근본적인 질문과 마주할 수 있는 순간이었다. 과연 머릿속에서 수학을 보는 기술을 가르칠 수 있을까?

나는 전통적으로 수학의 기초라고 불리는 논리학과 집합론에 다시 뛰어들었다. 그리고 그동안 내가 이 두 이론에 잘못된 방식으로 접근해왔다는 것을 깨달았다. 논리학과 집합론은 수학의 기초가 아니라 수학의 한 분야일 뿐이다. 이 둘은 증명이라는 개념을 수학적으로 형식화하는 데 초점을 맞추고 있다. 물론 아주 의미 있는 연구 분야지만 수학이란 무엇인지, 수학을 어떻게 가르쳐야 하는지에 대해 명확한 해답을 주지는 않는다.

  이 책의 몇몇 아이디어와 예시는 바로 그 시절 수업 노트에서 가져온 것들이다. 하지만 당시 나는 중요한 요소를 놓치고 있었다.

  수업을 하면서 줄곧 뭔가 어긋나 있다는 기분을 떨칠 수 없었다. 대화의 방향을 제대로 잡지 못하는 느낌이었다. 내 안에서 살아 움직이는 수학을 사랑했지만, 그것을 다른 사람들이 공감할 수 있는 언어로 풀어내지 못했다.

  고민 끝에 나는 학자로서의 길을 마무리하기로 결심했다. 이런 결정은 결코 쉬운 일이 아니다. 모든 것을 단 하나의 이유로 설명하려는 건 어리석은 일일 것이다. 여러 가지 이유가 있었지만, 그중에서도 특히 나를 괴롭혔던 건 바로 수학을 의미 있게 가르치지 못했다는 좌절감이었다. 사람들이 기대하는 수학은 가르칠 수 있었지만, 정작 내게 진짜로 의미 있었던 수학은 가르칠 수 없었다. 왠지 그런 진솔한 방식의 가르침은 허락되지 않는 것 같았고, 마치 오래된 금기가 그 방식을 가로막는 듯했다.

  지나고 보니 그때 내 입문 강의는 수학을 이해하는 인간 경험에 대한 논의를 놓치고 있었다.

불가능한 이야기

유클리드의 《원론Elements》은 역사상 가장 영향력 있는 수학 논문이다. 이 저술은 2,300년 전으로 거슬러 올라가며, 수 세기 동안 수학적 추론의 청사진 역할을 했다.

이 시기 이후로 수학은 논리적 추론의 학문으로 여겨졌다. 하지만 머릿속에서 실제로 수행하는 보이지 않는 동작에 관한 이야기는 점점 가려졌다. 물론 어떤 음모가 있어서는 아니다. 지난 2,300년 동안 이 부분을 제대로 설명할 방법 자체가 없었다는 게 더 그럴듯한 이유다.

이 이야기를 하려면 우리 머릿속에서 무슨 일이 벌어지는지 설명할 수 있어야 했지만, 그 당시에는 인간의 지적 활동을 만족스럽게 표현할 방법이 없었다.

그나마 가능했을 법한 유일한 모형은 유클리드의 《원론》에서와 같은 기계적인 연역적 추론뿐이었다. 지능을 단순한 계산 능력으로 보는 관점은 수학만큼이나 오래됐다. '계산calculation'이라는 단어는 '작은 조약돌'을 뜻하는 라틴어 calculus에서 유래했으며, 이 라틴어는 주판에 올려놓고 셈을 할 때 쓰던 돌멩이를 말한다. 수 세기에 걸쳐 인간의 두뇌는 주판, 톱니바퀴가 달린 계산기, 실리콘 칩에까지 비유됐다. 이런 비유들은 기계적인 논리 추론이 곧 수학이고 이성이며, 나아가 지능 자체라고 여기게 했다.

앞에서 봤듯이 이런 비유는 심각하게 잘못됐다. 우리 뇌의 작동 방식을 깊이 오해한 탓에 수학은 일반적인 인간의 경험과 연결되지 못했다.

아이러니하게도 우리는 오랫동안 지능이 단순한 계산 능력으로 환원될 수 없다는 사실을 알고 있었다. 우리 내면 깊숙이 다른 무언가가 작동한다는 느낌은 있었지만, 달리 설명할 방법이 없어 초자연적인 것에 기대곤 했다. 영혼이나 직관, 제3의 눈, 육감 같은 개념에 매달릴 수밖에 없었다. 우리는 통제할 수 없는 신비한 존재들이 있다고 상상했고, 오직 특별한 재능을 타고난 소수만이 그 존재들과 직접 소통할 수 있는 특권을 누린다고 믿었다. 사실상 이런 생각들은 선사시대 이래 거의 변함이 없었다.

언어 자체도 미스터리였다. 누가 언어를 발명했을까? 언어의 개념은 무엇일까? 의미란 무엇일까? 진리는 무엇일까? 우리는 어떻게 문장을 이해할 수 있는 걸까? 수천 년 동안 이런 질문들은 과학의 영역이 아니라 형이상학과 신학의 영역에 머물러 있었다.

수학을 이해하는 것은 직관을 재구성하는 것이다. 무엇보다 이건 뇌 가소성에 관련된 문제다. 벤 언더우드가 혀 차는 소리만으로 세상을 볼 수 있었던 것처럼, 수학자들의 비밀스러운 사고 기술은 초자연적인 것도, 마법 같은 것도 아니다.

우리의 정신 활동을 신비한 마법처럼 여기는 오랜 시간 동안 수학을 근본적으로 설명하는 건 불가능했다. 하지만 인공지능 시대에 들어서면서 마침내 새로운 가능성이 열리고 있다.

나 역시 딥 러닝 알고리즘을 접하면서 이 책을 쓸 수 있었다. 처음으로 내 수학적 여정을 온전히 이해할 수 있도록 도와주는 뇌의 비유를 찾은 것이다. 딥 러닝을 통해 내 개인적 경험을 단순한 사적 대화가 아닌, 누구나 이해할 수 있는 명확하고 '합리적인' 언어로 설명할 수 있게 되었고 내 경험을 나누는 게 꽤 가치 있는 일이라는 걸 깨달았다.

이제는 내 이야기를 더 이상 불가능한 일처럼 여기지 않는다.

딥 러닝이라는 비유로 바라보면, 오랫동안 나를 혼란스럽게 했던 기이한 현상들이 더는 이상하게 느껴지지 않는다. 그렇다. 새로운 아이디어가 예기치 않게 '허공에서 쑥 나타나듯' 떠오르는 것은 자연스러운 일이다. 그렇다. 정신적 가소성 역시, 우리가 올바른 정신적 표상에 노출되어 있을 때 의식적인 노력 없이 천천히, 조용히 일어나는 과정임을 알게 되었다. 그렇다. 안타깝게도 대다수 사람이 여전히 회피하지만, 아직 이해하지 못하는 것들을 억지로라도 상상해보는 그 순간에 비로소 진짜 배움이 시작된다. 그렇다. 우리를 괴롭히는 아주 사소한 세부 사항에 주의를 기울이는 것이 매우 중요하며, 가장 빠른 학습 방법은 최대의 혼란도를 따르는 것이다. 이런 틀에서 데카르트적 의심은 우리의 학습을 더 빠르게 촉진하는 일종의 '적대적' 해킹으로 해석될 수 있다.

수학적 깨달음

수천 년 동안 우리는 사람들이 이해하기 힘든 방식으로 수학을 가르쳐왔다. 이제는 그 방식을 바꿔 이야기할 수 있는 새로운 기회가 찾아왔다.

수학을 배우는 과정은 수영이나 자전거 타기처럼 누구나 익힐 수 있는 운동 기술을 배우는 과정과 같아야 하며 모두에게 열려 있어야 한다. 하지만 언어와 사고의 작동 방식에 대한 잘못된 통념이 이런 단순하고 직접적인 배움을 가로막고 있다. 이 통념은 두려움과 위압감을 불러일으켜 수학을 배우는 데 없어서는 안 될 보이지 않는 사고 과정을 가로막는다.

직관이나 현실에 대한 인식은 이미 고정된 거라 재구성될 수 없다고 믿는 사람에게 어떻게 수학을 가르칠 수 있을까? 이건 마치 자기 몸이 돌처럼 무거워 가라앉을 수밖에 없다고 굳게 믿는 사람에게 수영을 가르치는 것과 다를 바 없다. 성공적인 교육의 첫걸음은 바로 이런 잘못된 믿음부터 걷어내는 것이다.

이것이 내가 이 책을 깨달음과 정신적 해방에 관한 책으로 구상한 이유다. 수학은 내게 우리 몸이 어떻게 작동하는지, 몸을 통해 무엇을 이룰 수 있는지에 대한 중요한 교훈을 주었고, 나는 그 교훈을 나누고 싶었다.

나는 머릿속에서 실제로 겪는 일들을 가능한 한 솔직하게 이야기하고자 했다. 주관적 현실, 감정의 여정, 신체적이고 삼사석인 경험을 비롯해 머릿속에서 경험하는 일의 실제적 측면과 수행 방식, 작동 원리, 그리고 그 과정에서 느끼는 감각까지 깊이 탐구하고 싶었다. 이런 요소는 그동안 수학 교육에서 다뤄진 적이 없었다. 수학과 무관한 내용이라는 편견 때문이기도 하고, 무엇보다도 주관적 경험에 대한 뿌리 깊은 불신 때문이기도 하다.

나는 주관적 경험의 한계를 잘 알고 있다. 데카르트도 "우리가 얼마나 잘못 판단하는지 나도 잘 안다"라고 썼지만, 그 이후로도 상황은 나아지지 않았다.

하지만 정말로 다른 선택지가 있을까? 수학이 그저 정리를 증명하는 데 그쳤던 시절에는 주관적 경험을 부차적 요소로 여기는 게 당연했고, 필요할 경우 비공식적이고 단편적으로 다루어도 아무 문제가 없었다. 하지만 수학이 결국 인간의 이해에 관한 것임을 깨닫는 순간, 더 이상 주관적 경험을 배제할 수는 없다. 이해란 본질적으로 주관적 경험이기 때문이다.

만약 내 개인적인 이야기가 단순히 '타고난 재능을 가진 사람'의 이야기라면 아무런 가치가 없을 것이다. 내게 특별한 재능이 없다는 걸 증명할 수는 없지만, 창의적인 수학자는 생물학적으로 남달라야 한다는 생각에 나 역시 한때 크게 위축되었고, 그 생각을 떨쳐내지 못했다면 진작에 포기했을 것이다.

남들이 보기에는 수학적 창의성이 초인적인 지능을 요구하는 것처럼 비칠 수 있다. '재능'이나 '타고남'이라는 틀에서 벗어나려면 그것에 대한 다른 설명을 찾아야 한다.

나는 창의적인 수학자란 인간의 사고 속에 숨겨진 '비밀 모드'를 해제하는 해커라고 상상해왔고, 이런 관점은 내 연구 경력 내내 큰 도움이 되었다. 대체로 그들은 무의식적으로 그런 사고방식을 터득했으며, 어떻게 그런 능력이 생겼는지조차 설명하지 못했다.

이 또한 이 책을 집필하는 동안 나를 계속 끌어준 중요한 가설이었다. 그래서 오로지 내가 직접 겪은 몇 가지에 집중했고, 그 결과 이 책이 다루는 범위도 자연히 좁아졌다.

다행히도 데카르트, 그로텐디크, 서스턴의 저작에 의지할 수 있는 행운을 누렸다. 이 세 사람의 이야기는 하나의 이야기를 세 가지 관점에서 들려주는 것처럼 놀랄 만큼 닮았다. 그들의 경험은 내가 직접 겪은 일과도 잘 맞아떨어졌고, 그 덕분에 내 개인적인 여정이 더 깊이 있고, 더 견고하며, 훨씬 풍부하게 기록된 전통 안에 자연스레 자리매김할 수 있었다.

하지만 이들조차 모든 해답을 갖고 있지는 않았다. 데카르트는 자신의 경험을 설명하기 위해 정신이 신적인 본질을 지닌 비물질적 존재이고 육체와 분리되어 있다는 이원론적 가정을 받아들일 수밖에 없었다. 마찬가지로 그로텐디크 역시 신이 귓가에서 속삭이고 머릿속에서 꿈을 꾸게 한다고 믿었다. 한편 서스턴은 세 사람 중 가장 실용적이고, 가장 현대적이며, 의심할 여지 없이 가장 명료한 사고를 지닌 수학자였다.

이 세 사람이 보여준 솔직함과 섬세함은 무엇보다 소중한 가치를 지닌다. 그들은 자신의 경험과 성공 요인들을 최대한 진실하게 공유하려고 노력했다.

세 사람의 글을 처음부터 끝까지 살펴보면 이들은 오로지 상상력에 관해서만 이야기한다. 각자 자신이 배워온 틀을 벗어나 우연히 발견한 새로운 방식으로 상상력을 활용했던 경험을 묘사한다.

그로텐디크는 자신의 작업이 독특했던 이유가 금기를 넘어서려 했기 때문이라고 설명했다. "모든 자연과학 가운데 유독 수학에서만 내가 '꿈'이나 '몽상'이라 부르는 것이 2,000년 넘게 금기시되어 온 듯하다."

서스턴은 좀 더 소박하지만 똑같이 강렬한 방식으로 이렇게 말했다. "몽상은 결함이 아니라 오히려 장점이다."

열렬한 몽상가였던 데카르트 역시 자신만의 강력한 사고 기법을 생생하게 남겼다. 하지만 아이러니하게도 그는 우리를 곤란하게 한 결함 있는 이론의 장본인이기도 하다.

이 모든 이야기의 핵심은 바로 상상력이다. 수학자들은 자신만의 독특한 방식으로 상상력을 활용했고, 그 덕에 믿기 힘들 정도로 성공했다. 수학적 상상력은 **수학적 진리**에 따라 이끌린다는 점에서 훨씬 선견지명이 있고 무한하다. 수학적 진리는 **상상하기에 올바른 대상**을 찾아내는 비밀스러운 요소로 작용하며, 결국 우리의 직관적 이해를 공고히 하고 널리 확장하는 역할을 한다. 수학의 진정한 토대는 바로 여기에 있으며 형식적 논리나 신학에서는 찾을 수 없다.

하지만 편협한 합리주의 관점에서는 이런 이야기가 전혀 이해되지 않는다. 우리는 생각이 현실에 아무런 영향을 미치지 않는다고 배웠다. 교육을 받은 사람이 그렇지 않다고 단언하려면 많은 용기가 필요하다. 사고의 힘으로 세상을 바꿀 수 있다는 이야기를 여기저기서 듣지만, 그런 말은 신비주의나 자기계발서의 공허한 주장으로 치부하도록 세뇌되었다.

이것이 바로 이원론의 정점이며, 우리의 생각은 비물질적인 것으로 규정된다. 무엇을 어떻게 상상하든 그 상상이 현실 세계에 아무런 영향을 주지 않는다고 여기는 것이다.

그러나 상상력을 사용하는 건 우주의 비물질적 층을 탐험하는 일이 절대 아니다. 또한 억제해야 할 기생적인 활동도 아니다. 오히려 상상은 인간의 인지 능력 중심에 있는 진정한 신체적 활동이다.

우리가 머릿속에서 보고 수행하는 일은 현실에서 경험하는 것만큼이나 신경학적 학습에 도움이 된다. 눈에 보이지 않는 동작을 머릿속에서 하고 싶거나 꿈을 꾸고 몽상에 잠기는 이유는 바로 이런 과정이 이해를 구축하는 중요한 역할을 하기 때문이다. 우리가 상상하는 것은 뇌의 신경 회로를 실제로 변화시키고, 말 그대로 세상을 보는 방식을 바꿔놓는다.

상상하는 방법은 무수히 많다. 우리는 아직 그 모든 방식을 알아내지도 못했고, 이름조차 붙이지 못한 경우가 더 많다. 생각하다, 명상하다, 반성하다, 시각화하다, 분석하다, 공상하다, 추론하다, 꿈꾸다 같은 단어들을 무심코 사용하지만, 실제로 무엇을 의미하는지, 이 단어들에 얼마나 많은 공통점이 있는지 잘 모른다.

이런 모호함 속에 온갖 오해가 스며든다. 상상력을 제대로 쓰는 방법과 잘못 쓰는 방법이 있다는 사실을 알려준 사람도 없었다. 어떤 상상은 우리를 바보로 만들고, 어떤 상상은 미치게 만들며, 어떤 상상은 놀라울 정도로 똑똑하게 만들어준다.

이제 기계에 지능의 비밀을 가르치는 시대가 된 만큼, 인간에게도 그 비밀을 가르쳐야 할 때가 왔다.

에필로그

1913년 초 케임브리지 대학교의 저명한 수학자였던 G. H. 하디Godfrey Harold Hardy는 인도 마드라스에서 온 이상한 편지 한 통을 받았다.

편지의 주인공은 스리니바사 라마누잔Srinivasa Ramanujan이라는 사람이었다. 그는 자신을 스물세 살의 서기라고 소개하며, 형편이 어려워 고등교육을 받지 못했지만 틈틈이 독학으로 수학을 공부하고 있다고 밝혔다. 라마누잔은 스스로 발견했다고 주장하는 여러 정리들을 편지에 첨부했고, 현지 수학자들조차 '놀랍다'고 평가했다고 덧붙였다. 그러고는 하디의 의견이 궁금하다며 답장을 요청했다.

처음에 하디는 정리들을 대충 훑어보고 장난이 아닐지 의심했다. 하지만 원고를 자세히 들여다볼수록 당혹스러워졌다. 결과는 믿을 만했을 뿐만 아니라 그 깊이와 독창성이 경이로울 정도였다. 하디는 완전히 압도당했다.

더욱 놀라운 건 그 모든 정리에 증명이 없었다. 하디 자신도 그 정리들을 증명할 수 없었다. 그러나 그는 '이 정리들이 참일 수밖에 없

는 이유는, 만약 거짓이라면 누구도 이런 상상력을 발휘해 이런 정리를 만들어낼 수 없을 것이기 때문'이라고 생각했다.

결국 하디는 라마누잔이 역사상 가장 위대한 수학자의 한 자리를 차지할 만한 최고의 수학자라고 확신했다.

형식주의와 직관

하디와 라마누잔의 만남과 우정은 마치 소설에서나 나올 법한 이야기처럼 기이하고 놀랍다.

이 이야기는 하나의 사회적 우화로도 읽힐 수 있다. 영국의 식민 통치가 정점이던 시기에 두 세계가 충돌한다. 하디는 서구 지성의 오만함을 대표하는 인물로 최고 엘리트 집단에 속해 있으며 상아탑에 안주하고 있었다. 반면 라마누잔은 사리 장수의 아들로 독학해 수학을 익힌 아마추어 수학자였다.

하디는 라마누잔을 케임브리지로 초대했고, 라마누잔은 1914년부터 1919년까지 5년간 그곳에서 지냈다. 하지만 중병에 걸려 고국 인도로 돌아가 이듬해 서른두 살의 나이로 세상을 떠났다.

생애 말년에 하디는 수학자로서 가장 큰 업적이 무엇이냐는 질문에 망설임 없이 "라마누잔을 발견한 것"이라고 답했다.

하디가 자부심을 느낄 만한 이유는 충분했다. 하디는 라마누잔의 비범한 천재성을 바로 알아보았고, 기존의 관례를 거스르면서까지 그를 받아들이는 용기와 신념을 보여주었다. 라마누잔은 트리니티 칼리지 최초의 인도인 대학원생이 되었고 왕립학회의 최연소 회원 중 한 명으로 기록됐다.

한편 이 이야기는 수학적 우화로도 볼 수 있다. 이 책에서 다룬 주요 개념들을 집약하며 완벽한 결말을 이룬다.

이 책의 처음부터 우리는 수학이 두 가지 상반된 힘, 즉 비인간적인 논리적 형식주의의 냉정함과 직관의 경이로운 힘 사이의 긴장 속에서 성장해왔다고 이야기했다. 초등학교 수학 문제 풀이에서부터 인류 지식의 경계를 넓히는 연구에 이르기까지, 모든 수학적 작업은 형식주의와 직관 사이의 끊임없는 대화가 꼭 필요하다.

모든 수학자가 이 둘 사이의 대화에 대해 똑같은 방식으로 접근하는 건 아니다. 어떤 수학자들은 본능적으로 '형식주의적' 접근을 선호하는 반면, 또 어떤 수학자들은 '직관적' 사고를 훨씬 중요하게 여긴다. 하지만 수학적 진전을 위해서는 두 가지 모두를 활용해야 한다는 사실을 잘 알고 있다.

하디와 라마누잔의 조합은 이 두 가지 극단적인 성향을 거의 캐

리커처럼 완벽하게 구현했다는 점에서 더욱 흥미롭다.

하디는 당시 가장 유명한 수학자 중 한 명이었고, 20세기 초 수학의 통합과 증명의 형식화를 이끈 형식주의 혁명의 주역이었다. 그는 버트런드 러셀Bertrand Russell과도 가까운 친구였으며, 러셀은 앨프리드 노스 화이트헤드Alfred North Whitehead와 함께 인류 역사상 가장 비인간적인 책이라 불리는 《프린키피아 마테마티카Principia Mathematica》를 공동 집필했다. 뉴턴의 위대한 동명 저서를 떠올리게 하는 제목과 거의 광기에 가까운 극단적 형식주의 스타일로 쓰인 이 글은 집합론에 대한 공리적 기초를 제공하며, 칸토어의 초기 구상을 더욱 공고히 하고, 수의 개념이 집합의 개념에서 재구성될 수 있음을 증명했다.

이 기념비적인 저작은 수학의 판도를 완전히 바꿔놓았다. 영원을 염두에 두고 집필된 이 작품은 안타깝게도 심각한 태생적 약점이 있었다. 정상적인 이해력을 가진 사람이라면 도저히 해독할 수 없을 만큼 난해했다. 예를 들어 1+1=2의 증명을 찾으려면 무려 379쪽까지 넘겨야 한다.

《프린키피아 마테마티카》가 출간되었을 때, 하디는 「타임스 리터러리 서플먼트Times Literary Supplement」에 대중을 위한 서평을 실었다. 그는 특유의 영국식 유머로 "수학과 친하지 않은 독자들은 이 책이 지나치게 어렵다는 생각에 지레 겁을 먹을 수 있다"라고 평했다.

라마누잔은 역사상 가장 놀라운 직관적 수학자였다. 그를 이야기할 때는 자연스럽게 최상급 표현을 쓸 수밖에 없다. 우리의 언어로는 그의 천재성을 제대로 담아내기 어렵고, 심지어 **천재**라는 단어조

SECTION A] CARDINAL COUPLES 379

$*54{\cdot}42$. $\vdash :: \alpha \epsilon 2 . \supset :. \beta \subset \alpha . \mathrm{g} ! \beta . \beta \neq \alpha . \equiv . \beta \epsilon \iota``\alpha$
Dem.
$\vdash . *54{\cdot}4 . \supset \vdash :: \alpha = \iota`x \cup \iota`y . \supset :.$
$\qquad \beta \subset \alpha . \mathrm{g} ! \beta . \equiv : \beta = \Lambda . \vee . \beta = \iota`x . \vee . \beta = \iota`y . \vee . \beta = \alpha : \mathrm{g} ! \beta :$
$[*24{\cdot}53{\cdot}56 . *51{\cdot}161] \qquad \equiv : \beta = \iota`x . \vee . \beta = \iota`y . \vee . \beta = \alpha$ (1)
$\vdash . *54{\cdot}25 .$ Transp . $*52{\cdot}22 . \supset \vdash : x \neq y . \supset . \iota`x \cup \iota`y \neq \iota`x . \iota`x \cup \iota`y \neq \iota`y :$
$[*13{\cdot}12] \qquad \supset \vdash : \alpha = \iota`x \cup \iota`y . x \neq y . \supset . \alpha \neq \iota`x . \alpha \neq \iota`y$ (2)
$\vdash . (1) . (2) . \supset \vdash :: \alpha = \iota`x \cup \iota`y . x \neq y . \supset :.$
$\qquad \beta \subset \alpha . \mathrm{g} ! \beta . \beta \neq \alpha . \equiv : \beta = \iota`x . \vee . \beta = \iota`y :$
$[*51{\cdot}235] \qquad \equiv : (\mathrm{g}z) . z \epsilon \alpha . \beta = \iota`z :$
$[*37{\cdot}6] \qquad \equiv : \beta \epsilon \iota``\alpha$ (3)
$\vdash . (3) . *11{\cdot}11{\cdot}35 . *54{\cdot}101 . \supset \vdash .$ Prop

$*54{\cdot}43. \vdash :. \alpha, \beta \epsilon 1 . \supset : \alpha \cap \beta = \Lambda . \equiv . \alpha \cup \beta \epsilon 2$
Dem.
$\vdash . *54{\cdot}26 . \supset \vdash :. \alpha = \iota`x . \beta = \iota`y . \supset : \alpha \cup \beta \epsilon 2 . \equiv . x \neq y .$
$[*51{\cdot}231] \qquad \equiv . \iota`x \cap \iota`y = \Lambda .$
$[*13{\cdot}12] \qquad \equiv . \alpha \cap \beta = \Lambda$ (1)
$\vdash . (1) . *11{\cdot}11{\cdot}35 . \supset$
$\qquad \vdash :. (\mathrm{g}x, y) . \alpha = \iota`x . \beta = \iota`y . \supset : \alpha \cup \beta \epsilon 2 . \equiv . \alpha \cap \beta = \Lambda$ (2)
$\vdash . (2) . *11{\cdot}54 . *52{\cdot}1 . \supset \vdash .$ Prop

From this proposition it will follow, when arithmetical addition has been defined, that $1 + 1 = 2$.

$*54{\cdot}44. \vdash :. z, w \epsilon \iota`x \cup \iota`y . \supset_{z,w} . \phi(z,w) : \equiv . \phi(x,x) . \phi(x,y) . \phi(y,x) . \phi(y,y)$
Dem.
$\vdash . *51{\cdot}234 . *11{\cdot}62 . \supset \vdash :. z, w \epsilon \iota`x \cup \iota`y . \supset_{z,w} . \phi(z,w) : \equiv :$
$\qquad z \epsilon \iota`x \cup \iota`y . \supset_z . \phi(z,x) . \phi(z,y) :$
$[*51{\cdot}234 . *10{\cdot}29] \equiv : \phi(x,x) . \phi(x,y) . \phi(y,x) . \phi(y,y) :. \supset \vdash .$ Prop

$*54{\cdot}441. \vdash :: z, w \epsilon \iota`x \cup \iota`y . z \neq w . \supset_{z,w} . \phi(z,w) : \equiv :. x = y : \vee : \phi(x,y) . \phi(y,x)$
Dem.
$\vdash . *5{\cdot}6 . \supset \vdash :: z, w \epsilon \iota`x \cup \iota`y . z \neq w . \supset_{z,w} . \phi(z,w) : \equiv :.$
$\qquad z, w \epsilon \iota`x \cup \iota`y . \supset_{z,w} : z = w . \vee . \phi(z,w) :.$
$[*54{\cdot}44] \qquad \equiv : x = x . \vee . \phi(x,x) : x = y . \vee . \phi(x,y) :$
$\qquad \qquad y = x . \vee . \phi(y,x) : y = y . \vee . \phi(y,y) :$
$[*13{\cdot}15] \qquad \equiv : x = y . \vee . \phi(x,y) : y = x . \vee . \phi(y,x) :$
$[*13{\cdot}16 . *4{\cdot}41] \equiv : x = y . \vee . \phi(x,y) . \phi(y,x)$

This proposition is used in $*163{\cdot}42$, in the theory of relations of mutually exclusive relations.

차도 너무 미흡하게 느껴질 정도다.

라마누잔의 작업 방식은 정말 이해하기 힘들다. 그는 종종 아무런 설명도 없이, 종이 위에 정리라는 제목만 붙인 채 기묘한 공식들을 적어놓곤 했다.

하디가 엄격한 증명을 제시해야 한다고 강조하면, 라마누잔은 그럴 필요가 없다고 답했다. 그가 공식의 정확성을 확신한 이유는 가족이 섬기는 여신 나마기리 타야르가 꿈에 나타나 그 공식들을 계시해주었다고 믿었기 때문이다.

라마누잔이 이런 말을 했을 때, 확신에 찬 무신론자이자 열렬한 합리주의자였던 하디의 표정이 어땠을지 몰래 지켜보고 싶을 만큼 정말 궁금하다.

라마누잔은 짧은 생애 동안 3,900개가 넘는 수학적 '결과물'을 남겼다. 이 결과물들은 어떤 지위를 가져야 할까? 통상적으로 증명이 없는 정리는 정리가 아닌 단순한 추론일 뿐이다. 적어도 공식 수학에서는 그렇다.

라마누잔이 세상을 떠난 지 1세기가 지난 지금도 그의 업적은 실로 경이롭다. 그가 남긴 공식들은 거의 모두가 옳은 것으로 판명되었다. 그 증명을 찾는 과정에서 수학의 새로운 분야들이 탄생했고, 정교한 개념적 도구들이 개발되었다. 이 작업을 위해 수십 년 동안 뛰어난 수학자들이 동원되었으며 최근에야 비로소 그 끝이 보이기 시작했다.

라마누잔은 어떻게 공식들을 발견했을까? 공식을 보는 그의 방식이 완전하지는 않더라도 일종의 비언어적 증명의 출발점이 아니었을까? 정말로 여신의 계시를 빼고는 더 설명할 방법이 없었던 걸까?

하디의 영향 아래 라마누잔은 '학문적' 수학의 기초를 익힐 수 있었다. 그는 학위 논문을 마쳤고 실제 증명이 포함된 논문도 몇 편 썼다. 하지만 자신의 작업 방식을 끝내 제대로 설명하지는 못했다. 만약 그가 더 오래 살았다면, 머릿속에 떠오르는 표상, 색채, 구조, 심지어 맛이나 촉감 같은 것들이 어떻게 형성되는지, 그것들을 어떻게 불러내는지 좀 더 명확히 설명할 방법을 찾았을지도 모른다.

만약 정말로 마법이나 초능력을 가진 초인의 존재를 믿고 싶다면 라마누잔의 이야기가 분명 영감을 줄 것이다.

하지만 나는 현존하는 최고의 수학자 중 한 명인 미샤 그로모프 Misha Gromov (2009년 아벨상 수상자)의 견해에 동의한다. 그로모프는 라마누잔의 천재성을 어떤 우주적 돌연변이, 즉 인간의 일반적 경험과 단절된 특이점으로 치부하는 건 잘못이라고 말한다. "라마누잔의 이 기적은 수십억 명의 아이들이 모국어를 습득할 수 있게 해주는 바로 그 보편적 원리를 분명하게 드러낸다."

나는 그로모프의 이런 확신이 자신의 창의적 사고가 어떻게 작동하는지에 대한 깊은 통찰과 개인적 경험에서 비롯된 것으로 생각한다. 사실 그의 창의성 자체도 매우 경이롭다.

이제 이 책의 끝에 다다른 만큼, 그로모프의 단언이 전혀 뜻밖이거나 이상하게 들리지 않고 오히려 자연스러운 생각으로 다가오길 바란다.

우리와 똑같은 누군가

하디가 남긴 《프린키피아 마테마티카》 서평에는 특유의 영국식 유머 뒤에 숨은 그의 무정한 면모, 즉 병적일 정도의 엘리트주의가 드러난다.

이 서평은 일반 대중, 즉 「타임스」 독자들을 위해 쓴 것이다. 그들이 이 책을 두려워할 만한 이유는 충분했다. 라틴어 제목에 666쪽이나 되는 분량, 그리고 논리와 수학, 나아가 인간 사유 전체의 새로운 기초를 세우겠다는 야심 찬 책이었기 때문이다.

하디는 "책의 전반적인 분위기는 수학적이다"라고 인정하면서도, 오히려 철학적 함의와 역사적 성격을 강조하며 가볍고 유쾌한 어조로 책을 즐기고 있다는 인상을 준다. 또 책에 "기이한 기호symbolism"가 잔뜩 등장하므로 "이 책이 진짜 어렵지 않다고 가장하는 것은 어리석은 짓"이라고 솔직하게 지적한다. 하지만 그럼에도 "이 책은 널리 읽혀야 할 이유가 많다"라고 주장한다. 심지어 "농담도 꽤 재미있다"라고 말한다.

하지만 하디는 단 한 번도 그 수수께끼의 해답, 즉 내가 6장에서 소개한 내 친구 라파엘의 중요한 조언은 밝히지 않는다. 《프린키피아 마테마티카》를 접하는 누구에게나 이 조언은 정신 건강을 위한 기본 지침이 될 게 분명하다. "수학책은 절대 읽지 말 것."

하디에게 수학은 선택받은 소수만이 들어갈 수 있는 신사들의 클럽이었다. 한때는 고전으로 손꼽혔지만 현대 독자들에게는 심히 거슬리는 그의 유명한 자서전 《어느 수학자의 변명 A Mathematician's

Apology》에서 그는 저주에 가까운 말을 남긴다. "창조하는 자가 설명하는 자를 향해 품는 경멸보다 더 깊고 더 정당한 경멸은 없다. 설명하고 비평하고 감상하는 것은 이류 지성의 몫이다."

수학계의 가혹한 엘리트주의는 안타깝게도 그 자체로 하나의 주제가 될 만큼 뿌리가 깊다. 이 전통은 수백 년 전으로 거슬러 올라간다.

학계에서 수학자들은 오직 자신이 증명한 새로운 정리만으로 경력과 정당성을 쌓는다. 그 자체로 유명해져 특별한 명성을 얻는 극소수의 추측을 제외하면 그 외의 것은 거의 인정받지 못한다.

이 시스템에도 장점은 있다. 임의성을 줄이고, 수학자들이 자기만족이나 연줄 문화에 빠지지 않도록 도와준다. 영원불변의 진리를 다루는 학문은 경력을 평가하는 뚜렷한 기준을 마련한다.

물론 이런 방식에 맹점도 있다. 하디의 저주는 여전히 매우 강력하며 누구도 예외일 수 없다. 연구자 집단에서는 수학 교육에 대한 지나친 관심이 보통 약점으로 여겨진다. 다행히도 수학자들의 인식이 점차 바뀌고 있다. 지금은 수학 교육과 수학의 대중화를 향한 경멸이 살짝 덜하지만, 아직 갈 길이 멀다.

비공식 수학, 즉 인간의 이해를 다루는 수학은 공식 수학이 가진 엄격함과 객관성을 절대 따를 수 없다. 따라서 이 분야는 결코 '진지한' 주제로 여겨지지 않는다.

하지만 이 '진지하지 않은' 주제야말로 대부분의 정통 수학 문제들보다 훨씬 더 중요한 영역일지도 모른다.

이 문제는 한 번이라도 수학을 배워본 사람, 즉 사실상 모든 사람과 관련이 있다. 수학자들 자신도 이 문제에 열정을 갖고 있으며, 사적인 대화에서도 자주 이 주제가 언급된다. 이 주제는 인간의 지능, 언어, 뇌의 작동법에 대한 근본적인 질문들을 불러일으킨다.

비공식 수학을 과학의 뒷전이나 늦은 밤의 사담, 은퇴한 수학자의 자서전에만 가두는 건 큰 실수다. 이 주제를 수학의 영역에서 쫓아내 신경과학의 전유물로 만드는 것 역시 마찬가지로 안타까운 일이다.

수학의 중심에 인간의 이해를 두지 않는 것은 수학의 본질을 외면하는 것과 같다.

불과 얼마 전까지만 해도 이 주제를 건설적으로 다룰 수 있는 도구와 체계가 없었다. 그래서 모두가 숙명론과 무력감에 빠져 있었다. "세상에는 수학을 놀라울 정도로 잘하는 사람들이 있지만, 그 이유를 파헤치는 건 헛수고다. 그건 그저 기적이자 하늘이 내린 재능일 뿐이다. 수학을 못하는 사람들에게는 어쩔 수 없는 일이다."

이처럼 '진지하지 않지만' 뜨거운 주제가 바로 이 책이 다루는 핵심이다. 나는 내 방식대로 아주 단순한 전제에서 접근하려고 했다. 즉 내가 직접 경험한 수학을 가능한 한 가장 단순하게 이야기하고, 수학이 **실제로** 무엇으로 이루어져 있는지, 머릿속에서 어떤 일을 하는지, 어떻게 하면 **구체적으로** 다가갈 수 있는지를 살펴보려 했다.

만약 하디가 라마누잔에게 올바른 질문을 던질 수 있었다면 우리는 과연 무엇을 배웠을까? 다행히도 우리에게는 데카르트, 그로텐디크, 서스턴, 그리고 물론 아인슈타인의 저작까지 있다.

이 글들의 가치는 아무리 높이 평가해도 지나치지 않다. 이 글들이 전하는 가장 불편하면서도 강렬하고 도전적인 메시지는 바로 이 것이다. 우리는 평범한 인간적 수단, 즉 상상력, 호기심, 진정성으로 우리 자신의 지능을 스스로 만들어낼 수 있다.

그로텐디크는 이렇게 썼다. "불을 처음 발견하고 다룬 사람은 우리처럼 평범한 사람이었다. '영웅'이나 '반신반인' 같은 존재가 아니었다."

데카르트와 아인슈타인도 표현만 다를 뿐 같은 이야기를 했다. 우리는 그들의 뇌를 절개해 전시했지만, 정작 그들의 메시지에는 귀 기울이지 않았다.

이 모든 것에 대해 우리는 무엇을 할 수 있을까?

나는 이 책을 일종의 안내서처럼 썼다. 나를 이끌어주고, 격려해 주고, 주저함을 극복할 용기를 주어 학창 시절 내 머리맡에 두고 싶었던 책처럼. 아마 그런 책이 있었다면 내게 엄청난 도움이 되었을 게 분명하다. 이 책도 모두에게 도움이 되기를 바란다.

내 목표는 수학을 더 쉽게 만드는 것이 아니다. 수학은 누구에게나 결코 쉬운 과목이 될 수 없다. 수학이 쉬워야 할 이유도 없다. 나는 다만 수학이 더 많은 사람에게 다가갈 수 있도록, 수학을 탐구하고자 하는 이들이 자신의 열정과 야망에 따라 수학을 접할 수 있도록 돕고 싶을 뿐이다.

남들보다 수학을 더 잘하는 사람들은 언제나 있을 것이다. 통찰력 있는 사람들, 열정적인 사람들, 모험심 강한 사람들은 늘 있기 마련이다. 하지만 수학을 잘하려면 특별한 재능이 꼭 있어야 한다는 믿음은 거짓이다. 수학은 우리 모두의 것이다. 스스로 혹은 타인에게 위축되어 수학을 포기할 필요는 없다.

수학이 내게 가르쳐준 가장 큰 교훈 중 하나는 무언가를 이해하지 못한다는 느낌과 정면으로 마주해야만 비로소 그것을 이해할 기회가 생긴다는 것이다. 내면의 혼란스러움을 깊이 들여다보는 것이야말로 타고난 학습 능력을 이끌어내는 가장 좋은 방법인 것 같다.

그래서 수학은 어렵다. 수학은 우리가 도저히 이해할 수 없다고 느끼는 것과 정면으로 마주할 것을 요구한다. 우리는 그 대상에 진심으로 관심을 가져야 한다. 끊임없는 열등감에 휘둘리지 말고, 상상력을 발휘해 모든 느낌을 말로 표현하려고 애써야 한다. 그리고 본능적으로 도망치고 싶어질 때야말로 더욱더 용기를 내야 한다.

데카르트에게 수학은 무언가를 이해한다는 게 어떤 의미인지 온전히 경험할 수 있는 유일한 영역이었다.

나 역시 수학을 통해 이와 같은 경험을 한다. 수학은 입안에 남는 묘한 감각, 뭔가 제대로 맞지 않고 어딘가 어긋난 듯한 느낌에 주의를 기울이도록 가르쳐주었다. 또 아무것도 아닌 것처럼 보일 때조차 새로운 아이디어를 알아보고, 그 아이디어를 돌보고 세심하게 관찰하며 성장할 기회를 주는 법을 알려주었다. 내 감정에 귀 기울이는 법도 가르쳐주었다.

이제 나는 내 솔직함과 섬세함이 내 지적 능력의 가장 큰 힘이라는 것을 안다. 그리고 수학적 사고란 자기 자신에게 정직하고 자기 내면과 조화를 이루는 태도임을 깨달았다.

이런 태도를 통해 나는 지금까지도 지키고 있는 습관들을 만들었다. 또한 본질적으로 직관에 어긋나는 것이 있다는 믿음을 버렸다. '직관에 반한다'거나 '역설적'이라고 불리는 것들은 사실이 아니거나 설명이 충분하지 않은 경우가 대부분이다.

아무도 우리에게 난해하고 모순된 세계에 살라고 강요하지 않는다. 올바른 습관을 기르고, **상상하고 형식화할** 수 있는 능력에 대한 자신감을 키운다면, 우리는 언제든지 사고의 명료함을 확장할 수 있다.

아이들에게 수학을 가르치는 것도 단순히 숫자나 도형을 알려주기 위해서가 아니라, 세상을 볼 수 있는 또 다른 기회를 주기 위해서다.

무언가를 이해한다는 것은 인생에서 누릴 수 있는 큰 기쁨 중 하나다. 가끔은 왜 진작 이걸 몰랐을까 하는 아쉬움에 그 기쁨이 흐려질 때도 있다.

이제는 이런 감정에 너무 익숙해져서 별로 신경 쓰지 않는다. 속담에 이르기를 "나무를 심기에 가장 좋은 때는 20년 전이고, 두 번째로 좋은 때는 바로 지금이다."

혹시 수학에 자신이 없었는데 이 책을 통해 다시 도전해보고 싶어졌다면 이 속담을 꼭 기억해두길 바란다. 에베레스트를 오르는 감동적인 이야기가 많고 그중에는 소설처럼 흥미로운 것도 있지만, 결국 중요한 건 꾸준한 연습이다. 특히 처음 시작하는 사람에게는 산을 오르기 시작하는 첫 몇 걸음이 가장 힘들 수 있다.

내가 전하고 싶은 조언은 부끄러워하지 말고 가장 기초적이고 고전적인 증명부터 시작하자는 것이다. 증명을 정말로 이해했는지 스스로 판단하기 어렵다면 다른 사람, 예를 들어 아이에게 설명해보는 것도 좋은 방법이다.

남에게 무언가를 설명하려고 하면 내가 알고 있다고 생각했던 내용이 실제로는 제대로 정리되어 있지 않다는 걸 자주 느끼게 된다. 이런 순간은 당혹스럽고 민망할 수 있지만, 결국 그 과정을 통해 수학적으로 발전할 수 있다.

나는 무언가를 이해하려 할 때 어린아이에게 말하듯 아주 쉽게 풀어서 스스로에게 설명한다. 이 책을 쓸 때도 같은 원칙을 따랐다.

서스턴은 〈수학에서의 증명과 진보에 관하여〉라는 글에서 이처럼 아름다운 정의를 내렸다. "수학자란 인류의 수학적 이해를 한 걸음 더 나아가게 하는 사람이다." 나 역시 바로 그 일을 하고자 했다.

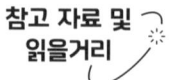

참고 자료 및 읽을거리

01 세 가지 비밀

"내게 특별한 재능은 없다. 그저 호기심이 열정적으로 많을 뿐이다." 이 문장의 원문은 "Ich habe keine besondere Begabung, sondern bin nur leidenschaftlich neugierig"로 1952년 3월 11일 아인슈타인이 전기 작가 Carl Seelig에게 보낸 편지에서 발췌했다.

"수학이 어렵다는 걱정은 하지 마. 장담컨대 수학은 내가 훨씬 더 어렵거든." 이 문장은 1943년 1월 7일 아인슈타인이 고등학생 Barbara Wilson에게 보낸 편지에서 발췌한 것이다.

"나는 직관과 영감을 믿는다"라는 아인슈타인의 말은 1929년 10월 26일 *Saturday Evening Post*에 실린 George Sylvester Viereck과의 인터뷰에서 나온 내용이다.

여러분이 접하는 아인슈타인의 어록 중 상당수는 부정확하거나 변형된 것이다. 이 책에 소개한 문장들은 아인슈타인의 공식 발언을 집대성한 Alice Calaprice의 *The Ultimate Quotable Einstein* (Princeton, NJ: Princeton University Press, 2011)을 참고해 출처를 확인하고 검증했다(한국어판 제목은 《아인슈타인이 말합니다》).

02 숟가락의 올바른 쪽

수학이라는 과목에 대한 평가는 다음과 같다.

— 2004년 갤럽 설문조사에 참여한 1,028명의 미국 청소년 중 37%가 수학을 가장 어려운 과목으로 선택했다. 관련 내용은 Lydia Saad의 기사 "Math Problematic for U. S. Teens" (갤럽, 2005년 5월 17일) 또는 https://news.gallup.com/poll/16360/math-problematic-us-teens.aspx를 참조하라.

— 2004년 갤럽이 13~17세 미국 청소년 785명을 대상으로 한 조사에 따르면, 미국 청소년의 23%가 가장 좋아하는 과목으로 수학을 꼽았으며, 이는 영어(13%)보다 훨씬 높은 수치다. 관련 내용은 Heather Mason Kiefer의 기사 "Math=Teens' Favorite School Subject" (갤럽, 2004년 6월 15일)에서 확인하거나 https://news.gallup.com/poll/12007/Math-Teens-Favorite School-Subject.aspx에서 참조하라.

— 수학은 조사 대상과 관계없이 수많은 설문조사에서 가장 싫어하는 과목으로 선정되었다.

03 생각의 힘

이 장에서는 머릿속에 원을 '그리는' 능력을 보편적 재능으로 설명하고 있지만, 이 말이 완전히 정확한 건 아니다. 2015년 영국 엑서터 대학교의 Adam Zeman 연구팀은 머릿속으로 이미지를 떠올리지 못하는 희귀 질환 아판타시아aphantasia에 대해 설명했다. 2022년 연구에 따르면, 완전한 아판타시아가 있는 사람의 비율은 약 1%로 추정된다. 자세한 내용과 참고 자료는 위키백과의 '아판타시아' 페이지에서 확인할 수 있다.

이 책을 집필할 당시, 우리 머릿속에서 벌어지는 일을 설명하는 과정은 내게 도전이었다. 전달하기 쉽고 누구나 인상적으로 받아들일 수 있는 시각적 경험에 초점을 맞추는 게 당연한 일이었다. 하지만 이따금 소외감을 느낄 수 있는 아판타시아 독자들에게는 유감의 뜻을 전하고 싶다.

책의 초판이 출간된 후, 아판타시아를 겪는 한 독자가 연락을 해와 이 장의 내용을 이야기할 기회가 있었다. 그는 원을 가로지르는 선을 '그릴' 수 없지만, 원과 선이 세 점에서 만날 수 없다는 사실은 '명백하게' 알아냈다(다만 그 이유를 설명하지는 못했다).

이 단 하나의 경험담을 과학적 연구로 간주할 수는 없지만, 16장에서 재차 강조하는 핵심 사항, 즉 수학적 직관은 다양한 모양과 형태로 존재하며, 반드시 시각적이어야 할 필요는 없다는 점을 설명하는 데 도움이 된다.

04 진짜 마법

999,999,999라는 숫자는 로마 시대 훨씬 이전인 약 4,000년 전, 바빌로니아 문명이 발명한 60진법 체계에서는 쉽게 표현할 수 있었을 것이다.

비록 로마 숫자로 적는 건 어렵지만, 이 숫자 자체는 로마인이 사용한 주판으로 계산하기 쉽고, 로마인의 주판은 암묵적으로 십진법을 따른다. 문제는 주판 밖에서 숫자를 적을 때 발생했다.

고전 시대 이후 로마 숫자는 100만, 10억 등을 표현하기 위해 확장되었다. 하지만 이런 확장에도 999,999,999라는 숫자를 쓰려면 여전히 문제가 생겼다. 많은 기호를 사용해야 했기 때문이다. 단순히 '900만'을 적을 때도 100만을 나타내는 기호를 아홉 번 반복해야 했다.

05 보이지 않는 동작

사진 속 돌고래는 빌리의 친구 웨이브다. 이 사진은 M. Bossley, A. Steiner, P. Brakes 등이 공동 저자로 참여한 과학 논문 "Tail Walking in a Bottlenose Dolphin Community: The Rise and Fall of an Arbitrary Cultural 'Fad'" (*Biology Letters*, 14권, 9호, 2018년 9월), http://

dx.doi.org/10.1098/rsbl.2018.0314에서 발췌한 것이다. 짧고 읽기 쉬운 이 논문에는 흥미로운 내용이 많이 포함되어 있다.

"이기려는 게 아니라, 지지 않으려 했을 뿐이다." 포스버리의 이 말은 2014년 인터뷰 영상(https://www.youtube.com/watch?v=gGqQXDkpgss)에서 옮겨왔다.

"이제 꽤 많은 아이들이 제 방식에 도전할 것 같군요. 하지만 결과를 보장하지도 않을뿐더러 제 스타일을 감히 추천하지도 않아요." 이 문장은 Joseph Durso의 기사 "Fosbury Flop Is a Gold Medal Smash" (*New York Times*, 1968년 10월 22일)에서 인용되었다.

06 수학책은 읽는 게 아니야

Bulletin of the American Mathematical Society, 30호(1994), 161~177쪽에 실린 서스턴의 논문 "On Proof and Progress in Mathematics"는 https://arxiv.org/pdf/math/9404236.pdf에서 확인할 수 있다.

07 어린아이처럼

"우스꽝스러운 논문"이라는 문구는 알렉산더 그로텐디크와 장 피에르 세르의 서신을 모은 *Correspondance Grothendieck-Serre* (ed. Pierre Colmez et Jean-Pierre Serre, Paris, Société mathématique de France, 2001)에 등장한다. 이중 언어판은 2004년 미국 수학회와 프랑스 수학회가 공동으로 출판했다.

그로텐디크의 이 말을 정확히 표현하면 "emmerdante rédaction"으로, 거친 어조의 프랑스어나 영어로는 그 뉘앙스를 오롯이 담기 어렵다(단순히 "성가신 글"이라는 표현도 너무 부드럽다).

세르의 인용문은 2018년 11월 27일 콜레주 드 프랑스 위고 재단에서 나눈 Alain Connes(1982년 필즈상을 수상한 뛰어난 수학자)과의 흥미로운 대화에서 발췌한 것이다. 그로텐디크와 세르의 성격에 관한 이 남다른 통찰력은 https://www.youtube.com/watch?v=pOv-ygSynRI에서 확인할 수 있다.

별다른 언급이 없는 한, 그로텐디크의 인용문은 *Récoltes et Semailles: Réflexions et témoignage sur un passé de mathématicie*, 2권 (Paris: Gallimard, 2022)에서 발췌했다. 이 책의 영문판을 MIT 출판부에서 준비 중이다.

1980년대에 그로텐디크는 이 책이 크리스천 부르주아 출판사에서 출간될 것으로 기대하며 심지어 서문까지 썼다. 하지만 결국 출간되지 않았다.

작품이 난해하다는 점만으로는 이 중요한 작품이 오랫동안 세상에 등장하지 못한 이유를 완전히 설명하기 어렵다. 더 직접적인 설명은 원고에 포함된 근거 없는 비난 때문인데, 그로텐디크는 이를 수정하거나 삭제하기를 거부했다. 특히 그는 제자들이 그의 연구를 버리고 "매장했다"라며 비난했는데, 이는 터무니없는 주장이다(이와 관련해서는 1985년 7월 23일 그로텐디크에게 보낸 세르의 서신에서 정확한 답변을 참조할 수 있다). 또 다른 비난은 노골적인 명예훼손에 해당되어 출판사가 명예훼손 혐의로 피소당할 위험이 있었다.

2000년대에는 그로텐디크 서클이라는 단체가 결성되어 *Récoltes et Semailles*뿐만 아니라 또 다른 심오하고 난해한 작품 *La Clef des Songes* 등 수많은 미출간 원고와 문서들을 편집하고 공개하는 작업을 진행했다.

이 작업은 그로텐디크가 2010년 1월 3일에 배포한 "출간 미동의 선언문" 이후 중단되었고, 그는 이 선언문에서 다음과 같은 의견을 밝혔다. "나는 내 저작물이나 텍스트를 어떤 형태로든 출판하거나 재출간할 의사가 없다. (⋯) 과거에 내 동의 없이 출판되었거나 앞으로 내 생전에 내 명확한 의사에 반하여 출판되거나 유포되는 모든 글은 불법이다."

하지만 한 달 후인 2010년 2월 3일, 그로텐디크는 수학자 Frans Oort에게 보낸 편지에서 *Récoltes et Semailles*의 중요성을 재확인했으며, 이 내용은 Ching-Li Chai와 Frans Oort가 공저한 "Life and Work of Alexander Grothendieck", *Notice ICCM* 5, 1호(2017), 22~55쪽에 인용되어 있다. "수학자로서 살아온 내 삶에 대한 이 '성찰과 증언'이 물론 읽기 어렵다는 걸 인정한다. 하지만 다른 이들은 몰라도 내게는 많은 의미가 있다!"라는 인용문도 이 책의 영문판에서 발췌했다.

그로텐디크의 전기에 대한 훌륭한 입문서로는 두 편으로 구성된 Allyn Jackson의 기사 "*Comme Appelé du Néant* — As If Summoned from the Void: The Life of Alexandre Grothendieck"가 있다. 이 기사는 2004년 *Notices of the American Mathematical Society*, 50권, 4호(2004), 1038~1056쪽 및 51권, 10호(2004), 1196~1212쪽에 각각 실렸다. 온라인 문서는 https://www.ams.org/notices/200409/fea-grothendieck-part1.pdf; https://www.ams.org/notices/200410/fea-grothendieck-part2.pdf를 참조하라.

08 촉각 이론

점과 오목의 관점에서 촉각 이론을 설명하는 부분은 실제 수학 연구 논문을 연상시키는 문체로 쓰여 있다. 이 부분이 마음에 든다면 공식 수학 논문도 좋아할 것이다. 이와 관련해 빌 서스턴의 "On Proof and Progress in Mathematics," *Bulletin of the American Mathematical Society*, 30호(1994), 161~177쪽, https://arxiv.org/pdf/math/9404236.pdf)를 추천한다.

09 여기서 뭔가 일어나고 있다

3차원에는 정사면체(네 면), 정육면체(여섯 면), 정팔면체(여덟 면), 정십이면체(열두 면), 정이십면체(스무 면) 등 5개의 볼록한 정다면체(정확한 정의는 살짝 어렵지만 모든 면이 합동인 정다각형으로 이루어진 입체도형이다)가 있다.

이 다섯 가지 정다면체는 수천 년 동안 알려져왔으며, 특히 플라톤의 대화편 중 하나인 *Timaeus*에 언급되어 있다. 플라톤은 단순히 오래전부터 알고 있던 지식을 재현한 것일 뿐이지만, 이후 이 다섯 가지 다면체는 플라톤의 다면체로 알려진다.

정다면체의 개념은 모든 차원으로 일반화되어 정다포체라고도 불린다. 정다포체는 Ludwig Schläfli(1814~1895년)와 H. S. M. Coxeter(1907~2003년)의 연구 덕분에 완전히 분류되었다. 이 분류 과정 중 매우 특별하게 두드러진 E_8이라는 예외적인 구조가 8차원에서 등장하는데, E_8은 뒤의 15장 설명에서 다시 소개하겠다.

"들리뉴가 나보다 낫죠." 그로텐디크는 George Mostow(1923~2017년)와의 사적인 대화에서 이렇게 말했으며, Mostow는 내게 직접 이 말을 전했다.

피에르 들리뉴의 아벨상 인터뷰는 두 명의 수학자 Martin Raussen과 Christian Skau의 대담 형식으로 진행되었다. 인용문은 https://www.youtube.com/watch?v=MkNf00Ut2TQ에 제공된 실시간 인터뷰 내용을 그대로 옮겨놓은 것이다. 공식 녹취록은 2014년 *Notices of the American Mathematical Society*(https://www.ams.org/notices/201402/rnoti-p177.pdf)에서 확인할 수 있다.

10 보는 기술

빌 서스턴의 어린 시절은 수학자 David Gabai와 Steve Kerckhoff가 쓴 "William P. Thurston, 1946-2012," *Notices of the American Mathematical Society*, 62권, 11호(2015년 12월), 1318~1332쪽 및 63권, 1호(2016년 1월), 31~41쪽에 소개되어 있다. 온라인은 http://www.ams.org/notices/201511/rnoti-p1318.pdf 및 https://www.ams.org/notices/201601/rnoti-p31.pdf를 참조하라.

서스턴의 기하학적 직관에 관해서는 미네소타 대학교 기하학 연구소에서 그의 증명을 각색하여 제작한 애니메이션 영화 *Outside In*과 1996년 예루살렘 히브리 대학교에서 서스턴이 진행한 강의 Landau Lectures를 적극 추천한다. 이 모든 동영상은 온라인에서 쉽게 찾아볼 수 있다.

색맹에 관해 말하자면 남성의 색맹 빈도가 8%라는 수치는 북유럽 인구를 기준으로 한 추정치다(https://en.wikipedia.org/wiki/Color_blindness). 색맹은 단백질의 발현을 차단하는 유전 암호의 오류에서 비롯된 열성 돌연변이이며, 해당 유전자는 X 염색체에 존재한다. 이 사실과 기본적인 수학을 이용하면 여성의 색맹 빈도가 남성 빈도의 제곱인 이유를 설명할 수 있다.

1798년에 발표한 존 돌턴의 논문 "Extraordinary Facts relating to the Vision of Colors"에는 그 소통이 1794년 10월 31일에 이뤄졌다고 적혀 있다. 이 글은 놀랍도록 잘 쓰여 있으며 오늘날에도 매우 읽기 쉬운 문장으로 이루어져 있다.

"사람들은 내가 어떻게 4차원이나 5차원을 시각화하는지 잘 모른다." 서스턴의 이 발언은 Leslie Kaufman이 쓴 *New York Times*의 2012년 8월 22일자 기사 "William P. Thurston, Theoretical Mathematician, Dies at 65"에 실려 있다.

Elliot McCaffrey가 감독한 다큐멘터리 *The Boy Who Sees without Eyes* (2007년, 온라인에서 시청 가능)를 보면 벤 언더우드의 능력을 알 수 있다. 인간의 반향 위치에 관한 연구에 따르면 시각 장애인은 이 능력을 사용할 때 시각 정보를 처리하는 뇌 영역이 활성화되는 것으로 나타났다(https://en.wikipedia.org/wiki/Human_echolocation).

11 공과 방망이

대니얼 카너먼의 인용문은 *Thinking, Fast and Slow* (New York: Farrar,

Straus and Giroux, 2011)에서 발췌했다(한국어판 제목은《생각에 관한 생각》).

12 요령은 없다

빌 서스턴에 관한 일화는 David Gabai와 Steve Kerckhoff가 쓴 "William P. Thurston, 1946-2012", *Notices of the American Mathematical Society*, 62권, 11호(2015년 12월), 1318~1332쪽 및 63권, 1호(2016년 1월), 31~41쪽 인물 부분에 소개되어 있다. 온라인은 http://www.ams.org/notices/201511/rnoti-p1318.pdf 및 https://www.ams.org/notices/201601/rnoti-p31.pdf를 참조하라.

13 바보처럼 보이기

피에르 들리뉴의 인용문은 2014년 아벨상 수상자인 Martin Raussen과 Christian Skau의 인터뷰(https://www.youtube.com/watch?v=MkNf00Ut₂TQ) 또는 *Notices of the American Mathematical Society*(https://www.ams.org/notices/201402/rnoti-p177.pdf)에서 발췌한 것이다.

14 무술

"코끼리나 표범처럼"이라는 인용문은 1649년 3월 3일 데카르트가 Pierre Chanut에게 보낸 편지에서 발췌한 것으로, Charles Adam과 Paul Tannery가 엮어낸 *Œuvres de Descartes* (Leopold Cerf, 1897~1913)에 수록되어 있으며, 위키백과(https://fr.wikisource.org/wiki)에서 확인할 수 있다. Chanut는 스웨덴 주재 프랑스 대사였을 뿐만 아니라 데카르트의 절친한 친구이기도 했다.

데카르트는《방법서설》을 프랑스어로 집필했다(이 책의 원제는 *Discours de la méthode pour bien conduire sa raison, et chercher la vérité dans les sciences*). 그가 당대 학계의 관행이던 라틴어 대신 자국어를 선택한 것은 매우 이례적인 일이었다. 데카르트는 자신의 메시지가 (당시 남성 중심이었던) 학계와 신학계를 넘어 더 폭넓은 대중에게 전달되길 바랐으며, "여성과 어린이도 쉽게 이해할 수 있도록" 표현하려 했다고 설명했다.

이 인용문들은 Ian Maclean의 영어 번역본(Oxford: Oxford University Press, 2006)에서 발췌했다. 데카르트가 세 가지 꿈을 회상한 글은 현재는 유실된 *Olympica*라는 텍스트에 실려 있었으며, 이 텍스트는 그의 첫 전기 작가인 Adrien Baillet(1649~1706년)가 1691년에 펴낸 *La vie de Monsieur Descartes*의 필사본을 통해서만 알려져 있다. Baillet는 많은 원본 문서와 직접적인 증언에 접근할 수 있었으며, 그의 저서는 데카르트의 삶과 업적, 특히 1619년 11월 10일에서 11일 밤에 일어난 중요한 사건을 이해하는 데 독보적인 참고 자료로 남아 있다.

꿈에 관한 모든 인용문과 세부 내용은 Baillet가 검증할 수 없는 방식으로 *Olympica*를 재구성한 내용을 바탕으로 한다. 또한 *L'art d'escrime*(The art of fencing)에 관한 정보 역시 Baillet만이 유일한 출처다.

6장의 주제를 반영하듯, Baillet의 책에는 데카르트에 대한 흥미로운 부연 설명도 담겨 있다. "데카르트가 많은 독서를 했다고는 할 수 없고, 소장한 책도 적었으며, 사후 소지품에서 발견된 책들 대부분은 친구들에게 받은 선물이었다."

《정신 지도의 규칙》은 라틴어로 쓰였다(라틴어 원제는 *Regulae ad Directionem Ingenii*). 인용문은 John Cottingham, Robert Stoothoff, Dugald Murdoch의 영어 번역본 *The Philosophical Writings of Descartes* (Cambridge: Cambridge University Press, 1985)에서 발췌한 것이다.

15 경외감과 마법

칸토어에 관한 일화와 인용문은 https://en.wikipedia.org/wiki/Georg_Cantor에서 가져온 것이다.

세잎매듭과 풀린 매듭이 실제로는 서로 다른 매듭임을 '증명'하는 대략적인 방법은 다음과 같다. 두 매듭이 서로 다름을 입증하려면 그 둘을 구분할 수 있는 '매듭 불변량'을 찾는 것이다. 매듭 불변량이란 매듭을 어떻게 그리든(어떤 다이어그램으로 표현하든) 항상 똑같이 유지되는 공통 성질을 말한다.

'삼색성tricolorability'은 이 증명에 유용하고 간단한 매듭 불변량이다. 매듭에 삼색성이 있다고 하려면 매듭의 각 '조각'(여기서 조각은 시각적으로 분리되어 보이는 부분, 즉 한 선이 다른 선 아래를 통과하는 교차점에서 둘로 '나뉘는' 선들)을 세 가지 서로 다른 색으로 칠할 수 있어야 하며 다음 규칙을 따라야 한다.

— 각 조각은 반드시 한 가지 색으로만 칠해야 한다.
— 세 가지 색이 모두 한 번 이상 사용되어야 한다.
— 각 교차점에서 해당 교차점에 모이는 세 조각(위에 있는 조각과 아래에 있는 두 조각)은 모두 같은 색이거나 모두 다른 색이어야 한다.

언뜻 보기에는 명확하지 않지만, 삼색성은 실제로 매듭 불변량임을 증명할 수 있다(즉 어떤 매듭이 삼색 가능한지는 여부는 실제 다이어그램이 아니라 매듭 그 자체에만 의존한다). 이 사실을 증명하기 위해 먼저 수학자 Kurt Reidemeister(1893~1971년)의 정리를 사용한다. 이 정리에 따르면, 두 매듭이 같은 매듭이라면 일련의 기본 변형(라이데마이스터 변형)을 통해 하나의 매듭에서 같은 종류의 다른 매듭으로 변환될 수 있어야 한다(이 정리의 증명은 다소 기술적이다). 그리고 나서 각 라이데마이스터 변형이 삼색 가능성을 보존한다는 사실을 관찰하면 된다(이 부분이 더 쉽다).

예를 들어 세잎매듭은 삼색이 가능하지만, 풀린 매듭은 당연히 삼색이 불가능하다(풀린 매듭은 하나의 조각으로만 이루어져 있으므로 세 가지 색을 모두 사용할 수 없다).

만약 세잎매듭과 풀린 매듭이 같은 매듭이었다면, 둘 다 삼색이 가능하

거나 둘 다 삼색이 불가능했을 것이다. 따라서 이처럼 두 매듭을 구분할 수 있는 매듭 불변량을 보여주면 두 매듭이 서로 다름을 증명할 수 있다.

물론 이 방법으로 결과를 증명할 수 있어도 삼색성의 정의는 1부터 100까지의 자연수 합을 구하는 유명한 '요령'만큼 자의적으로 보일 수 있다.

언제나 그렇듯이 겉보기 '요령'은 그 이면에 더 깊은 이해 방식이 존재함을 암시한다. 안타깝게도 이를 간단하게 설명하는 게 쉽지 않다. 여기에는 몇 마디로 표현하기 어려운 일종의 직관이 포함되어 있다.

복잡한 풀린 매듭 다이어그램에 관한 흥미로운 논의가 MathOverflow 사이트에서 진행되었다. 이 논의는 1998년 필즈상 수상자 Timothy Gowers가 시작한 것으로, 제목은 "Are There Any Very Hard Unknots?"이다(해당 링크는 https://mathoverflow.net/questions/53471/are-there-any-very-hard-unknots).

이 장에 등장하는 '복잡한' 풀린 매듭은 이른바 '고르디우스 매듭Gordian knot'으로, 독일 수학자 Wolfgang Haken(1928~2022년)이 만든 것이다. Haken은 Kenneth Appel과 함께 유명한 '4색 정리four color theorem'를 증명한 것으로 가장 잘 알려져 있다.

"Haken's Gordian Knot Animation"이라는 제목의 짧은 유튜브 영상에서는 이 매듭이 풀린 매듭인 이유를 보여준다(https://www.youtube.com/watch?v=hznI5HXpPfE).

케플러의 추측에 관해 말하자면, 톰 헤일스의 증명은 엄청난 양의 컴퓨터 계산을 필요하지만, 동시에 심오하고 독창적인 '개념적' 요소도 포함하고 있다. 이 추측은 유한한 수의 계산으로 환원될 수 있으며, 실제로 이 계산을 컴퓨터가 수행할 수 있다는 건 처음부터 전혀 자명하지 않았다.

컴퓨터를 이용한 증명은 수학계에서 논쟁의 대상이 되고 있다. 아무도 그 증명을 직접 읽고 이해할 수 없다면 과연 증명으로 간주할 수 있을까? 그리고 그 증명을 수행하는 소프트웨어 자체가 올바른지 어떻게 검증할 수 있을까?

톰 헤일스는 초기 증명 이후 자신의 증명을 '공식화 formalizing'하는 야심 찬 프로젝트를 시작했다. 즉 컴퓨터 기반의 증명을 만들어 그 자체의 타당성을 검증하는 것이 목표였고, 헤일스의 시도는 성공을 거두었다. 이 프로젝트에 대한 자세한 내용은 "Formalizing the Proof of the Kepler Conjecture"라는 제목의 연구 프레젠테이션에 설명되어 있으며 유튜브에서 확인할 수 있다(https://www.youtube.com/watch?v=DJx8bFQbHsA).

2014년 파리에서 진행한 이 프레젠테이션은 일반 대중을 위한 것이 아니었으므로, 외부인들에게는 현대 수학 연구의 '살아 있는' 현실을 엿볼 흥미로운 기회가 될 것이다.

8차원과 24차원에서 가장 조밀한 구 배치를 결정할 수 있는 이유는 이 차원들에만 존재하는 특이한 기하학적 구조 덕분이다. 이 구조는 일반적인 경우보다 특별히 조밀한 배치를 가능하게 한다. 마리나 비아조브스카가 사용한 방법도 이런 특정 현상에 의존하며 이 차원들에 특화되어 있다.

8차원에서의 예외적 구조는 E_8 격자(다포체의 분류에 대한 9장의 참고 사항 참조)라고 불리며, 관련 구 배치에서 인접한 구체 사이의 접점 수('키스 수 kissing number'라고 한다)는 240개다.

24차원에서의 구 배치의 기하학적 구조는 24차원에만 존재하는 특이한 구조, '리치 격자Leech lattice'를 따른다(https://en.wikipedia.org/wiki/Leech_lattice 참조). 이때 키스 수는 196,560개인데, 이는 20장에서 언급한 '몬스터 군'과 관련된 차원, 196,883차원을 떠오르게 한다. 이 두 수가 비슷하다는 사실은 단순한 우연이 아니다. 수학자들은 이런 종류의 수비학적numerological 기이함이 훨씬 더 깊은 연결의 신호라는 사실을 잘 알고 있다. 몬스터 군은 가장 흥미로운 수학적 객체 중 하나로, 특히 '가공할 헛소리monstruous moonshine'를 비롯해 여러 특이한 구조들과 연결되어 있다(https://en.wikipedia.org/wiki/Monstrous_moonshine 참조).

17 우주를 통제한다는 것

방대한 위키백과 자료 외에 유나바머에 대한 주요 출처는 다음과 같다.

— 테드 카친스키의 어린 시절에 관한 그의 남동생 데이비드 카친스키와의 TV 인터뷰(https://www.youtube.com/watch?v=K2oH5pFWEjo).

— 그의 일기에서 발췌한 내용: David Johnston, "In Unabomber's Own Words: A Chilling Account of Murder", *New York Times*, 1998년 4월 29일.

— 아메리칸 항공 444편 공격 관련: Stephen J. Lynton 및 Mike Sager, "Bomb Jolts Jet", *Washington Post*, 1979년 11월 16일.

유니비머의 선언문은 *Washington Post* 웹사이트(https://www.washingtonpost.com/wp-srv/national/longterm/unabomber/manifesto.text.htm)에서 확인할 수 있다.

— 공격 및 수사 과정 관련 세부 사항: 2014년 11월 19일 새크라멘토 지방법원에서 열린 기자회견에서 다루어졌으며, 해당 영상은 C-SPAN에서 촬영 및 방영되었다(https://www.c-span.org/video/?322849-1/unabomber-investigation-trial).

— 수사에 대한 빌 서스턴의 기여: Steven G. Krantz의 저서 *Mathematical*

Apocrypha: Stories and Anecdotes of Mathematicians and the Mathematical (Mathematical Association of America, 2002)에 언급되어 있다.

그리고리 페렐만의 (거짓인 게 분명한) 첫 번째 인용문("내가 이미 우주를 통제할 수 있는데 100만 달러가 무슨 소용이 있겠는가")은 페렐만의 절친이자 그에 관한 다큐멘터리를 준비 중이라고 주장한 '기자 겸 프로듀서'가 보도한 것이다. 이 인용문은 러시아 타블로이드 *Komsomolskaïa Pravda*에 반복 게재되었으나, 해당 다큐멘터리는 실제로 제작되지 않았고, 출처 역시 의심스럽다.

페렐만의 두 번째 인용문("돈과 명예에는 관심이 없다")은 *BBC News*의 2010년 3월 24일자 기사 "Russian Maths Genius Perelman Urged to Take \$1m Prize"에서 발췌했다(http://news.bbc.co.uk/2/hi/europe/8585407.stm).

빌 서스턴과 무아드의 MathOverflow에서의 대화는 https://mathoverflow.net/questions/43690/whats-a-mathematician-to-do 에서 확인할 수 있다. 서스턴은 "나는 진실한 글을 쓰려고 노력한다. 이제는 내가 어떻게 평가받을지 걱정할 필요가 없기에 글 쓰는 게 훨씬 수월하다"라고 말하기도 했는데, 이는 에필로그에서 다룬 주제와 맞닿아 있다. 즉 이해라는 인간의 경험을 이야기하려면 수학자들은 수학 공동체 내에서 '진지하지 않은' 주제를 다루는 일에 망설이지 않아야 한다. 세계적인 수학자들조차 하디의 저주에 위축될 수 있다.

18 방 안의 코끼리

동물 종을 구성하는 요소를 엄격하게 정의할 수 없다는 종 문제는 널리 논의되어온 인식론적 문제다.

더미의 역설(그리스어로 더미를 뜻하는 sorites에서 유래해 소리테스 역설이라고도 한다)은 인간 언어의 모호함을 보여주는 또 다른 고전적인 문제 중 하나다. 모래 더미에서 모래를 한 알씩 꺼내도 여전히 더미로 남아 있지만 계속 꺼내다 보면 어느 순간 더 이상 더미가 아니게 된다. 그렇다면 그 경계는 어디일까? 이 역설은 기원전 4세기 그리스 철학자 에우불리데스가 제기한 대머리의 역설과도 비슷하다. 즉 사람의 머리카락 한 올을 뽑는다고 해서 당장 대머리가 되는 건 아니지만, 그렇다고 대머리와 대머리가 아닌 상태의 경계를 명확히 정의할 수는 없다.

루트비히 비트겐슈타인의 인용문은 1949년에 완성되어 1953년 비트겐슈타인 사후에 출판된 *Philosophical Investigations* 4판 (Oxford: Wiley-Blackwell, 2009)의 106~107 단락에서 발췌한 것이다. 그러나 경력 초기에 비트겐슈타인은 버트런드 러셀의 논리주의적 입장에 가까웠으며, 이는 *Philosophical Investigations*에서 보인 관심사와는 대조적이다(이 책의 에필로그 참조). 비트겐슈타인의 후기 저작은 이 장뿐만 아니라 19장과도 훌륭한 보완 관계를 이룬다. 특히 가장 접근하기 쉬운 책은 아마도 그의 노트에서 사후에 정리된 짧은 저작 *On Certainty*일 것이다(한국어판 제목은 《확실성에 관하여》).

19 추상적이고 모호한 세계

추상적 개념의 본질에 관한 질문은 철학에서 '보편자의 문제the problem of universals'로 알려져 있다. '실재론'의 입장은 이런 개념들이 인간의 인식과는 독립적으로 존재하는 '실재'적인 것이라고 주장한다. 반면 '명목론'과 그 변형인 '개념론'의 입장은 추상적 개념이 단지 언어적 구성물(또는 인간의 정신에만 존재하는 것)이라고 주장한다. 역사적으로는 실재론의 입장이 우세했으나, 중세 유럽에서는 이 문제가 '보편자 논쟁'으로 번지며 격렬한 논의 대상이 되었고, 특히 Pierre Abélard(1079~1142년)와 William of Ockham(1285~1347년)의 개념론적 입장은 교회로부터 비판을 받기도 했다. 흥미롭게도 현재의 딥 러닝 기술의 발전은 명목론 및 개념론의 입장을 정당화하는 결과를 보여주고 있다.

뉴런의 전문화와 관련해 유명한 '제니퍼 애니스턴 뉴런Jennifer Aniston neuron'에 대한 논문이 2005년 *Nature*에 소개되었다. 이 뉴런은 특정 이미지 중에서 배우 제니퍼 애니스턴의 모습에 유독 반응하는 것으로 나타났다. 해당 연구는 R. Quian Quiroga, L. Reddy, G. Kreiman 등이 공저한 "Invariant Visual Representation by Single Neurons in the Human Brain", *Nature*, 435호(2005), 1102~1107쪽에서 확인할 수 있다.

20 수학적 깨달음

빌 서스턴의 두 인용문은 Mircea Pitici가 편집한 *The Best Writing on Mathematics, 2010* (Princeton, NJ: Princeton University Press, 2011) 서문에서 발췌한 것이다.

그로텐디크의 인용문은 *Harvests and Sowings*에서 발췌했다.

Bob Thomason과 Tom Trobaugh가 공저한 논문의 제목은 "Higher Algebraic K-Theory of Schemes and of Derived Categories"으로, *The Grothendieck Festschrift*, 3권 (Boston: Birkhäuser, 1990), 247~429쪽에 실려 있다.

수학 철학은 전통적으로 완벽한 수학적 실체로 이루어진 평행 세계의 '존재'에 관한 논쟁을 다루며, 주로 플라톤주의(그 실체가 실제로 존재한다고 주장)와 형식주의(수학은 종이에 적힌 잉크에 불과하며 기계적 추론의 형식적 게임일 뿐이라고 주장)가 대립해왔다.

Reuben Hersh(1927~2020년)는 "Some Proposals for Reviving the Philosophy of Mathematics"(*Advances in Mathematics*, 31권(1979), 31~50쪽)에서 "전형적인 '현역 수학자'는 평일에는 플라톤주의자이고 일요일에는 형식주의자"라고 지적한다.

실제로 수학적 대상이 '실제로 존재한다'는 환상 속에 빠져들지 않으면 아무런 작업도 할 수 없지만, 장인 장모(혹은 시부모)가 직업이 뭐냐고 궁금해할 때는 컴퓨터 같은 계산 작업을 한다고 설명하는 편이 더 안전하다.

Hersh는 두 입장 모두 똑같이 지지할 수 없고 이 논쟁 자체가 완전히 무의미하다고 주장한다. "플라톤주의와 형식주의의 대립은 수학을 비인간적인 현실에 뿌리내리려는 시도에서 비롯된다. 수학을 의심할 여지 없는 진리의 원천으로 삼아야 한다는 의무를 포기한다면 수학의 본질을 인간의 정신 활동으로 받아들일 수 있다."

1979년에 발표된 Hersh의 탁월한 논문은 수학을 특정한 인간 활동으로 정의하는 개념이 가장 명확하게 제시된 최초의 기록으로, 서스턴보다 수십 년 앞선다.

에필로그

스리니바사 라마누잔은 1913년 1월 16일 G. H. 하디에게 보낸 첫 번째 편지에서 자기 나이가 스물세 살이라고 주장했다. 그러나 라마누잔은 1887년 12월에 태어났으므로 실제로는 스물다섯 살이었을 것이다. 나는 이 불일치를 설명해줄 자료를 찾지 못했다.

하디의 *Principia Mathematica*에 대한 서평은 "The New Symbolic Logic"이라는 제목으로 문학 잡지 *Times Literary Supplement* 1911년 9월 7일자에 실렸다.

러셀은 하디에게 다음과 같은 악몽을 꾸었다고 이야기했다. 먼 미래, 대형 대학 도서관이 소장한 *Principia Mathematica*는 단 한 권뿐이었고, 도서관 직원이 공간 확보를 위해 쓸모없어진 책을 서가에서 골라내다 마지막 남은 수학 원리 책을 집어 들고 망설였다는 내용의 꿈이다. 이 일화는 하디의 저서 *A Mathematician's Apology*에 소개되었다(한국어판 제목은 《어느 수학자의 변명》).

*Principia Mathematica*를 뒷받침하는 형식주의 프로젝트는 비인간적인

성향을 넘어 논리적 관점에서도 문제가 있다. Kurt Gödel(1906~1978년)은 1931년 불완전성 정리를 통해 *Principia Mathematica*와 같은 형식주의 체계에는 항상 '결정 불가능한' 명제(즉 명제 자체를 증명할 수 없고 그 부정도 증명할 수 없는 명제)가 포함된다는 사실을 증명했다.

파리 고등사범학교 1학년 때, 나는 친구 Xavier Viennot가 진행하는 강의에 참여했다. 그 강의에서 Viennot는 레고나 테트리스 블록과 비슷한, 머릿속으로 조작할 수 있는 독특한 '직관적' 대상들을 소개했고, 우리는 이 대상을 통해 라마누잔의 몇몇 결과가 '시각적으로 명백하다'는 것을 알아냈다. 이 놀라운 경험은 수학에 대한 내 인식을 완전히 바꿔놓았다. 라마누잔의 난해한 공식들조차 사실은 단순하고 미묘한 비언어적 직관을 옮긴 것일 수 있다는 사실을 깨달았기 때문이다. 라마누잔의 접근 방식을 잘 보여주는 예가 2019년 첸나이(구 마드라스)에서 진행한 프레젠테이션 "Proofs without Words: The Example of Ramanujan Continued Fractions"이다(http://www.xavierviennot.org/coursIMSc2017/lectures_files/RamanujanInst_2017.pdf). 동영상은 https://www.youtube.com/watch?v=jQchTFnKBQs를 참조하라.

에필로그에 인용된 기타 문헌은 다음과 같다.

— Alfred North Whitehead and Bertrand Russell, *Principia Mathematica*, 1권 (Cambridge: Cambridge University Press, 1910).
— Misha Gromov, "Math Currents in the Brain," in *Simplicity: Ideals of Practice in Mathematics and the Arts*, ed. R. Kossak and P. Ording (Cham: Springer, 2017).
— Hardy, *A Mathematician's Apology*.

감사의 글

제 첫 번째 독자 엘렌 프랑수아에게 깊은 감사를 전합니다. 그녀의 너그러움과 따뜻한 마음과 선견지명 덕분에 이 책이 탄생할 수 있었습니다.

제 친구들인 파루크 부세킨, 미셸 브루에, 니콜라 코헨, 엘렌 드뱅크, 마리옹 구제, 바질 파누르지아스, 제롬 수비랑 역시 집필 초기 단계에서 시험 독자이자 토론 상대가 되어주었습니다. 이들의 도움에 깊이 고마움을 전합니다.

이 영어판은 단순한 번역을 넘어서는 작업이었습니다. 오랫동안 영어는 수학을 글로 쓸 때 사용하는 유일한 언어였기에, 처음에는 수학에 관한 글에 가장 적합한 언어라고 생각했습니다. 하지만 이 책이 감정적으로 정확하게 전해지길 바랐습니다. 제 안의 어린아이가 쓰는 모국어인 프랑스어로 돌아가야 그 목표를 이룰 수 있다는 사실도 곧바로 깨달았고요. 아이러니하게도, 여전히 많은 문장이 자연스럽게 영어로 먼저 떠올라 그걸 다시 프랑스어로 옮겨야 했습니다.

조용히 구상했던 계획은 첫 영어판이 완전한 개정판이 되는 것이었습니다. 이를 가능하게 해주고 아낌없는 노력을 기울여준 진 톰슨 블랙과 예일 대학교 출판부에 진심으로 감사드립니다.

케빈 프레이와 함께 작업하는 것은 큰 즐거움이었습니다. 그의 초기 번역본은 이미 제 내면의 목소리와 잘 어우러져 수정 작업을 자연스럽고 수월하게 진행할 수 있었습니다. 이 과정은 영어로 직접 진행되었으며, 케빈과 저는 손발을 맞추어 함께 작업했습니다. 원서와 비교해 큰 변화는 없지만, 일부 구절은 새롭게 다듬고 명확하게 고쳤으며, 문장과 단락에서 여러 세세한 수정을 거쳤습니다. 인내심과 호기심을 보여준 케빈에게 감사드립니다.

또한 이 책에 세심한 피드백을 준 익명의 검토위원 세 분과 원서에 대해 의견을 보내주어 개선 방향을 제시해준 수많은 독자 여러분께도 감사를 전합니다.

예일 대학교 출판부의 모든 팀원에게 감사드리고, 특히 엘리자베스 실비아와 조이스 이폴리토에게 특별한 감사를 전합니다. 교정 작업을 맡아준 로빈 뒤블랑에게도 고마움을 표합니다.

원고를 처음 읽었을 때 "프랑스어로 쓴 미국 책 같다"라고 평해준 원서 편집자 미레유 파올리니에게도 감사드립니다. 이번 판이 그녀의 기대에 부응하길 바랍니다. 미레유의 절대적인 신뢰와 변함없는 헌신에 깊이 감사드립니다. 또한 세이유 출판사의 모든 팀원들, 특히 아드리앵 보스크, 위그 잘롱, 세브린 니켈, 에마뉘엘 비고, 뮈리엘 브라미, 베네딕트 제르베, 조세핀 그로스, 비르지니 페롤라즈에게 고마움을 전하고, 두말할 필요 없이 마리아 블라슈와 해외저작권팀에게도 감사의 말씀을 전합니다. 아름다운 일러스트를 그려준 엘레오노르 라모글리아에게도 고마움을 표합니다.

성의껏 글을 읽고 코멘트를 해준 아르다방 베이귀, 파브리스 베르트랑, 시몽 부아시노, 에마뉘엘 브레이야르, 올리비아 퀴스테, 뤼카 데르노브, 막심 데르노브, 니콜라 프랑수아, 아르템 코제브니코브, 뱅상 레비, 프랑수아 로에제, 라파엘 루키에, 뱅상 샤슈테, 클로디아 세닉, 마르그리트 수비랑, 사라 스테른, 솔랄 스테른, 막심 베르네, 아가스 베르낭에게 감사의 말을 전합니다.

문서 작업과 저작권 허가에 도움을 준 소피 쿠코야니스와 갈리마르 출판사, MIT 출판부, 마이크 보슬리, 스티브 크란츠, 로랑 플뢰리, 데이비드 가베이, 스티븐 케르코프, 레이철 핀들리에게도 감사드립니다.

그리고 제게 사고하는 법을 가르쳐준 모든 분께 감사의 마음을 전합니다.

옮긴이 **고유경**

영국 카디프 대학교 저널리즘 스쿨에서 언론학 석사학위를 받았다. 오롯이 내게 물들 수 있는 '몰입의 즐거움'을 찾아 번역가의 길을 걷게 되었다. 현재 학원 수학 강사로 재직 중이며 글밥 아카데미 출판번역과정을 수료하고 전문번역가로 활동 중이다. 옮긴 책으로 《수학의 아름다움이 서사가 된다면》, 《딱 하루만 수학자의 뇌로 산다면》, 《수학은 어떻게 문명을 만들었는가》, 《숫자 없는 수학책》, 《참회의 수학》, 《나는 수학으로 세상을 읽는다》 등 다수의 수학 교양서를 번역했다.

수학을 못한다는 착각

초판 1쇄 펴낸날 2025년 9월 22일

지은이 다비드 베시 | 옮긴이 고유경
디자인 조성미 | 제작 제이오
펴낸이 김민정 | 펴낸곳 두시의나무
주소 경기도 부천시 소향로13번길 14-22 8층 802호
출판등록 제2017-000070호
전화 032-674-7228 팩스 070-7966-3288
전자우편 dusinamu@gmail.com

ISBN 979-11-988762-3-2 03410

잘못된 책은 구입하신 서점에서 교환해 드립니다.
책값은 뒤표지에 있습니다.